普通高等教育“十二五”规划教材

水利工程经济

主　编　李艳玲　张光科
副主编　王　东　杨中华

中国水利水电出版社
www.waterpub.com.cn

内 容 提 要

本书系统介绍了工程经济学的基本原理和方法及其在水利工程中的应用，主要内容包括：水利工程经济基本要素、资金时间价值、经济评价方法及多方案比选、水利建设项目经济评价、不确定性分析与风险分析、综合利用水利工程的投资费用分摊、水利建设项目社会评价、水利建设项目后评价、经济效益后评价以及水力发电工程、防洪工程、灌溉工程、治涝工程、城镇供水工程等经济评价实例，并附有资金时间价值的复利系数表。

本书主要作为高校水利水电类专业的本、专科教材，也可作为土木工程等相关专业的参考用书，还可供从事工程规划、设计、施工、管理等专业人员参考。

图书在版编目（CIP）数据

水利工程经济 / 李艳玲，张光科主编. -- 北京 ：中国水利水电出版社，2011.8(2022.6重印)
普通高等教育“十二五”规划教材
ISBN 978-7-5084-8961-2

Ⅰ. ①水… Ⅱ. ①李… ②张… Ⅲ. ①水利工程－工程经济学－高等学校－教材 Ⅳ. ①F407.937

中国版本图书馆CIP数据核字(2011)第177271号

书　　名	普通高等教育“十二五”规划教材 水利工程经济
作　　者	主编　李艳玲 张光科　副主编　王东 杨中华
出版发行	中国水利水电出版社 （北京市海淀区玉渊潭南路1号D座　100038） 网址：www.waterpub.com.cn E-mail：sales@mwr.gov.cn 电话：(010) 68545888（营销中心）
经　　售	北京科水图书销售有限公司 电话：(010) 68545874、63202643 全国各地新华书店和相关出版物销售网点
排　　版	中国水利水电出版社微机排版中心
印　　刷	清淞永业（天津）印刷有限公司
规　　格	184mm×260mm　16开本　13.5印张　320千字
版　　次	2011年8月第1版　2022年6月第4次印刷
印　　数	6501—8500册
定　　价	**39.00**元

前　言

水是生命之源、生产之要、生态之基。兴水利、除水害，事关人类生存、经济发展、社会进步，历来是治国安邦的大事。水利工程是现代化建设不可或缺的首要条件，是经济社会发展不可替代的基础支撑。新中国成立以来，特别是改革开放以来，我国的水利建设，取得了举世瞩目的巨大成就，为经济社会发展、人民安居乐业做出了突出贡献。

水利工程经济学是水利工程与经济学的交叉学科，是以水利工程项目为主体、技术经济系统为中心，研究如何有效利用各种资源，提高经济效益的一门学科。水利工程经济评价贯穿水利工程建设全过程，为规划、设计、施工及经营管理阶段的项目决策和方案优选提供依据，有利于切实提高经济效益并减少风险，促进项目的可持续发展。

本书遵循《建设项目经济评价方法与参数》（第三版）及水利建设项目经济评价相关规范规程基本原理和要求，以知识前沿性、内容完备性和体系科学性为基础，注重吸收近年的相关研究成果，系统介绍了工程经济学的基本原理和方法及其在水利水电工程中的应用，力求体现我国工程经济分析和水利建设项目经济评价中的实际做法，提高实用性和可操作性。本书主要作为高校水利水电类专业的本、专科教材，还可供工程规划、设计、施工、管理等单位和部门的工程技术和工程经济专业人员参考。

全书共分 11 章，第 1 章和第 2 章由张光科编写，第 3 章、第 4 章、第 7 章和第 10 章由李艳玲编写，第 6 章、第 8 章和第 9 章由王东编写，第 5 章由杨中华编写，第 11 章由杨中华、吴震宇编写。全书由李艳玲和张光科统稿。

本书获得四川大学水利水电工程国家特色专业建设项目资助。在编写过程中，得到了四川大学陈建康教授的指导和帮助，在此一并感谢。

由于作者水平有限，加之时间仓促，书中不妥之处，敬请读者批评指正。

作　者

2011 年 6 月于成都

目录

前言

第1章 绪　　论

1.1 工程经济学简介

1887年，美国土木工程师亚瑟.M. 惠灵顿的《铁路布局的经济理论》标志着工程经济学的产生。1930年，E.L. 格兰特教授的《工程经济学原理》，奠定了经典工程经济学的基础。1982年，J.L. 里格斯的《工程经济学》则将工程经济学科水平向前推进了一大步。我国对工程经济学的研究和应用起步于20世纪70年代后期。现在，工程经济学的原理和方法已广泛应用于项目投资决策分析、项目评估和管理中。

工程经济学（Engineering Economics）是工程与经济的交叉学科，是以工程项目为主体、技术经济系统为中心，研究如何有效利用各种资源，提高经济效益的一门学科。

工程是将应用数学、物理学、化学等基础科学的原理应用于工农业生产实践而形成的各学科的总称，如水利工程、土木工程、交通工程、纺织工程、食品工程等。所有的工程都是人类利用自然和改造自然的手段，也是人们创造巨大物质财富的方法与途径，其根本目的是为人类更好的生活服务。习惯上，人们将某个具体的工程项目也简称为工程，如三峡水电工程、青藏铁路工程、北京奥运会场馆建设工程等。另外，生产经营活动中的新产品开发项目、软件开发项目、新工艺及设备研发项目等都具有工程的涵义。

经济的涵义非常广泛，工程经济学中主要应用其节约或节省的涵义，即研究社会资源的合理利用与节省，以最小的投入获得最大的产出或者以最低的寿命周期成本实现产品、作业以及服务的期望功能。

工程经济学是一门与生产建设、经济发展有着直接联系的应用性学科。它既不创造和发明新技术，也不研究经济规律，侧重结合其所处客观环境情况对技术可行的工程项目进行经济分析，强调对各可行方案经济效果的未来预测。

工程经济学采用的分析方法主要包括理论联系实际、定量分析与定性分析相结合、系统分析和平衡分析相结合、静态评价与动态评价相结合、统计预测与不确定分析方法等。

本教材中工程经济分析主要是针对在技术上可实施的技术方案、技术措施或工程项目，在资源有限的条件下，运用工程经济学分析方法，对比分析各种可行方案，选择并确定最佳方案，做出科学决策。

1.1.1 工程经济学与相关学科的关系

1.1.1.1 工程经济学与西方经济学

工程经济学是西方经济学的重要组成部分。它研究问题的出发点，分析的方法和主要内容均源自西方经济学。西方经济学是工程经济学的理论基础，而工程经济学则是西方经济学的细化和延伸。

1.1.1.2 工程经济学与技术经济学

工程经济学与技术经济学既有许多共性而又有所不同，其主要的区别在于研究对象和研究内容不同。

1.1.1.3 工程经济学与投资项目评估学

投资项目评估学具体研究投资项目应具备的条件，是侧重于实质性的科学，而工程经济学侧重于方法论，它为投资项目评估学提供分析的方法和依据。

1.1.1.4 工程经济学与投资效果学

投资效果学研究投资效益在宏观和微观上不同的表现形式和指标体系。工程经济学采用的经济指标一般不含对比关系，即使有对比关系，也只是一种绝对对比关系；而投资效果学则要求在同一个指标中包含投入与产出的内容，反应投入与产出的相对对比关系。

1.1.2 水利工程经济学

水利工程经济学是一门技术学与经济学交叉的学科，它是工程经济学的一个分支，是应用工程经济学的基本原理，研究水利工程经济问题和经济规律。研究水资源领域内资源的最佳配置，寻找技术与经济的最佳结合以求可持续发展的科学。

1.2 水利工程经济发展与展望

1.2.1 国外水利经济发展

1.2.1.1 早期阶段（20世纪40年代以前）

19世纪初，美国就把效益超过费用作为衡量工程项目经济性的基本准则。1808年，美国国会逐步强调采用效益费用比大于1这一原则判别工程经济性。1930年，被誉为“工程经济学之父”的格兰特出版了《工程经济学原理》，以复利为基础讨论了投资决策的理论和方法。1936年国会通过的《防洪法案》则明确规定兴建防洪工程与河道整治工程所得的效益应超过所花的费用。

此阶段，前苏联实行计划经济，水利工程全部由国家机构制订计划，拨款兴建，但仍然注意建设资金的经济效果。曾接受西方国家“资金利率”的概念，即将“经济效率系数”——工程年效益与基本建设投资的比值应用于国家基本建设计划编制中。前苏联国家计委规定“经济效率系数”为6%，这种方法一直使用到20世纪30年代中期。

1.2.1.2 中期阶段（20世纪40～60年代）

1946年美国成立的“联邦河流委员会效益费用分会”，在1950年提出了《河流工程经济分析方法》的建议，它要求最有效地利用水资源，修建工程的效益应超过成本，并尽可能获得最大的净效益。该建议书是美国水利经济发展史上的一个重要文献，被称为“绿皮书”，它提出的方案选择标准和具体计算方法，如净效益最大法、效益费用比法、可分费用—剩余效益分摊法等，迄今仍在使用。

20世纪30年代中期以后，苏联认为“经济效率系数”属于资本主义经济范畴，就以劳动量作为价值的主要尺度。这一阶段，前苏联国家经济建设的资金由国家无偿拨付，不考虑利息，经济评价也不计入资金的时间价值。方案比较采用相对比较的方法，如抵偿年限法、年折算费用法等，即在同样满足国民经济发展需要的前提下，比较其节约的总劳动消耗量，而不是比较所选方案的直接最大利润。这一阶段，国家生产建设资金的无偿使用，导致固定资产和流动资金的大量积压浪费，并拖延了施工进度，造成国家重大经济损失。

1.2.1.3　近期阶段（20世纪60年代至今）

1961年10月，美国陆军部、农业部、内务部等共同起草了《水土资源工程规划原则和评价标准》，具体细化了工程项目的规划目标。1969年颁布的《国家环境政策法》，要求水资源工程评价在考虑经济效益的同时，还要重视环境保护。1973年提出了《水土资源规划的原则和标准》，要求水资源规划要同时考虑地区经济发展和社会福利两项目标。1980年水资源理事会制订了《水资源工程评估程序》，规定了水资源工程具体的评估方法和工作步骤。1982年水资源理事会提出了《水土资源开发利用的经济原则和环境准则》，要求水资源规划将工程措施和非工程措施结合起来，以求得最大的经济效益。

20世纪60年代初期，前苏联国家计委、科技委颁布了《确定基本建设投资和新技术效果的标准计算方法》，规定了国民经济各部门投资经济效果计算中必须采用的标准计算方法。1960年，苏联颁布了《新的基本建设投资经济计算典型方法》，提出经济比较要考虑资金的时间价值，采用动态经济分析方法；1988年颁布了《苏联投资效果的计算方法》（第四版），规定费用、效益和总经济效果的计算，均需考虑时间因素。

1.2.2　我国水利经济发展

1.2.2.1　早期阶段（1949年以前）

中国古代科学理论没有建立类似于西方的逻辑构造型体系，未形成自己的水利工程经济学科，但仍进行了一些初步研究。如我国在两千多年以前修建的世界闻名的都江堰水利灌溉工程，就将工程费用折算为稻米若干石，工程效益表达为灌溉农田若干亩。1934年冀朝鼎编著的《中国历史上的基本经济区与水利事业的发展》和1945年的《扬子江三峡计划初步报告》均初步涉及到了水利经济估算。

1.2.2.2　中期阶段（1950～1978年）

中华人民共和国成立后，我国开展了大规模水利工程建设，期间主要采用前苏联的技术经济原理和方法，进行静态经济分析。这些方法在我国基本建设投资全部由财政拨款时期，对建设项目的决策起到了积极作用。20世纪50年代初期到中期，政府逐步强调技术经济分析的重要性并要求工程审批需提供相应的书面报告。1954～1957年间，我国制定了包含技术经济内容的科学发展规划，逐步开展水利技术经济问题的研究，这一阶段，我国水利建设成绩较大。但自20世纪50年代末期到20世纪70年代末期，受极“左”思想影响，片面追求速度，过分强调经济服从政治，不重视经济分析，不计算经济效益，造成这一阶段“建设成绩很大，浪费也很大”的困境。

1.2.2.3　近期阶段（1979年以后）

党的十一届三中全会制定了以经济建设为中心的方针，强调经济建设要实事求是，讲求经济效果。技术经济分析重新得到重视，同时逐步引进了西方发达国家动态经济分析的理论方法，规定了建设项目经济评价是项目建议书和可行性研究报告的重要组成部分。

1979年，国家决定试行项目投资由财政预算拨款改为银行贷款，即所谓“拨改贷”。1980年，中国水利经济研究会成立，加强了水利经济问题的调查研究，标志着中国的水利经济学科初步形成。

1982～1985年，中华人民共和国电力工业部颁发了《电力工程经济分析暂行条例》，国家计划委员会（以下简称国家计委）下文发布了《建设项目可行性试行管理办法》，原水利水电工程管理局发布了《水力发电工程经济分析暂行规定》，原水利电力部发布了《水利经济计算规范》和《水利建设项目经济评价规范》，国务院发布了《水利工程水费核定、计收和管理办法》。这些规范和规定明确了水利水电工程在规划、勘测设计、运行管理等各阶段经济评价工作的指导原则和计算方法，全面促进了水利建设项目经济评价工作的迅速发展。

1987年，国家计委发布了《关于建设项目经济评价工作的暂行规定》、《建设项目经济评价方法》、《建设项目经济评价参数》和《中外合资经营项目经济评价方法》等四个规定性的文件，统一了全国各部门建设项目经济评价的基本原则和基本方法。

1990年和1993年，国家计委发布了《建设项目经济评价方法与参数》和《建设项目经济评价方法与参数》（第二版）。之后，水利部门结合自身特点制定了实施细则，如1990年的《水电建设项目经济评价实施细则》，1994年的《水利建设项目经济评价规范》、《电力建设项目经济评价方法实施细则（试行）》和《水电建设项目财务评价暂行规定（试行）》，2010年的《水电建设项目经济评价规范》等，这些实施细则对水利工程国民经济评价和财务评价的内容和方法作了全面的规定。2006年，按照国家投资改革的总体要求，国家发展改革委员会和中华人民共和国建设部全面修订并发布了《建设项目经济评价方法与参数》（第三版）。

总体而言，我国水利经济研究和实践，起步比较晚，基础薄弱，但近十多年来发展很快，在某些理论和方法方面已达到或接近世界先进水平。建设项目经济评价的理论和方法，广泛地应用到水利工程规划设计和可行性研究中，大大丰富了我国水利经济学科的内容，促进了我国水利经济学科的发展。

1.2.3 我国今后水利建设的主要任务与展望

水利是现代农业建设不可或缺的首要条件，是经济社会发展不可替代的基础支撑，是生态环境改善不可分割的保障系统，具有很强的公益性、基础性和战略性。加快水利改革发展，不仅事关农业农村发展，而且事关经济社会发展全局；不仅关系到防洪安全、供水安全、粮食安全，而且关系到经济安全、生态安全、国家安全。新中国建立以后，我国水利工程建设取得了举世瞩目的巨大成就，主要体现在以下方面：

（1）初步形成了以堤防、河道整治、水库、蓄滞洪区、分洪区等为主的全国性防洪工程体系，全国累计修建、加固大江大河等各类堤防超过26万km，保护人口4亿多，保护耕地2267万km^2。建成大中小型水库8.6万余座，总库容共约4500亿m^3，使我国主要江河的防洪能力有了明显的提高。

（2）全国有效灌溉面积已由解放初期的2.4亿亩增加到8.0亿亩，农业年供水量已由

1000 亿 m^3 增加到 3400 亿 m^3，初步解决了我国十多亿人口温饱问题。

（3）把治理水土流失与区域产业开发紧密地结合起来，改善了当地的生产条件和生态环境，促进了群众脱贫致富和地方经济发展。

（4）全国兴建了引水工程 100 多万项，引水闸 3 万多座，提水工程 40 多万处，年供水能力达 5800 亿 m^3，建成了比较完善的供水体系。

（5）我国水电建设取得了令世人瞩目的巨大成就。1949 年我国的水电装机容量仅为 16.3 万 kW，年发电量 7 亿 kW·h；到 2010 年底，全国已建成大中型及小型水电站装机容量共约 1.5 亿 kW，年发电量 4500 亿 kW·h，见表 1.1。

表 1.1　我国电站装机容量及年发电量各年增长情况

项目 \ 年份		1949	1960	1970	1980	1990	2000	2010
装机容量（万 kW）	水电	16.3	194	624	2032	3600	8000	15000
	火电	168.7	996	1756	4565	10320	23800	40000
	总容量	185	1190	2380	6597	13920	31800	55000
年发电量（亿 kW·h）	水电	7	74	205	582	1200	2300	4500
	火电	36	375	950	2424	5030	11300	18000
	总发电量	43	449	1155	3006	6230	13600	22500
水电容量比重（%）		8.8	16.3	26.2	30.8	25.9	25.1	27.3

在水利建设取得巨大成就的同时，我们应清醒地认识到人多水少、水资源时空分布不均仍是我国的基本水情。洪涝灾害频繁仍然是中华民族的心腹大患，水资源供需矛盾突出仍然是可持续发展的主要瓶颈，农田水利建设滞后仍然是影响农业稳定发展和国家粮食安全的最大硬伤，水利设施薄弱仍然是国家基础设施的明显短板。近年来我国频繁发生的严重水旱灾害，造成重大生命财产损失，暴露出农田水利等基础设施十分薄弱。随着工业化、城镇化深入发展，全球气候变化影响加大，我国水利面临的形势将更趋严峻，增强防灾减灾能力要求越来越迫切，强化水资源节约保护工作越来越重，加快扭转农业主要“靠天吃饭”局面任务越来越艰巨。2010 年西南地区发生特大干旱，2011 年长江中下游地区发生特大干旱，多数省区市遭受洪涝灾害、部分地方突发严重山洪泥石流，再次警示我们加快水利建设刻不容缓。

2011 年中央一号文件（以下简称《文件》）指出：水是生命之源、生产之要、生态之基。兴水利、除水害，事关人类生存、经济发展、社会进步，历来是治国安邦的大事。促进经济长期平稳较快发展和社会和谐稳定，夺取全面建设小康社会新胜利，必须下决心加快水利发展，切实增强水利支撑保障能力，实现水资源可持续利用。

根据《文件》相关规定，我们的目标任务是力争通过 5～10 年努力，从根本上扭转水利建设明显滞后的局面。到 2020 年，基本建成防洪抗旱减灾体系，明显提高重点城市和防洪保护区防洪能力，增强抗旱能力，基本完成重点中小河流（包括大江大河支流、独流入海河流和内陆河流）重要河段治理，全面完成小型水库除险加固和山洪灾害易发区预警预报系统建设；基本建成水资源合理配置和高效利用体系，力争将全国年用水总量控制在

6700亿 m^3 以内，显著提高城乡供水保证率，全面保障城乡居民饮水安全，明显降低万元国内生产总值和万元工业增加值用水量，提高农田灌溉水有效利用系数至0.55以上，新增农田有效灌溉面积4000万亩；基本建成水资源保护和河湖健康保障体系，改善江河湖泊水功能区水质，促使城镇供水水源地水质全面达标，重点区域水土流失得到有效治理，地下水超采基本遏制；基本建成有利于水利科学发展的制度体系、最严格的水资源管理制度和水利投入稳定增长机制，有利于水资源节约和合理配置的水价形成机制基本建立，促进水利工程良性运行。

我国的水力资源主要集中在十二大水电基地，分别是金沙江水电基地、雅砻江水电基地、大渡河水电基地、乌江水电基地、长江上游水电基地、南盘江红水河水电基地、澜沧江水电基地、黄河上游水电基地、黄河中游北干流水电基地、湘西水电基地、闽浙赣水电基地和东北水电基地。由于我国的经济发展很快，能源的需求随着经济的快速发展而紧缺，所以水电的开发速度非常快，全国各大发电集团及社会团体的资金都流入水电开发中。预计在未来20年内，我国的水电开发量将达到可开发量的80%以上。

1.3 本课程特点和主要内容

水利工程是一项长期、艰巨、高投入、大范围的自然改造项目，对区域甚至国家影响极大。水利工程经济评价以决策研究为核心，将高度综合的新兴科学引入到水利工程决策之中，是水利工程建设中极其重要的环节。随着我国经济的发展，水利工程经济在水利工程建设、管理中的地位越来越重要，其基本理论及在水利水电工程中的应用范围将日益广泛。

《水利工程经济》是一门实践性较强的专业课。本教材依据学科的新发展和国家经济体制改革的新情况，以水利建设项目投资、费用、资金筹集及基本建设程序为基础，全面介绍水利建设项目方案比较方法、经济评价内容和方法，主要内容如下。

1.3.1 工程经济基本理论及方法

本部分内容首先介绍工程总投资、建设投资、建设期利息、流动资金、总成本费用、税金、利润等主要工程经济指标的概念及计算方法，侧重介绍资金时间价值的概念及其基本计算公式，是本课程的基础。

1.3.2 方案评价及方案优选的指标与方法

本部分内容介绍经济评价的主要指标和评价方法，包括单一方案经济评价指标和计算方法，多方案经济比选指标和优选方法。

1.3.3 综合利用水利工程的投资分摊

教材在介绍投资不同分类方式的基础上，分析综合利用水利工程投资分摊的必要性和作用，介绍国内外常用的分摊方法，并对比分析不同方法的优缺点，提出分摊成果合理性检查的原则。

1.3.4 水利建设项目前评价

水利建设项目前评价包括经济评价和社会评价。经济评价是水利建设工程项目重要的一项内容，它包括国民经济评价和财务评价。社会评价是当今建设项目前评估不可缺少的部分。本课程侧重介绍国民经济评价、财务评价和社会评价的原则、特点、内容、评价指标体系和评价方法。

1.3.5 不确定性及风险分析

不确定性分析和风险分析有利于提高经济评价的可靠性和经济决策的科学性。本教材重点介绍敏感性分析、盈亏平衡分析和风险分析的步骤和方法。

1.3.6 水利建设项目后评价

水利建设项目后评价对已建项目进行客观分析和总结，找出成败原因，总结经验教训，供后续工程借鉴。教材主要介绍项目后评价的内容、指标体系、方法和程序，侧重介绍经济效益后评价的内容和方法。

1.3.7 典型水利工程经济评价实例

水利工程经济学的核心是能够运用基础理论和基本方法完成实际工程的综合评价。教材以水力发电、防洪、灌溉、供水、治涝等为例，详细介绍其投资、效益、成本等的计算方法及其国民经济评价和财务评价的核心内容、关键指标及主要评价方法。

习　　题

1. 工程经济学的基本概念是什么？它与西方经济学、技术经济学等相关学科是怎样的关系？

2. 我国水利工程建设目前存在哪些问题，今后的主要任务是什么？

3. 我国水利工程经济在实际运用中存在哪些问题，今后主要的发展方向和任务是什么？

第2章　水利工程经济基本要素

水利工程经济基本要素是反映和衡量水利建设项目或经济管理单位各项技术政策、方案、措施、生产活动及经济效益大小和优劣的尺度。它可以用实物量或货币量表示，也可以用绝对值和相对值表示。

2.1　价 值 和 价 格

2.1.1　价值

价值是商品交换的基础，是凝结在商品中的具体劳动和无差别的抽象人类劳动的结合。具体劳动创造商品的使用价值，抽象劳动形成商品的交换价值。

产品的价值 S 等于生产过程中所消耗的生产资料价值 C、必要劳动价值 V 和剩余劳动价值 M 三者之和，即：

$$S = C + V + M \tag{2.1}$$

消耗的生产资料价值 C，包括厂房、设备和生产工具等固定资产的损耗和原料、燃料、材料等方面的消耗；必要劳动价值 V 指劳动者及其家属所必需的生活资料的消耗费用，即支付给劳动者的工资；剩余劳动价值 M 是企业上交给国家的税金和利润以及企业留成利润中用于扩大再生产的少量资金。

消耗的生产资料价值 C 和必要劳动价值 V 之和就是产品的成本 F，而必要劳动价值 V 和剩余劳动价值 M 之和则是国民收入 N，即：

产品成本 $$F = C + V \tag{2.2}$$

国民收入 $$N = V + M \tag{2.3}$$

目前，各国多采用国内生产总值 GDP 和国民生产总值 GNP 衡量一个国家的经济发展水平和生活水平。国内生产总值 GDP 和国民生产总值 GNP 均包括物质生产部门的净产值、非物质生产部门的净收入和固定资产折旧费三部分。但前者统计国境范围内的生产总值，不论是否是本国国民的生产总值；后者限于统计本国国民的生产总值，不论是否在本国国境内的生产总值。

2.1.2　价格

价格是商品价值的货币表现，是商品与货币的交换比率。商品的市场价格总是随着供求关系的变化，围绕着价值上下波动的。在经济计算中涉及的价格种类较多，有现行价格、不变价格、影子价格等。

2.1.2.1 市场价格

需求与供给这两种社会因素的相互作用决定着某种商品一定时期的成交价格，即供求关系决定价格，价格反过来又影响供求关系。市场价格就是在市场上形成的、由市场供求情况决定的价格，它具有不断趋向均衡和相对持久的特性。

政府对商品采用不同税收和补贴政策，都会使商品价格及供需关系发生变化，因此在某些情况下，政府可以通过对商品征税和补贴的办法，对商品的价格和销量进行适当的控制和调整。如通过征税来控制国外商品的输入，以保护国产商品的发展。同样，为了增加外汇收入，可以采取补贴，扩大商品的出口额。

另外，市场商品价格的变化，除了受到供求关系、税收和补贴影响之外，还受到垄断、竞争和国家经济政策等因素的影响。

2.1.2.2 现行价格

现行价格是指现实经济生活中正在执行的市场价格，它可以反映企业和整个国民经济的现实经营状态。我国的现行价格体系包括国家定价、国家指导价和市场价格等多种价格形式。

2.1.2.3 财务价格

财务价格指以现行价格体系为基础的预测价格，即最有可能发生的价格。财务评价时应采用财务价格，一般地，财务盈利能力分析中应采用基于基准年物价总水平的预测价格，只考虑各年相对价格的变化，不考虑物价总水平的变动因素，即不考虑通货膨胀或通货紧缩因素影响。清偿能力分析时则需要考虑物价总水平的变动因素，即采用包括通货膨胀或通货紧缩影响在内的财务预测价格。

2.1.2.4 不变价格

不变价格是指国家规定用来计算不同历史时期产品产值的某一时期的价格，又称固定价格。在反映不同时期产品产值的变动时，用不变价格计算价值量指标，可消除价格变动的影响，便于进行历史的对比。根据实际需要和核算特点，可采用基准年商品的现行价格作为该时期的不变价格，也可直接规定不变价格，即在基准年中确定某一时点的具有代表性的一批商品的价格为该时期的不变价格。知识结构的更新和高技术产业的发展，加速了产品更新换代，需要更新基准年份以保持不同年份之间具有较好的可比性，因而需要形成新的不变价格。

2.1.2.5 影子价格

影子价格是反映资源最优使用效果的价格，又称最优计划价格，是20世纪中期由荷兰经济学家丁伯根和前苏联经济学家坎托罗维奇分别提出的。对一个企业或对整个国民经济来说，劳动产品、自然资源、劳动力都不是无限的，影子价格则反映劳动产品、自然资源、劳动力的最优使用效果，即充分利用这些有限资源以取得最大社会经济效益。自然资源的影子价格，反映其稀缺程度，即资源越稀缺，其影子价格越高。

影子价格被广泛地用于投资项目和进出口活动的国民经济评价。由于现行价格往往受各类因素的干扰而偏离其价值，用它评价经济效果可能使结果失真，因而需要借助影子价格排除现行价格的不合理成分。国家计委对许多重要货物都已制定了影子价格，并定期调整发布。

2.2 工程总投资

工程总投资指工程项目全部完成达到设计要求时所付的全部资金，既可以是货币资金，也可以是人力、技术或其他的资源，一般包括建设投资、流动资金、建设期利息以及固定资产投资方向调节税，如图 2.1 所示。具体对水利工程而言，其工程费用主要包括建筑工程费、机电设备及安装工程费、金属结构及安装工程费、临时工程费和建设占地及水库淹没处理补偿费。目前，水利建设项目暂缓征收固定资产投资方向调节税。

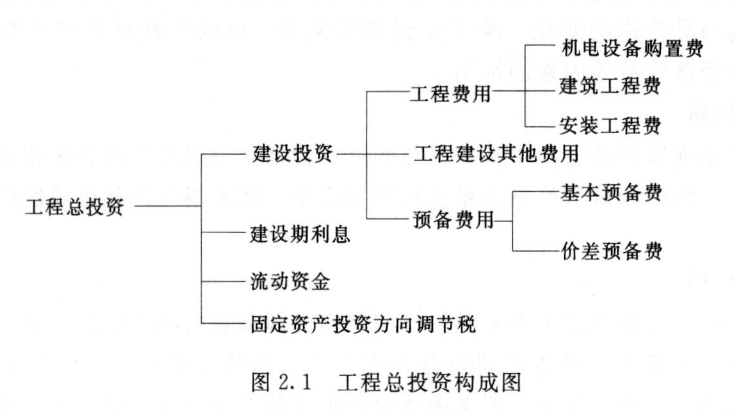

图 2.1　工程总投资构成图

2.3 建设投资

2.3.1 建设投资相关概念

建设投资包括工程费用、工程建设其他费用和预备费用三大部分，项目建成投产后最终形成固定资产、无形资产和递延资产。

2.3.1.1 固定资产

固定资产指使用期限较长（一般在一年以上），单项价值在规定限额（一般在 1000 元）以上，能多次使用而不改变其物质形态，仅将其价值逐渐转移到所生产的产品中去的资产。例如在生产过程中所使用的机器设备、厂房以及水利工程中的各种水工建筑物等。有些资产虽然多次使用但不具备上述两个条件的称为低值易耗品。

固定资产包括机器设备、运输工具等生产性固定资产和日常生活的房屋、建筑物等非生产性固定资产。固定资产原值指固定资产投资与借款利息之和，固定资产净值则指其现有价值，即固定资产原值扣除历年提取的折旧费累计值后的余值。固定资产残值指固定资产在经济寿命期末可回收的价值扣除清理费用后的剩余价值。

2.3.1.2 无形资产

无形资产是指企业长期使用，能为企业提供某些特权或利益但不具有实物形式的资产，如专利技术、商标权、土地使用权等。

由于无形资产的价值不易确定，在经济评价中，对获取无形资产所支出的费用应在其受益期内平均分摊。

2.3.1.3 递延资产

递延资产是指集中发生但不能全部计入当年损益，应当在以后年度内分期摊销的费用，包括开办费、租入固定资产的改良支出等。

在经济评价中，递延资产和无形资产一样，均应按期限平均分摊。

2.3.2 建设投资简单估算

水利工程投资根据设计工作的深度分阶段进行计算，一般是首先根据初步设计编制总概算，概算经过批准后，就成为国家对该项工程投资的控制额，一般情况都不能突破；再根据技术设计阶段修正总概算和根据施工图阶段编制预算。工程竣工后编制的决算，即工程的实际造价。

常用的建设投资简单估算法包括单位生产能力估算法、生产能力指数法、比例估算法等，其精度相对不高，主要用于投资机会研究和初步可行性研究阶段。

2.3.2.1 单位生产能力估算法

$$K_2 = \left(\frac{K_1}{x_1}\right) \times x_2 \times CF \tag{2.4}$$

式中 K_1、K_2——已建工程和拟建工程的投资额；

x_1、x_2——已建工程和拟建工程的规模；

CF——不同时期、不同地点的综合调整系数。

2.3.2.2 生产能力指数法

$$K_2 = K_1 \left(\frac{x_2}{x_1}\right)^n \times CF \tag{2.5}$$

式中 n——生产能力指数。正常情况下，$0 \leqslant n \leqslant 1$。若拟建项目和已建的类似项目规模相差不大（$x_1$与$x_2$的比值在0.5～2之间），则$n$可取值1；若$x_1$与$x_2$的比值在2～50之间且拟建项目规模的扩大主要依靠增大设备规模，则n可取值0.6～0.7；若x_1与x_2的比值在2～50之间且主要依靠增加设备数量，则n可取值0.8～0.9。

【例 2.1】 已有一装机容量12万kW的水电站，其建设投资额为72000万元，某企业拟建设投产20万kW水电站，工程条件和上述电站类似，生产能力指数$n=0.6$，综合调整系数$CF=1.2$，请估算其建设投资。

解：根据式（2.5），该项目建设投资应为：

$$K_2 = K_1 \left(\frac{x_2}{x_1}\right)^n \times CF = 72000 \times \left(\frac{20}{12}\right)^{0.6} \times 1.2 = 117387.8(\text{万元})$$

2.3.2.3 比例估算法

比例估算法常以拟建项目的设备购置费为基数进行估算，即根据已建类似工程建筑工程费和安装工程费占设备购置费的百分比，求出拟建项目的建筑工程费和安装工程费，再加上拟建项目其他费用即为其建设投资。

$$K = C(1 + f_1 P_1 + f_2 P_2) + E \tag{2.6}$$

式中 K——拟建项目建设投资；

C——拟建项目设备购置费；

P_1、P_2——已建项目程建筑工程费和安装工程费占设备购置费的百分比；

f_1、f_2——综合调整系数；

E——拟建项目的其他费用。

【例 2.2】 某拟建项目设备购置费为 12000 万元，根据已建同类项目统计资料，建筑工程费占设备购置费的 25%，安装工程费占设备购置费的 8%，该拟建项目的其他有关费用为 2200 万元，调整系数 f_1 为 1.1，f_2 为 1.2，请估算其建设投资。

解： 根据式（2.6），该项目建设投资估算为：

$$K = C(1 + f_1P_1 + f_2P_2) + E = 12000 \times (1 + 1.1 \times 25\% + 1.2 \times 8\%) + 2200$$
$$= 18652(万元)$$

2.3.3　建设投资分类估算

建设投资分类估算法是对构成建设投资的各类投资分类进行估算。

2.3.3.1　建筑工程费估算

建筑工程费指为建造永久性建筑物和构筑物所需要的费用，主要包括混凝土工程、土石方工程、施工临时设施、场地清理、环境绿化等费用。

建筑工程费的估算方法有单位建筑工程投资估算法、单位实物工程量投资估算法和概算指标投资估算法三种。单位建筑工程投资估算法以单位建筑工程量投资与建筑工程总量的乘积作为估算的建筑工程费，水利工程可采用大坝单位长度（m）投资。单位实物工程量投资估算法以单位实物工程量投资与实物工程量总量的乘积作为估算的建筑工程费，如土石方工程按每立方米投资，地下隧洞开挖采用每延米投资等。建筑工程概算指标通常以整个建筑物为对象，以建筑面积、体积等为计量单位来确定劳动、材料和机械台班的消耗量标准和造价指标。相对而言，前两种方法比较简单，后一种方法必须具有较为详细的工程资料，工作量较大，实际工作中可根据具体条件和要求选用。

2.3.3.2　设备购置费估算

（1）国内设备购置费。国内设备购置费由设备原价和设备运杂费组成。设备原价一般指带备件的出厂价，设备运杂费一般按设备原价乘以设备运杂费率计算。设备运杂费率按部门、行业或省、市的规定执行。

（2）进口设备购置费。进口设备购置费由进口设备货价、进口从属费用及国内运杂费组成。

1）进口设备货价。进口设备货价可采用离岸价（FOB）和到岸价（CIF）。离岸价指出口货物抵达出口国口岸交货价；到岸价指出口货物抵达进口国口岸交货价，包括进口货物的离岸价、国外运费和国外运输保险费。多采用离岸价（FOB）。

2）进口从属费用。进口从属费用包括国外运费、国外运输保险费、进口关税、进口环节消费税、进口环节增值税、外贸手续费和银行财务费，其计算公式如下：

$$国外运费 = 进口设备离岸价 \times 国外运费费率$$

或

$$国外运费 = 单位运价 \times 运量 \tag{2.7}$$

国外运费费率或单位运价参照有关部门或进出口公司的规定执行。

$$国外运输保险费 = (进口设备离岸价 + 国外运费) \times 国外运输保险费费率 \quad (2.8)$$

国外运输保险费费率按有关保险公司的规定执行。

$$进口关税 = 进口设备到岸价 \times 人民币外汇牌价 \times 进口关税税率 \quad (2.9)$$

进口关税税率按《中华人民共和国海关进出口税则》的规定执行。

$$进口环节消费税 = (进口设备到岸价 \times 人民币外汇牌价 + 进口关税) \div (1 - 消费税税率) \times 消费税税率 \quad (2.10)$$

进口环节消费税税率按《中华人民共和国消费税暂行条例》及相关规定执行。

$$进口环节增值税 = (进口设备到岸价 \times 人民币外汇牌价 + 进口关税 + 消费税) \times 增值税税率 \quad (2.11)$$

增值税税率按《中华人民共和国增值税暂行条例》及相关规定执行，目前进口设备适用税率为17%。

$$外贸手续费 = 进口设备到岸价 \times 人民币外汇牌价 \times 外贸手续费费率 \quad (2.12)$$

外贸手续费费率按合同成交额的一定比例收取，成交额度小，费率较高；成交额度大，费率较低。在可行性研究阶段外贸手续费费率一般取1.5%。

$$银行财务费 = 进口设备离岸价 \times 人民币外汇牌价 \times 银行财务费费率 \quad (2.13)$$

银行财务费费率一般为0.4%～0.5%。

2.3.3.3 安装工程费估算

投资估算中安装工程费用通常根据行业或专门机构发布的安装工程定额、取费标准进行估算，可按安装费费率、每吨设备安装费指标或每单位安装实物工程量费用指标计算，如式（2.14）。

$$安装工程费 = 设备原价 \times 安装费费率$$

或

$$安装工程费 = 设备吨位 \times 每吨设备安装费指标$$

或

$$安装工程费 = 安装工程实物量 \times 每单位安装实物工程量费用指标 \quad (2.14)$$

2.3.3.4 工程建设其他费用估算

工程建设其他费用指为保证工程建设顺利完成和交付使用后能正常发挥效用而发生的各项费用，主要包括建设用地费用、与项目建设有关的费用和与项目运营有关的费用三部分。

建设用地费用指项目为取得所需土地的使用权所必须支付的费用，包括征地补偿费、土地使用权出让（转让）金或租用土地使用权的费用。与项目建设有关的费用包括建设管理费、可行性研究费、研究试验费、勘察设计费、环境影响评价费、职业安全卫生健康评价费、场地准备及临时设施费、引进技术和设备其他费用等。与项目运营有关的费用包括专利及专有技术使用费、联合试运转费、生产准备费和办公及生活家具购置费。

工程建设其他费用不一定包括上述所有的费用，应根据项目的具体情况确定具体科目，并根据各级政府物价部门规定的取费标准估算。

2.3.3.5 预备费估算

预备费包括基本预备费和价差预备费。

（1）基本预备费。基本预备费指在项目决策阶段难以预料但项目实施中可能发生的费用，常称为不可预见费。

基本预备费以工程费用和工程建设其他费用之和为计算基数，按行业主管部门规定的基本预备费费率估算，如式（2.15）。

$$基本预备费=(工程费用+工程建设其他费用)\times 基本预备费率 \tag{2.15}$$

（2）价差预备费。对建设工期较长的投资项目，建设期内可能发生材料、人工、设备、施工机械等价格上涨，以及费率、利率、汇率等变化，而引起项目投资增加，需要事先预留的费用称为价差预备费。价差预备费以分年的工程费用为计算基数，见式（2.16）。

$$PC=\sum_{t=1}^{n} I_t[(1+f)^t-1] \tag{2.16}$$

式中　PC——价差预备费；

I_t——第 t 年的工程费用；

f——建设期价格上涨指数，应按政府主管部门的相关规定执行；

n——建设期；

t——年份。

【例 2.3】　某项目建设期 2 年，建筑工程费 2935.1 万元，设备购置费 883.6 万元，安装工程费用 297.5 万元，工程建设其他费用 1587.2 万元，工程费用分年投资比例第一年 40%，第二年 60%，物价上涨指数 4%，求其价差预备费。

解： 该项目工程费用 $=2935.1+883.6+297.5=4116.2$（万元），则根据式（2.16）得：

$$
\begin{aligned}
第一年价差预备费 &= 第一年工程费用\times[(1+f)-1]\\
&= 4116.2\times 40\%\times[(1+4\%)-1]=65.86(万元)\\
第二年价差预备费 &= 第二年工程费用\times[(1+f)^2-1]\\
&= 4116.2\times 60\%\times[(1+4\%)^2-1]=201.53(万元)\\
该项目价差预备费 &= 65.86+201.53=267.39(万元)
\end{aligned}
$$

2.4　流　动　资　金

2.4.1　流动资金概念

流动资金是指项目运营期内长期占用并周转使用的营运资金，不包括运营中临时性需要的资金。

项目评价和运行管理中所需流动资金是从流动资产中扣除短期信用融资（应付账款）后的资金，即应考虑应付账款对所需筹措流动资金的抵减作用。某些有预收账款的项目，还应同时考虑预收账款对流动资金的抵减作用。

流动资金估算的基础主要是营业收入和经营成本。因此，应在营业收入和经营成本估算之后进行流动资金估算。

2.4.2　流动资金估算方法

流动资金估算方法包括扩大指标估算法和分项详细估算法，应依据行业或前期研究的不同阶段分别选用。

2.4.2.1 扩大指标估算法

扩大指标估算法简便易行，准确度不高。它参照类似项目流动资金占营业收入的比例、或流动资金占经营成本的比例、或单位产量占用流动资金的数额来估算流动资金。水电建设项目流动资金多采用类似工程单位千瓦占用流动资金的数额来估算。

2.4.2.2 分项详细估算法

分项详细估算法是对流动资产和流动负债中存货、现金、应收账款、预付账款、应付账款、预收账款等主要构成要素分项进行估算，最后求和即得项目所需的流动资金数额。分项详细估算法准确度较高，但工作量较大，其计算公式如下：

$$\text{流动资金} = \text{流动资产} - \text{流动负债} \tag{2.17}$$

$$\text{流动资产} = \text{应收账款} + \text{预付账款} + \text{存货} + \text{现金} \tag{2.18}$$

$$\text{流动负债} = \text{应付账款} + \text{预收账款} \tag{2.19}$$

（1）应收账款。应收账款计算公式如式（2.20）。

$$\text{应收账款} = \frac{\text{年经营成本}}{\text{应收账款年周转次数}} \tag{2.20}$$

式中，应收账款年周转次数$=\frac{360\text{天}}{\text{最低周转天数}}$。

经营成本＝外购原材料费＋外购燃料及动力费＋工资及福利费＋修理费＋其他费用

（2）预付账款。预付账款是指企业为购买各类原材料、燃料或服务所预先支付的款项，其计算公式如式（2.21）。

$$\text{预付账款} = \frac{\text{预付的外购原材料、燃料或服务年费用}}{\text{预付账款年周转次数}} \tag{2.21}$$

（3）存货。存货是指企业在日常生产经营过程中持有以备出售，或仍处在生产过程，或在生产或提供劳务过程中将消耗的材料或物料等，包括各类材料、商品、在产品、半成品、产成品等。为简化计算，建设项目评价中仅考虑外购原材料、外购燃料、在产品和产成品，其计算公式如式（2.22）。

$$\text{存货} = \text{外购原材料} + \text{外购燃料} + \text{其他材料} + \text{在产品} + \text{产成品} \tag{2.22}$$

$$\text{外购原材料} = \frac{\text{年外购原材料费用}}{\text{外购原材料年周转次数}}$$

$$\text{外购燃料} = \frac{\text{年外购燃料费用}}{\text{外购燃料年周转次数}}$$

$$\text{其他材料} = \frac{\text{年外购其他材料费用}}{\text{外购其他材料年周转次数}}$$

$$\text{在产品} = \frac{\text{年外购原材料、燃料、动力费} + \text{年工资福利费} + \text{年修理费} + \text{年其他制造费用}}{\text{在产品年周转次数}}$$

$$\text{产成品} = \frac{\text{年经营成本} - \text{年其他营业费用}}{\text{产成品年周转次数}}$$

（4）现金。现金指维持日常生产运营所必须预留的货币资金，包括库存现金和银行存款，其计算公式如式（2.23）。

$$\text{现金} = \frac{\text{年工资及福利费} + \text{其他费用}}{\text{现金年周转次数}} \tag{2.23}$$

式中，其他费用＝其他制造费用＋其他营业费用＋其他管理费用＋技术转让费＋研究与开发费＋土地使用税。

（5）应付账款。应付账款指因购买材料、商品或接受劳务等而发生的债务，是买卖双方在购销活动中因取得物资与支付货款时间上的不一致而产生的负债，其计算公式如式（2.24）。

$$\text{应付账款} = \frac{\text{年外购原材料、燃料、动力和其他材料费用}}{\text{应付账款年周转次数}} \tag{2.24}$$

（6）预收账款。预收账款是买卖双方协议商定，由购买方预先支付一部分货款给销售方，从而形成销售方的负债，其计算公式如式（2.25）。

$$\text{预收账款} = \frac{\text{预收的营业收入年金额}}{\text{预收账款年周转次数}} \tag{2.25}$$

2.5 建设期利息

建设期和部分运行初期的借款利息属于水利建设项目总投资中的动态资金部分。水利建设项目资金除政府拨款、发行股票和债券外，主要是向银行贷款，而各类贷款或债券均须在规定的年限内按时偿还本金和利息。

2.5.1 单利与复利

2.5.1.1 单利法

对单利法而言，不论计息周期为多少，每经一期按原始本金计息一次，利息不再生利息，其计算公式如式（2.26）。

$$I_n = Pni, \quad F = P(1 + in) \tag{2.26}$$

式中　I_n——n 期末的利息；

i——计息期利率；

n——计息期数；

P——本金；

F——计息期末的本利和。

2.5.1.2 复利法

复利法按本金与累积利息额计息，即除本金计息外，利息也生利息，每一计息周期的利息都并入本金再计利息。经济评价中要求均采用复利法进行计算，其具体的计算公式详见第 3 章。

2.5.2 名义利率与实际利率

西方经济学中名义利率是指银行执行的利率，即包含通货膨胀率的利率，而实际利率是指剔除通货膨胀后储户或投资者得到的利息回报的真实利率。一般银行存款及债券等固定收益产品的利率都是按名义利率支付利息，但如果在通货膨胀环境下，储户或投资者收到的利息回报就会被通胀侵蚀。例如，假设一年期存款的名义利率为 3%，而通胀率为

2%，则储户实际拿到的利息回报率只有1%。当处于高速经济增长阶段，很容易引发较高的通胀，而名义利率的提升在多数时间都慢于通胀率的增长，因此如果考虑通胀因素，储户将钱存入银行最终可能得到负回报，即负利率。

工程经济学中，名义利率与实际利率的概念与西方经济学中有些差异。工程经济中，通常以年为计息周期，但实际计息周期可能是半年、季度、月等。当利率的时间单位与计息周期不一致时，则产生名义利率和实际利率。名义利率是计息周期利率与一年中计息次数的乘积，即按单利计算的利率。而实际利率指按实际计息期计息的利率，即按复利计算的利率。工程经济分析要求采用复利计算，因此必须运用实际利率而不能运用名义利率。

复利计算有间断计息和连续复利之分。若计息周期为一定的时间，并按复利计息，称为间断计息。若计息周期无限缩短，即计息次数无限多，称为连续复利。

2.5.2.1 间断计息期内的实际利率

间断计息期内实际利率和名义利率的折算公式如式（2.27）。

$$i=\left(1+\frac{r}{n}\right)^{n}-1 \tag{2.27}$$

式中 i——实际利率；

r——名义利率；

n——1年中的计息周期次数。

2.5.2.2 连续计息期内的实际利率

连续复利指1年中按无限多次计息，即式（2.27）中$n\to\infty$时的实际利率，可按式（2.28）计算。

$$i=e^{r}-1 \tag{2.28}$$

一般地，名义利率不能完全反映资金时间价值，实际利率才真实地反映资金的时间价值。当计息周期为1年时，名义年利率和实际年利率相等，计息周期短于1年时，实际年利率大于名义年利率。

【例2.4】 从甲银行贷款，年利率为16%，计息周期为年，从乙银行贷款，年利率为15%，以月为计息单位，试比较向谁取得贷款较为有利。

解：甲银行实际年利率为16%，乙银行的年利率15%则是名义利率，应转换为实际利率，即：

$$i=\left(1+\frac{r}{n}\right)^{n}-1=\left(1+\frac{0.15}{12}\right)^{12}-1=16.075\%$$

因此，甲银行贷款的实际利率低于乙银行贷款的实际利率，应向甲银行贷款较有利。

2.5.3 建设期利息估算

SL 72—94《水利建设项目经济评价规范》规定，运行初期的借款利息应根据不同情况分别计入固定资产总投资或项目总成本费用。具体计算时，将当年还款资金小于当年应付借款利息之前这段时间内发生的借款利息，计入项目固定资产总投资；将当年还款资金出现大于当年应付借款利息之后这段时间内发生的借款利息，计入项目总成本费用。

若借款在建设期各年年初发生，则其建设期利息按式（2.29）计算。若借款在建设期各年年内均衡发生，则其建设期利息按式（2.30）计算或建设期各年利息按式（2.31）计算。建设期利息计算中还应注意建设期内是否支付利息，若建设期内支付利息，则上期利息不进入下期计息本金。水利建设项目一般按式（2.31）计算，且建设期不支付利息。

$$I=\sum_{t=1}^{n}[(P_{t-1}+A_t)\times i] \tag{2.29}$$

式中 I——建设期利息；

n——建设期计息的期数；

i——借款年利率；

P_{t-1}——建设期第 $t-1$ 年末借款本息累计；

A_t——建设期第 t 年借款额。

$$I=\sum_{t=1}^{n}\left[\left(P_{t-1}+\frac{A_t}{2}\right)\times i\right] \tag{2.30}$$

建设期各年应计利息 =（年初借款本利和累计 + 当年借款额 ÷ 2）× 借款年利率 （2.31）

【例 2.5】 某投资项目建设期 3 年，在建设期第一年贷款 100 万元，第二年贷款 300 万元，第三年贷款 100 万元，贷款年利率为 6%。若贷款在年内均衡发生，且建设期不支付利息，计算该项目的建设期利息。

解：按式（2.31）分别计算各年的贷款利率，则：

$$I_1=(0+100/2)\times 6\%=3(\text{万元})$$

$$I_2=(100+3+300/2)\times 6\%=15.18(\text{万元})$$

$$I_3=(3+15.18+400+100/2)\times 6\%=28.09(\text{万元})$$

因此，该项目建设期利息 $I=I_1+I_2+I_3=46.27$(万元)。

2.6 成本、税金与利润

为了提高水利工程的经济效益，必须重视经营管理，加强财务核算。成本、税金和利润是财务核算的主要指标，现分述如下。

2.6.1 成本

成本是构成产品价格的基本因素。产品价格不变，降低成本，就相应增加了利润。产品成本是衡量企业经营管理水平的一个综合指标。

一般来说，生产成本是指在一定时期内企业为生产该产品所须支出的全部费用。销售成本则由生产成本和销售费用组成。销售费用指产品在销售过程中所需包装、运输、储存及管理等费用。对电力部门来说，售电成本系由发电成本和供电成本两部分组成。

2.6.1.1 总成本费用

水利工程总成本费用指项目在一定时期内为生产、运行以及销售产品和提供服务所花费的全部成本和费用，包括年运行费、折旧费、摊销费和利息净支出，如图 2.2 所示。

（1）年运行费。年运行费，也称经营成本，包括工资及福利费，材料、燃料及动力费，维护费和其他费用等。

工资及福利费指水利项目运营过程中所有人员的工资、奖金、津贴、福利等。

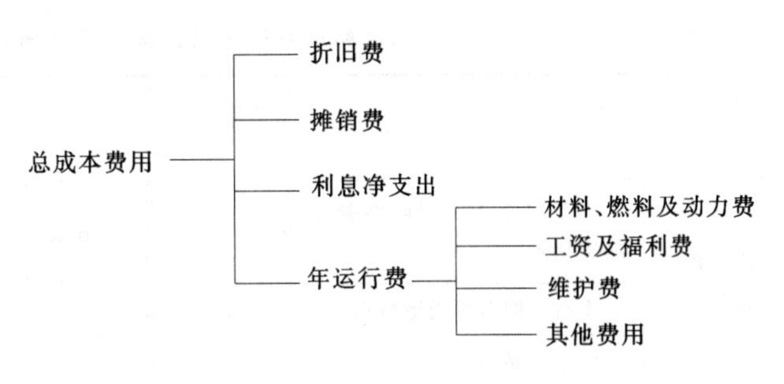

图 2.2 总成本费用构成图

材料、燃料及动力费指水利项目运营过程中所耗用的各种材料、电、水、油等各项费用。

维护费包括日常性养护、维护等费用，也包括大修理费。大修理一般每隔几年才进行一次，因此，通常将所需的大修理费平均分摊到各年作为年维护费的一部分。

其他费用包括库区及水源区维护建设费、保险费、管理机构行政费用等。参加保险的水利工程应将保险费计入成本。保险分为自愿保险和强制保险两种，洪水保险一般属于强制保险。在水利工程领域，我国已举办防洪保险和工程财产保险。

(2) 折旧费。固定资产折旧指把工程或设备逐渐损耗的价值在使用期内以货币形式逐年提取积累以更新工程或购置新设备。折旧费实质是对固定资产在使用过程中受到磨损的价值补偿。

折旧费计算的方法很多，一般分为直线折旧法和加速折旧法两类。常用的直线折旧法包括年限平均法和工作量法，加速折旧法包括双倍余额递减法和年数总和法。对于企业来讲，提取折旧费是不交企业所得税的，所以加速折旧对企业有利。

1) 年限平均法。年限平均法假定固定资产价值随使用年限的增加按比例直线下降。

$$\begin{aligned}\text{年折旧费} &= \text{固定资产价值} \times \text{年折旧率} \\ &= \frac{\text{固定资产原值} \times (1 - \text{预计净残值率})}{\text{折旧年限}}\end{aligned} \tag{2.32}$$

折旧年限一般综合考虑经济寿命、技术发展、设备更新等因素而定，常取经济寿命，即年费用最小所对应的使用年限。根据 SL 72—94《水利建设项目经济评价规范》，常见水利水电工程固定资产的折旧年限见表 2.1。

2) 工作量法。工作量法是根据实际工作量计提取折旧费的一种方法，其计算公式如式 (2.33)。工程量法可以按行驶里程计算，也可以按工作小时计算。

$$\begin{aligned}\text{年折旧费} &= \text{年工作量} \times \text{单位工作量折旧额} \\ &= \text{年工作量} \times \frac{\text{固定资产原值} \times (1 - \text{预计净残值率})}{\text{预计总工作量}}\end{aligned} \tag{2.33}$$

3) 双倍余额递减法。双倍余额递减法按式 (2.34) 计算年折旧费。

$$\begin{aligned}\text{年折旧费} &= \text{年初固定资产净值} \times \text{年折旧率} \\ &= \text{年初固定资产净值} \times \frac{2}{\text{折旧年限}} \times 100\%\end{aligned} \tag{2.34}$$

该方法每年年初固定资产净值没有扣除预计净残值，因此，必须注意不能使固定资产的净值低于其预计净残值。通常在其折旧年限到期前两年内，将固定资产净值扣除预计净残值后的余额平均摊销。

表 2.1　　　水利水电工程常见固定资产折旧年限表

固定资产分类		折旧年限（年）	固定资产分类		折旧年限（年）
堤坝闸建筑物	大型混凝土、钢筋混凝土的堤坝闸	50	河道整治控导工程	丁坝、顺坝等控导工程	25
	土石、堆石等当地材料坝	50		抛石砌石护岸	20
	中小型涵闸	40	金属结构	压力钢管	50
溢洪设施	大型混凝土溢洪道	50		大型闸阀、启闭设备	30
	中小型混凝土溢洪道	40		中小型闸阀、启闭设备	20
	浆砌块石溢洪设施	20	机电设备	大型水轮机组	25
泄洪放水管洞建筑物	大型混凝土管洞	50		中小型水轮机组	20
	中小型混凝土管洞	40		大型电力排灌设备	25
	浆砌石管洞	30		中小型电力排灌设备	20
引水灌排渠河道管网	大型混凝土引水渠道	50	房屋建筑	金属和钢筋混凝土结构	50
	大型一般砌护的土质引水灌排渠河道	50		钢筋混凝土、砖石混合结构	40
	中小型一般砌护的土质引水灌排渠河道	40		永久性砖木结构	30
	大型混凝土沥青等护砌防渗渠河道	40	输配电设备	变电设备	25
	中小型混凝土沥青等护砌防渗渠河道	30		配电设备	20

【例 2.6】　某固定资产原值为 100 万元，若其折旧年限为 5 年，净残值率为 5%，采用双倍余额递减法计算其折旧费。

解： 根据式（2.34），分年计算其折旧费如下：

$$年折旧率=\frac{2}{5}\times 100\%=40\%$$

$$第一年折旧费=100\times 40\%=40(万元)$$

$$第二年折旧费=(100-40)\times 40\%=24(万元)$$

$$第三年折旧费=(100-40-24)\times 40\%=14.4(万元)$$

$$第四年和第五年折旧费=[(100-40-24-14.4)-100\times 5\%]\div 2=8.3(万元)$$

4）年数总和法。年数总和法按式（2.35）计算年折旧费。

$$\begin{aligned}年折旧费 &=(固定资产原值-预计净残值)\times 年折旧率\\ &=(固定资产原值-预计净残值)\\ &\quad\times\frac{折旧年限-已使用年数}{折旧年限\times(折旧年限+1)\div 2}\times 100\%\end{aligned} \tag{2.35}$$

应特别注意，计算年折旧费时，应对折旧年限不同的固定资产进行分类，分别计算其折旧费后求和，如式（2.36），或者按年综合折旧费率一次性求出项目的年折旧费，如式（2.37）。

$$年折旧费 = \sum_{i=1}^{n}(第\ i\ 类固定资产值 \times 第\ i\ 类固定资产年折旧率) \tag{2.36}$$

$$\begin{aligned} 年折旧费 &= 固定资产原值 \times 年综合折旧费率 \\ &= 固定资产原值 \times \frac{\sum_{i=1}^{n}(第\ i\ 类固定资产值 \times 第\ i\ 类固定资产年折旧率)}{\sum_{i=1}^{n}第\ i\ 类固定资产值} \end{aligned} \tag{2.37}$$

（3）摊销费。摊销费是指无形资产和递延资产在使用过程中因价值消耗而转移到成本费用中的费用。一般不计残值，从受益之日起，在一定期间分期平均摊销，计算公式如式（2.38）。

$$无形资产(递延资产)摊销费 = \frac{无形资产(递延资产)价值}{摊销年限} \tag{2.38}$$

摊销年限取法律或合同规定的有效期限或受益年限，若没有相关规定，则无形资产的摊销年限不应低于 10 年，而递延资产的摊销年限不应低于 5 年。

（4）利息净支出。建设资金一般包括自有资金（资本金）和借款，借款须按期付息，支付的利息列入产品成本中。

2.6.1.2 几个相关概念

（1）固定成本。固定成本是指在一定的时间和范围内，不随产量的变动而变动的成本，如折旧费、职工工资及福利费等。

（2）可变成本。可变成本是指在一定的时间和范围内，随产量的变动而变动的成本。如材料、燃料及动力费、计件的人工工资、工程维修费等。

（3）沉没成本。沉没成本是指以往已经发生的但与当前决策无关的费用。沉没成本往往容易影响决策人的决策方向。其实决策人应考虑的是未来可能发生的费用及可能带来的效益，而不应该受已经发生的费用的影响。沉没成本不计入工程经济分析的现金流量中。

（4）机会成本。机会成本是指当有限资源作某种用途因而失去潜在的利益或者为了完成某项任务而放弃了完成其他任务所造成的损失。例如，某水库可以向工业部门供水，也可以向农业部门供水，但总的供水量是有限度的，如果由于城市和工业的发展而必须增加工业供水量，那就必须减少农业用水量，相应减少的农业收益及其受到的损失，就是增加工业供水量的机会成本；或者采用替代措施，例如开发地下水资源而额外增加的费用，也可以认为是所增加的工业供水量的机会成本。工程经济分析中应计入机会成本。

2.6.2 税金

国家为了实现其职能，按照法律规定，向经营单位或个人无偿征收的货币或实物，称为税金，对国家而言可称为税收。税收是取得财政收入的一种方式，具有强制性、无偿性和固定性等特点。税收不仅是国家取得财政收入的主要渠道，也是国家对各项经济活动进行宏观调控的重要杠杆。

我国工业企业应当缴纳的税有十多种，根据国家规定，水利工程管理单位应缴纳增值税、销售税附加、所得税等。其中增值税为价外税，销售价格内应不含增值税款。

增值税按销售额计算。由于水利项目可以扣减的进项税额非常有限，一般可按销售收入计算增值税。目前财政部规定增值税率电力为17%，自来水为13%，小水电为6%，水利农业供水工程免交增值税，水利城市工业供水工程尚无明文规定。由于增值税是价外税，既不计入成本费用，又不计入销售收入，故进行财务分析时可不考虑增值税，增值税仅作为计算销售税附加的基础。

销售税附加包括城市维护建设税和教育费附加，以增值税税额为计算基数。按现行规定，城市维护建设税根据纳税人所在地区计算，市区为7%；县城和镇为5%；农村为1%。教育费附加为3%。

企业所得税现按销售利润总额的25%计征。

2.6.3　利润

销售利润是指商品按照市场价格或规定价格，实现销售收入后扣除销售成本和税金后的余额，如式（2.39）。销售利润是税前利润，是利润总额，若销售利润扣除所得税则为税后利润，即净利润。利润是劳动者新创造的价值，是用来发展生产，改善人民物质、文化生活的基础，也是国家财政收入的重要组成部分。

$$\text{销售利润} = \text{销售收入} - \text{总成本费用} - \text{销售税金} \tag{2.39}$$

利润是反映企业生产管理水平的一个重要指标。企业对税后利润具有分配使用权，除国家另有规定外，税后利润的分配顺序如下。

（1）弥补年度亏损。项目若发生年度亏损，在5年内均可用所得税前的利润弥补，若5年内仍不足弥补，则必须先缴纳所得税，再用所得税后的利润弥补。

（2）提取盈余公积金。盈余公积金分为法定盈余公积金和任意盈余公积金两种。法定盈余公积金按照所得税后利润扣除以前年度亏损后的10%提取。法定盈余公积金达到注册资本金的50%后可不再提取。任意盈余公积金可按照本企业的章程提取。

企业以前年度亏损未弥补完，不得提取法定盈余公积金。在法定盈余公积金未提足前，不得提取任意盈余公积金。

（3）提取公益金。公益金按照所得税后利润扣除以前年度亏损后的5%提取。在法定盈余公积金未提足前，不得提取公益金。

（4）向投资者分配利润。企业以前年度未分配的利润可以并入本年度向投资者分配，但在提取盈余公积金、公益金以前，不得向投资者分配利润。

（5）偿还借款本息。所得税后利润扣除以上各项就形成未分配利润。未分配利润、历年积累的折旧费和摊销费等均可用于偿还借款本息。

2.7 水利工程效益

2.7.1 效益的分类

2.7.1.1 按考察角度分类

按不同的考察角度，水利工程效益可分为国民经济效益和财务效益。

国民经济效益从国家整体的角度出发，指项目建成后对国家、全社会所作的贡献，包括项目直接提供产品或服务所获得的直接效益和对社会产生的间接效益。例如，防洪工程建成后除可减少直接洪灾损失外，还可减少因洪水淹没造成交通中断而导致的间接经济损失等。

财务效益从企业个体的角度出发，指项目建成后向用户销售水利产品或提供服务所获得直接收入，包括售电收入、灌溉水费收入、供水水费收入、旅游及其他多种经营等收入。

2.7.1.2 按功能分类

按效益功能分，水利工程效益包括发电效益、防洪效益、灌溉效益、供水效益、航运效益、水土保持效益、环境效益等多种。

水力发电效益指向电网或用户提供容量和电量所获得的效益，包括国民经济效益和财务效益。水力发电的国民经济效益多采用最优等效替代法计算，即替代火电站的年费用作为其年效益。水力发电的财务效益包括电量效益和容量效益。电量效益为上网电量和上网电价的乘积，上网电量指在有效电量的基础上扣除厂用电量和配套输变电损失电量。容量效益则是必需容量和容量价格的乘积。

防洪工程只有国民经济效益，指采取防洪工程措施和非工程措施后，可减免的洪灾损失，包括减免的直接经济损失和间接经济损失。

灌溉工程以国民经济效益为主，主要体现在灌溉工程建成后农作物的增产效益。由于各地的气候、土壤、作物品种和农业技术措施等条件不同，灌溉效益的地区差别很大。在计算灌溉效益时，应考虑水利和农业技术措施对作物增产的综合作用。

城乡供水效益通常包括居民生活、工业生产和公共事业等多方面，其国民经济效益多采用最优等效替代法，即以兴建最优等效替代工程或实行节水措施替代城乡供水工程所需要的年费用，作为城乡供水的年效益。其财务效益按供水量乘单方计量水价计算，水价应根据供水的总成本费用、税金和合理利润确定。

航运效益包括正效益和负效益。航电枢纽建成后，上游水位抬高形成良好的深水航道、河道通航里程延长、航道通过能力增加等通航条件改善均取得正效益，而增加船舶过坝的环节和时间等则属于负效益的范畴。

水土保持效益包括直接效益和间接效益。直接效益体现在梯田、坝地粮食增产等方面，其间接效益则主要体现在水土保持对下游的削洪减沙作用、陡坡退耕而节省大量土地及劳力等方面。

环境效益包括正效益和负效益。水库建成后，美化周围环境、改善邻近地区小气候条件、提高生活用水的卫生标准等均属于正效益，而对鱼类回游的阻隔、引发环境疾病的流行等均属于负效益。

2.7.2 主要效益指标

2.7.2.1 货币型指标

货币型指标均可定量化，包括经济净现值、财务净现值、经济内部收益率、财务内部收益率等经济评价类指标和电站单位千瓦投资、单位电能投资、单位电能成本、单位库容投资、单位灌溉面积投资等单位综合技术经济指标。

2.7.2.2 效能型指标

效能型指标主要包括反映工程效益的指标，例如防洪、治涝面积，灌溉耕地面积，水电站装机容量，城市、工业年供水能力等。

2.7.2.3 实物型指标

实物型指标指以实物表示的效益指标，如水电站年发电量、航运货运量增加量、工业供水量和城镇生活供水量、淹没耕地数、迁移人口数、淹没交通线类型及里程，以及单位人口迁移安置费、单位耕地赔偿费等。

习 题

1. 我国价格体系中主要有哪几类价格？不同价格体系各自的特点是什么，分别适用于哪些方面？

2. 流动资金与流动资产有什么区别？

3. 经营成本与销售成本的差别是什么？为什么要在技术经济分析中引入经营成本的概念？

4. 什么是机会成本？试举例说明之。

5. 名义利率与实际利率有何不同？

6. 产品的成本、税金、利润与销售收入、工程效益之间的关系如何？

7. 工程总投资包括哪些部分，哪些属于静态投资，哪些属于动态投资？建设投资中的建设工程费、设备购置费、安装工程费、基本预备费和价差预备费分别应该怎样计算。

8. 水利工程效益包括哪些部分？主要的效益指标有哪些？国民经济效益和财务效益有何区别？

第3章 资 金 时 间 价 值

3.1 资金时间价值理论

3.1.1 资金时间价值与资金等值

3.1.1.1 资金时间价值的概念

资金时间价值是指资金在生产和流通过程中随着时间推移而产生的增值，也即资金的使用成本。资金是时间的函数，其价值随时间的推移而变化，但它不同于通货膨胀，不会自动随时间变化而增值，只有在生产过程中和劳动结合才会有增值。因此，资金时间价值的产生必须具备两个前提条件，一是经历一定的时间，二是和劳动力相结合。

资金时间价值主要表现为不同时间点的等额资金具有不同的价值，其表现形式主要有利息和利率两种。利息是衡量资金时间价值的绝对尺度，而利率则是衡量资金时间价值的相对尺度。

影响资金时间价值的因素主要有资金使用的时间、数量和模式。单位时间资金增值率一定时，资金使用时间越长或资金使用数量越大，资金时间价值就越大；在总投资一定的情况下，前期投入资金越大，其资金的时间价值越大，同时，在资金回收额一定的情况下，回收资金的时间越早，其时间价值也越大。

3.1.1.2 资金时间价值的相关概念

（1）现值。资金发生在（或折算为）某一特定时间序列起点时的价值称为资金的现值。时间序列起点一般和计算期的起点一致。

（2）终值。资金发生在（或折算为）某一特定时间序列终点时的价值称为资金的终值。

（3）年值。资金连续发生在（或折算为）某一特定时间序列各计息期末的等额支付称为年值或年金。

（4）折现。折现指将任意计息期末的资金折算为时间序列起点的价值。

3.1.1.3 资金等值

资金等值是指在考虑时间因素的情况下，不同时点发生的绝对数量不等的资金可能具有相等的价值。任意时间点上的资金都可以等值变换成另一特定时间点的资金，也即两个时间点上不同数量的资金可能具有相同的经济作用。如在年利率5%的条件下，现在的100元和明年的105元在绝对数量上是不等的，但其经济价值是相等的，因此也可将二者称为等值资金。

资金额的大小、资金发生的时间和计算期利率的大小是影响资金等值的三个主要因素。

资金等值在经济分析和评价中运用非常广泛。由于资金的时间价值作用，发生在不同时间点的现金流量不能直接进行比较，为使之具有可比性，需将其按照一定的利率折算至同一时间点，这实质上就是资金时间价值的等值变换。

3.1.2 现金流量与现金流量图

3.1.2.1 现金流量的概念

现金流量指在经营、投资、筹资等活动中产生的现金流入、现金流出及其总量情况的总称。在经济分析中，通常把收益定义为现金流入，而把支出定义为现金流出，现金流入与现金流出的代数和称为净现金流量。

现金流入一般包括营业收入、固定资产余值回收值、流动资金回收值等，而现金流出则包括建设投资、经营成本、利息支出等。

3.1.2.2 现金流量图

现金流量图将现金流量表示成二维矢量坐标图，是表达现金流量的有效工具。现金流量图的横轴表示时间，纵轴表示资金的数量，向上为正，表示收入或效益，向下为负，表示支出或费用，线段的长度代表资金数量的大小。现金流量图的零点表示投资或评价的起始点，其时间点均代表计息期末点，即若时间轴的单位为年，则刻度“1”代表第一年末，同时每个计息期末与下一个计息期初吻合，故第一年末即为第二年初。在水利建设项目中时间轴的单位通常是年，在其他投资项目中可以是年、月、周或任意时间间隔。

水利建设项目的现金流量一般如图3.1所示。从图中可知，建设期为$t_0 \sim t_b$，其现金流量主要为支出，即分年度投资K_t；因水利项目建设期较长，为提高其经济效益，部分工程或部分机组设备在建设后期陆续投入运行，即$t_a \sim t_b$期间为投产期。投产期内的现金流量包括分年度投资K_t、年费用C_t和年效益B_t。投产期内的分年度投资主要为安装及配套工程投资，年费用包括年运行费A和还本付息额R等，而年效益则主要是发电收入等。投产期内，年效益和年费用随工程量或机组投运情况逐年增加而增加。建设期结束即进入生产期。生产期内的现金流量不再有投资，仅包括年费用和年效益。生产期内的年费用和年效益多采用常数，也可考虑先期投入运行的机组先达到经济寿命而停止运行，因此生产期的最后$(t_b - t_a)$年，年效益和年费用逐年减少。一般地，水利建设项目的生产期较长，两种考虑方法的计算结果非常接近。

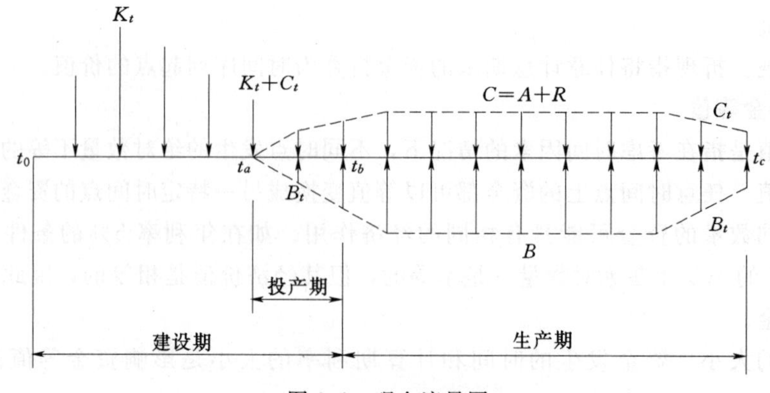

图3.1 现金流量图

一般地，水利建设项目的计算期包括建设期和生产期。建设期就是实际的工程施工期，建设初期一般包括土建工程施工和机电设备安装，建设后期则可能进入投产期，即部分土建项目和机电项目投入运行并产生一定的费用和经济效益，至全部工程项目达到设计要求并通过竣工验收后，建设期结束，生产期正式开始。生产期取决于整个项目的经济寿命。

工程项目投入使用后，随着使用年限的增加，每年分摊的投资越少，但其保养和维护费用却越多，由此产生经济寿命的概念，即在最适宜的使用期内工程总费用最低。水利建设项目各类工程及其设备的经济寿命可参见表3.1。

表3.1　水利建设项目各类工程及其设备的经济寿命

工程及设备类别	经济寿命（年）	工程及设备类别	经济寿命（年）
防洪、治涝工程	30～50	机电排灌站	20～25
灌溉、城镇供水工程	30～50	输变电工程	20～25
水电站（土建部分）	40～50	火电站	20～25
水电站机组设备	20～25	核电站	20～25
小型水电站	20		

从表3.1可知，对整个工程项目而言，土建部分的经济寿命往往和机电设备的经济寿命差异较大，其中最明显的就是水电建设项目，如水电站土建部分的经济寿命一般是40～50年，而其机电设备的经济寿命则是20～25年，则其运行期多取主要建筑物土建工程的经济寿命，同时考虑在生产期内从折旧费中提取资金以更新机电设备，从而使机电设备的经济寿命基本和土建工程吻合。

3.2　资金时间价值的计算

3.2.1　基本公式

3.2.1.1　一次支付公式

一次支付指现金流入或现金流出均发生在一个时点上，其现金流量图如图3.2所示。一次支付公式包括复利终值公式（已知现值 P，求终值 F）和复利现值公式（已知终值 F，求现值 P）

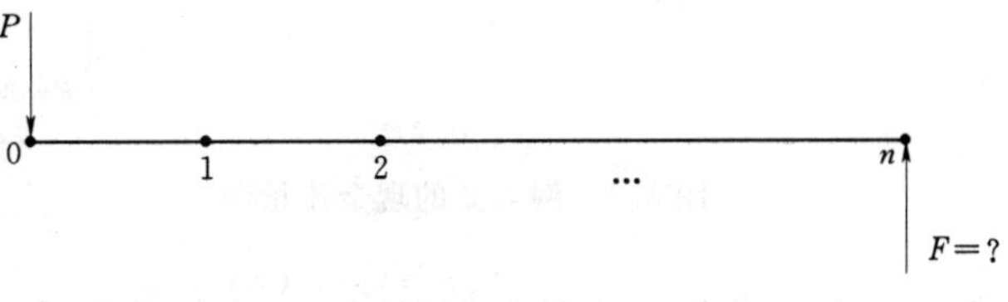

图3.2　一次支付现金流量图

（1）复利终值公式（已知现值 P，求终值 F）。现有资金 P（现值），计息期利率为 i，按复利计算，则在第一期末该资金的本利和 $F=P(1+i)$，第二期末该资金的本利和 $F=P(1+i)^2$，据此类推，则第 n 期末的本利和 F（终值）为：

$$F = P(1+i)^n \tag{3.1}$$

式中 $(1+i)^n$——一次支付终值系数，记为 $(F/P, i, n)$，斜线下方表示已知值，而斜线上方则表示待求值。

【例3.1】 某公司向银行贷款1000万元，贷款年利率10%，请计算5年后公司应偿付的本利和。

解： 这是一个已知现值 P 求终值 F 的问题，其现金流量图见图3.3。根据公式(3.1)，则：

$$F = P(1+i)^n = 1000 \times (1+0.1)^5 = 1610.51(万元)$$

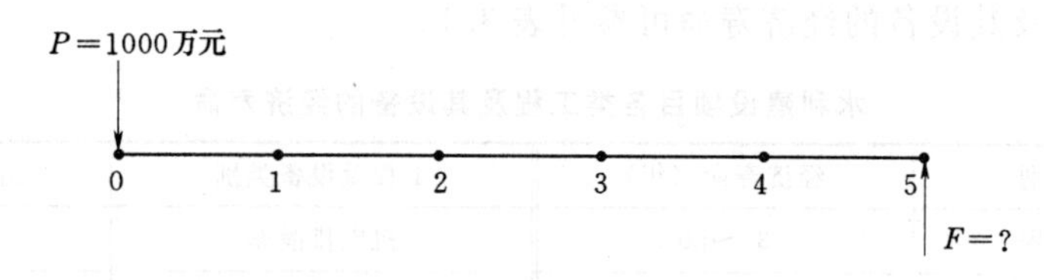

图3.3 例3.1的现金流量图

(2) 复利现值公式（已知终值 F，求现值 P）。已知终值 F 求现值 P 的复利现值公式实质上是复利终值公式的逆运算，即

$$P = F/(1+i)^n \tag{3.2}$$

式中 $(1+i)^n$——一次支付现值系数，记为 $(P/F, i, n)$。

【例3.2】 某电厂20年后需更新设备费30万元，银行年利率6%，问现在应存入多少资金才能满足需要？

解： 这是一个已知终值 F 求现值 P 的问题，该电厂更新设备费现金流量图见图3.4，每年计息一次，计息期利率 $i=6\%$，根据公式(3.2)，则：

$$P = F/(1+i)^n = \frac{30}{(1+0.06)^{20}} = 9.35(万元)$$

3.2.1.2 等额分付公式

等额分付指现金流入或现金流出的数额是相等的，且发生在多个时间点。等额分付公式包括年值终值公式（已知年值 A，求终值 F）、存储基金公式（已知终值 F，求年值 A）、资金回收公式（已知现值 P，求年值 A）和年值现值公式（已知年值 A，求现值 P）。

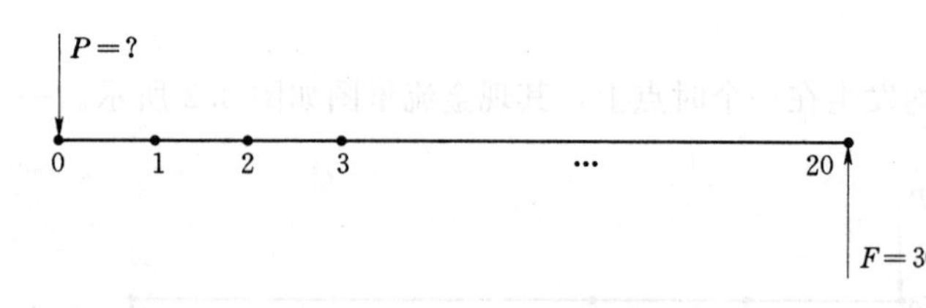

图3.4 例3.2的现金流量图

(1) 年值终值公式（已知年值 A，求终值 F）。在计息期利率 i 一定的条件下，每个计息期末均连续流入或流出等额的年值 A，求 n 个计息期末后的本利和 F（终值），如图3.5所示。

由式(3.1)则可得出等额支付年值 A 的终值 F 为：

$$F = \sum_{j=1}^{n} A(1+i)^{n-j} = A[1+(1+i)+(1+i)^2+\cdots+(1+i)^{n-2}+(1+i)^{n-1}]$$

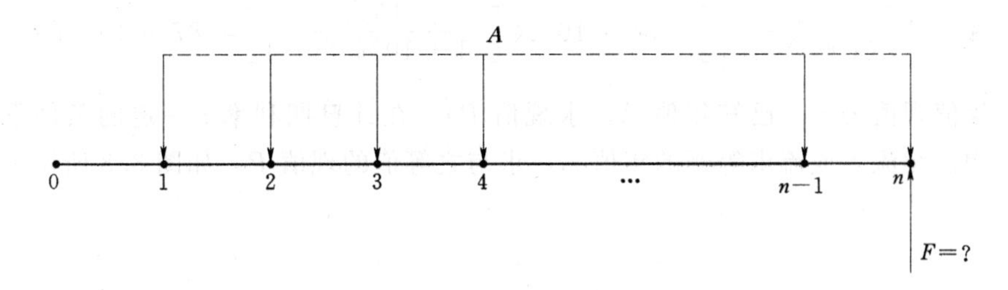

图 3.5 年值终值类型的典型现金流量图

整理得：

$$F = A\left[\frac{(1+i)^n - 1}{i}\right] \tag{3.3}$$

式中 $\frac{(1+i)^n-1}{i}$——年值终值系数，记为（F/A，i，n）。

【例 3.3】 某水力发电工程预计 5 年建成，每年年末贷款投资 2 亿元，年利率为 10%，问到 5 年年末时，其贷款总额为多少？

解： 该问题的现金流量图见图 3.6，则 $A=2$ 亿元，$i=10\%$，$n=5$，根据年金终值公式（3.3），可得：

$$F = \left[\frac{(1+i)^n - 1}{i}\right]A = 2\times\left[\frac{(1+10\%)^5 - 1}{10\%}\right] = 12.21(\text{亿元})$$

（2）存储基金公式（已知终值 F，求年值 A）。在计息期利率 i 一定的条件下，将第 n 个计息期末的资金 F 换算为与之等值的计息期内每个计息期末的等额资金即为存储基金的计算问题。由式（3.3）的逆运算即可得出：

$$A = F\left[\frac{i}{(1+i)^n - 1}\right] \tag{3.4}$$

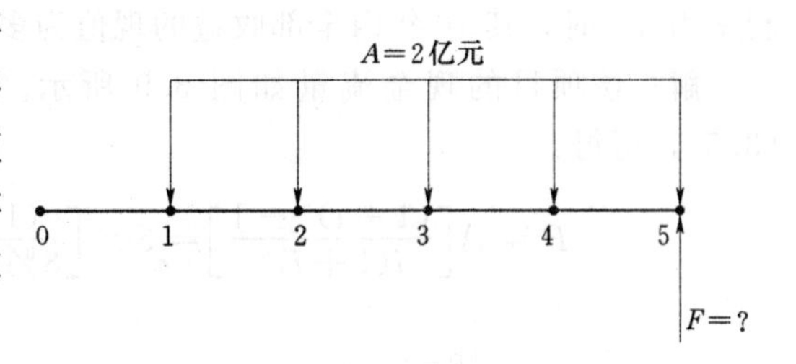

图 3.6 例 3.3 现金流量图

式中 $\frac{i}{(1+i)^n-1}$——存储基金系数，记为（A/F，i，n）。

【例 3.4】 某电厂 20 年后需更新设备费 50 万元，银行年利率 10%，问从现在起每年年末应存入多少资金才能满足需要？

解： 该问题的现金流量图见图 3.7，则 $F=50$ 万元，$i=10\%$，$n=20$，根据存储基金公式（3.4），可得：

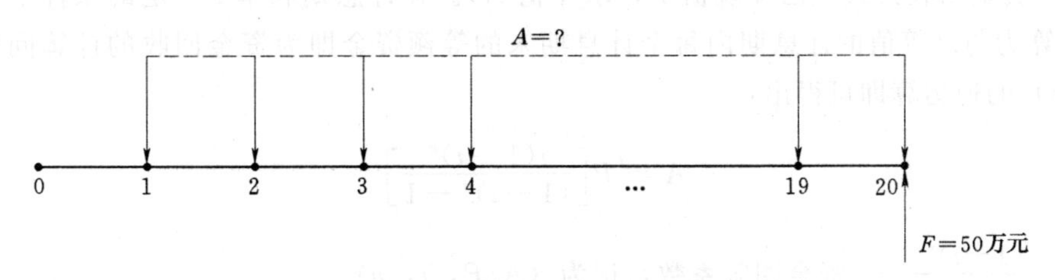

图 3.7 例 3.4 现金流量图

$$A=F\left[\frac{i}{(1+i)^n-1}\right]=50\times10^4\times\left[\frac{10\%}{(1+10\%)^{20}-1}\right]=8729.81(元)$$

(3) 年值现值公式（已知年值 A，求现值 P）。在计息期利率 i 一定的条件下，每个计息期末均连续流入或流出等额的年值 A，求与之等值的现值 P，如图 3.8 所示。

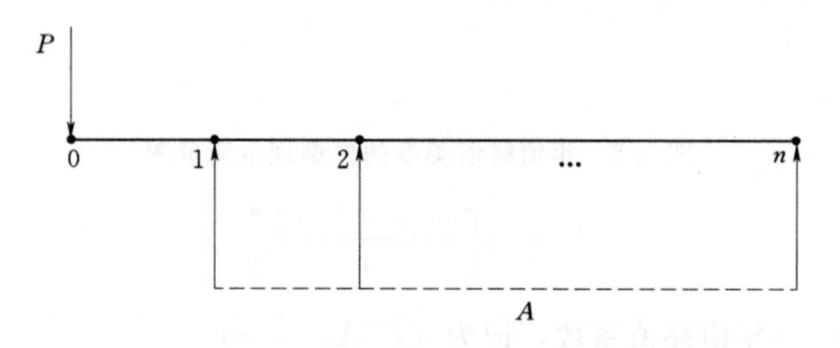

图 3.8 年值现值类型的典型现金流量图

联立求解式（3.2）和式（3.3）则可得出：

$$P=A\left[\frac{(1+i)^n-1}{i(1+i)^n}\right]\tag{3.5}$$

式中 $\frac{(1+i)^n-1}{i\ (1+i)^n}$——年值现值系数，记为（$P/A$，$i$，$n$）。

【例 3.5】 某灌溉工程自第一年年末开始受益，平均每年灌溉效益 5 万元，问当年利率为 8%时，其 10 年内全部收益的现值为多少？

解：该项目的现金流量如图 3.9 所示。则 $A=5$ 万元，$i=8\%$，$n=10$，根据式（3.5），可得：

$$P=A\left[\frac{(1+i)^n-1}{i(1+i)^n}\right]=5\times\left[\frac{(1+8\%)^{10}-1}{8\%\times(1+8\%)^{10}}\right]=33.55(万元)$$

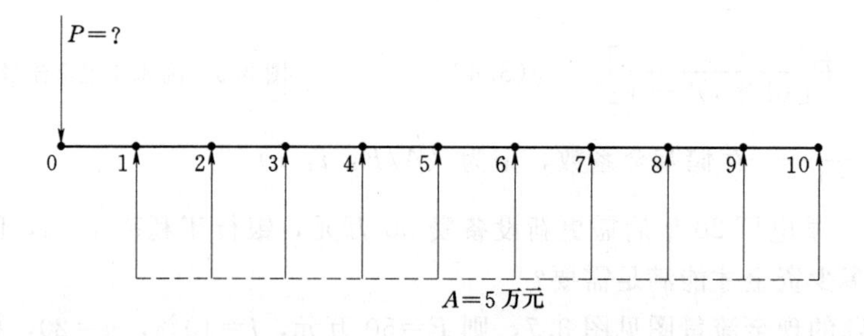

图 3.9 例 3.5 现金流量图

(4) 资金回收公式（已知现值 P，求年值 A）。在计息期利率 i 一定的条件下，将现值 P 换算为与之等值的计息期内每个计息期末的等额资金即为资金回收的计算问题。由式（3.5）的逆运算即可得出：

$$A=P\left[\frac{i(1+i)^n}{(1+i)^n-1}\right]\tag{3.6}$$

式中 $\frac{i\ (1+i)^n}{(1+i)^n-1}$——资金回收系数，记为（$A/P$，$i$，$n$）。

【例 3.6】 某公司投资 100 万新建项目，准备于开工后 8 年内收回投资，若年利率为 6%，则该公司每年应获得多少利润？

解：已知 $P=100$ 万元，$i=6\%$，$n=8$，其现金流量如图 3.10 所示，根据式（3.6），则可求出该公司每年应获得利润，即：

$$A=P\left[\frac{i(1+i)^n}{(1+i)^n-1}\right]=100\times\left[\frac{6\%\times(1+6\%)^8}{(1+6\%)^8-1}\right]=16.10(\text{万元})$$

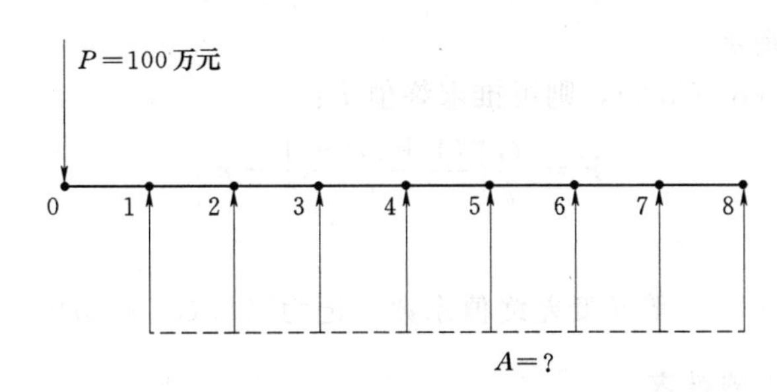

图 3.10 例 3.6 现金流量图

3.2.2 等额变差公式

等额变差指每期期末收支的现金流量是呈等差变化的，如图 3.11 所示。若已知年利率 i、计算期 n 和等差值 G，则可推求其终值 F、现值 P 和相当于等额序列的年值 A。

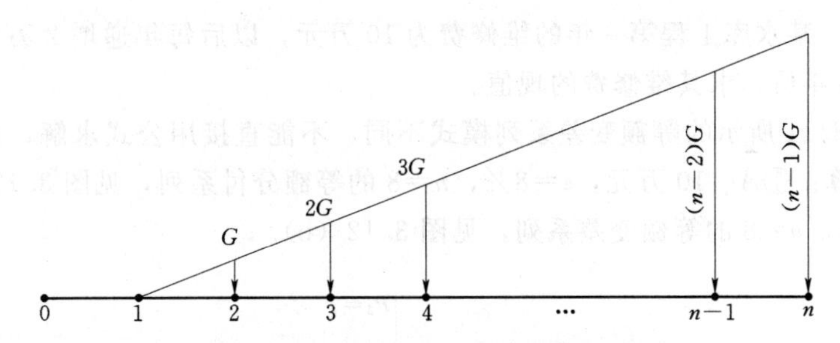

图 3.11 等额变差典型现金流量图

3.2.2.1 现值 P 的推求

运用复利现值公式则可得：

$$P=G\frac{1}{(1+i)^2}+2G\frac{1}{(1+i)^3}+\cdots+(n-2)G\frac{1}{(1+i)^{n-1}}+(n-1)G\frac{1}{(1+i)^n}$$

$$=G\left[\frac{1}{(1+i)^2}+\frac{2}{(1+i)^3}+\cdots+\frac{n-2}{(1+i)^{n-1}}+\frac{n-1}{(1+i)^n}\right]\tag{3.7}$$

两边同乘以（$1+i$），得

$$P(1+i)=G\left[\frac{1}{(1+i)}+\frac{2}{(1+i)^2}+\cdots+\frac{n-2}{(1+i)^{n-2}}+\frac{n-1}{(1+i)^{n-1}}\right]\tag{3.8}$$

由式（3.8）减去式（3.7），得

$$Pi=G\left[\frac{1}{(1+i)}+\frac{1}{(1+i)^2}+\cdots+\frac{1}{(1+i)^{n-2}}+\frac{1}{(1+i)^{n-1}}-\frac{n-1}{(1+i)^n}\right]\tag{3.9}$$

$$=G\left[\frac{(1+i)^n-1}{i(1+i)^n}-\frac{n}{(1+i)^n}\right]$$

$$P=\frac{G}{i}\left[\frac{(1+i)^n-1}{i(1+i)^n}-\frac{n}{(1+i)^n}\right]$$

式中 $\dfrac{\dfrac{(1+i)^n-1}{i\ (1+i)^n}-\dfrac{n}{(1+i)^n}}{i}$——等额变差现值系数，记为（$P/G$，$i$，$n$）。

3.2.2.2 终值 F 的推求

结合式（3.1）和式（3.9），则可推求终值 F：

$$F=\frac{G}{i}\left[\frac{(1+i)^n-1}{i}-n\right] \tag{3.10}$$

式中 $\dfrac{\dfrac{(1+i)^n-1}{i}-n}{i}$——等额变差终值系数，记为（$F/G$，$i$，$n$）。

3.2.2.3 等效年值 A 的推求

结合式（3.6）$A=P\left[\dfrac{i\ (1+i)^n}{(1+i)^n-1}\right]$和式（3.9），则可推求等效年值 A：

$$A=\frac{G}{i}\left[\frac{(1+i)^n-1}{i(1+i)^n}-\frac{n}{(1+i)^n}\right]\left[\frac{i(1+i)^n}{(1+i)^n-1}\right]=G\left[\frac{1}{i}-\frac{n}{(1+i)^n-1}\right] \tag{3.11}$$

式中 $\dfrac{1}{i}-\dfrac{n}{(1+i)^n-1}$——等额变差年值系数，记为（$A/G$，$i$，$n$）。

【例 3.7】 某水库工程第一年的维修费为 10 万元，以后每年递增 2 万元，若年利率为 8%，运行 8 年后，求其维修费的现值。

解：与图 3.11 所示的等额变差系列模式不同，不能直接用公式求解，应将其分解为两部分分别计算：①$A=10$ 万元，$i=8\%$，$n=8$ 的等额分付系列，见图 3.12（a）；②$G=2$ 万元，$i=8\%$，$n=8$ 的等额变差系列，见图 3.12（b）。

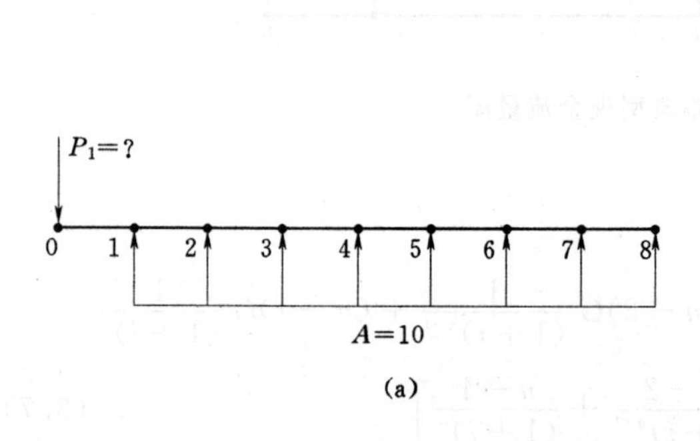

(a)

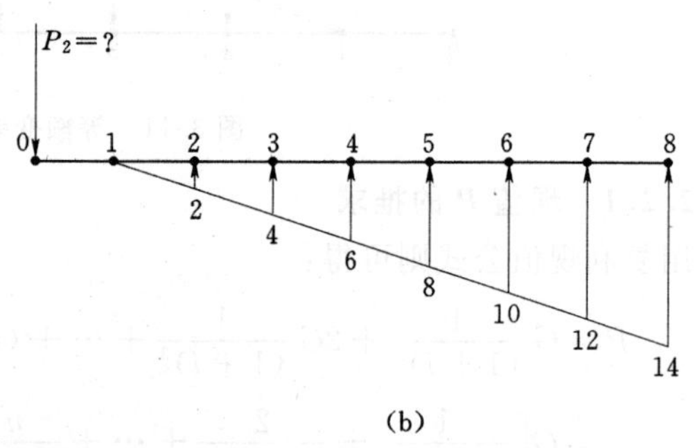

(b)

图 3.12 例 3.7 图

(a) 等付分付系列；(b) 等额变差系列

由式（3.5），有

$$P_1=A\left[\frac{(1+i)^n-1}{i(1+i)^n}\right]=10\times\left[\frac{(1+8\%)^8-1}{8\%\times(1+8\%)^8}\right]=57.47(\text{万元})$$

根据式（3.9），则有

$$P_2=\frac{G}{i}\left[\frac{(1+i)^n-1}{i(1+i)^n}-\frac{n}{(1+i)^n}\right]=\frac{2}{8\%}\times\left[\frac{(1+8\%)^8-1}{8\%\times(1+8\%)^8}-\frac{8}{(1+8\%)^8}\right]=35.61(\text{万元})$$

$$P=P_1+P_2=93.08(\text{万元})$$

3.2.3 等比递增公式

等比递增序列指每期期末收支的现金流量是呈等比变化的，如图 3.13 所示。若已知年利率 i，计算期 n 和等比递增百分比 $j\%$，则可推求其终值 F、现值 P 和相当于等额序列的年值 A。

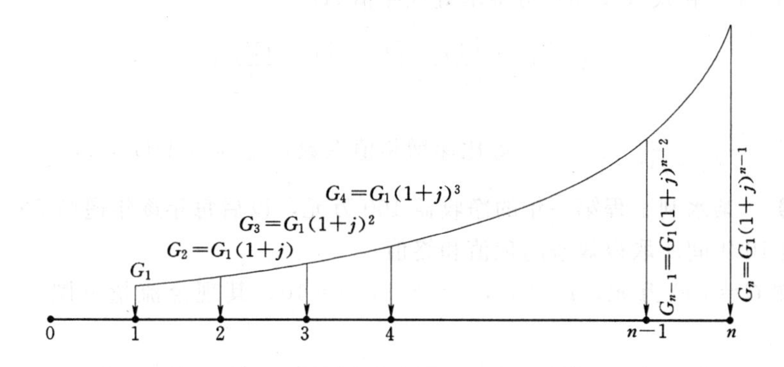

图 3.13　等比递增典型现金流量图

3.2.3.1 现值 P 的推求

运用复利现值公式则可得：

$$P=G_1\frac{1}{(1+i)}+G_2\frac{1}{(1+i)^2}+\cdots+G_{(n-1)}\frac{1}{(1+i)^{n-1}}+G_n\frac{1}{(1+i)^n}$$

$$=G_1\left[\frac{1}{(1+i)}+(1+j)\frac{1}{(1+i)^2}+\cdots+(1+j)^{n-2}\frac{1}{(1+i)^{n-1}}+(1+j)^{n-1}\frac{1}{(1+i)^n}\right] \tag{3.12}$$

以 $(1+j)$ 乘式（3.12）的两侧，则得

$$(1+j)P=G_1\left[\left(\frac{1+j}{1+i}\right)+\left(\frac{1+j}{1+i}\right)^2+\cdots+\left(\frac{1+j}{1+i}\right)^{n-1}+\left(\frac{1+j}{1+i}\right)^n\right] \tag{3.13}$$

以 $\left(\frac{1+i}{1+j}\right)$ 乘式（3.13）的两侧，则得

$$(1+i)P=G_1\left[1+\left(\frac{1+j}{1+i}\right)+\cdots+\left(\frac{1+j}{1+i}\right)^{n-2}+\left(\frac{1+j}{1+i}\right)^{n-1}\right] \tag{3.14}$$

以式（3.13）减式（3.14），则得

$$(j-i)P=G_1\left[\left(\frac{1+j}{1+i}\right)^n-1\right]$$

即

$$P=G_1\left[\frac{(1+i)^n-(1+j)^n}{(i-j)(1+i)^n}\right] \tag{3.15}$$

式中 $\frac{(1+i)^n-(1+j)^n}{(i-j)(1+i)^n}$——等比递增现值系数，记为 $(P/G_1, i, j, n)$。

3.2.3.2　终值 F 的推求

结合式（3.1）和式（3.15）则可推求终值 F：

$$F=G_1\left[\frac{(1+i)^n-(1+j)^n}{i-j}\right] \tag{3.16}$$

式中 $\frac{(1+i)^n-(1+j)^n}{i-j}$——等比递增终值系数，记为（$F/G_1$，$i$，$j$，$n$）。

3.2.3.3　等效年值 A 的推求

结合式（3.6）和式（3.15）可推求等效年值 A：

$$A=G_1\left\{\frac{i[(1+i)^n-(1+j)^n]}{(i-j)[(1+i)^n-1]}\right\} \tag{3.17}$$

式中 $\frac{i[(1+i)^n-(1+j)^n]}{(i-j)[(1+i)^n-1]}$——等比递增年值系数，记为（$A/G_1$，$i$，$j$，$n$）。

【例3.8】 某水利工程第一年的净收益100万元，以后每年逐年递增6%，若年利率为8%，问其10年间所取得效益的现值和终值。

解： 已知 $G=100$ 万元，$i=8\%$，$j=6\%$，$n=10$，其现金流量见图3.14。根据式（3.15），则

$$P=G_1\left[\frac{(1+i)^n-(1+j)^n}{(i-j)(1+i)^n}\right]=100\times\left[\frac{(1+8\%)^{10}-(1+6\%)^{10}}{(8\%-6\%)(1+8\%)^{10}}\right]=852.46(\text{万元})$$

由式（3.16）年间所取得效益的终值为

$$F=G_1\left[\frac{(1+i)^n-(1+j)^n}{(i-j)}\right]=100\times\left[\frac{(1+8\%)^{10}-(1+6\%)^{10}}{(8\%-6\%)}\right]=1840.39(\text{万元})$$

3.2.4　小结

本章介绍的资金时间价值计算公式汇总见表3.2。其中前6个基本公式是运用最广泛的。在具体运用公式时应注意下列问题：

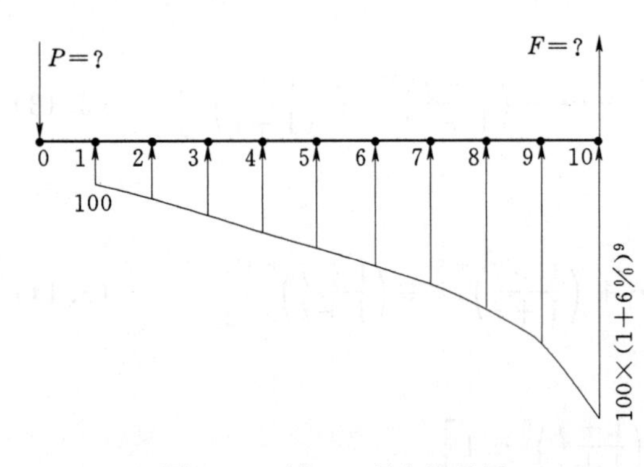

图3.14　例3.8现金流量图

（1）6个基本公式两两互为倒数，且公式中有现值 P、终值 F、年值 A、利率 i 和计算期 n 共5个参数，每个公式中涉及4个参数，其中已知3个参数，求解另一个参数。

（2）在运用公式计算时，应充分并灵活运用现金流量图。每个公式的推导都基于一个特定的现金流量图，因此，只有当实际问题的现金流量图与之吻合时才能直接运用公式，否则应进行适当的公式转换。

（3）运用等额分付公式时，除应满足每期支付金额相同和支付间隔连续外，还应注意终值 F 和年值 A 发生在同一时点，即最后一个支付期末，而现值 P 发生在第一个年值 A 的前一个计息周期点，即现值 P 和年值 A 相隔一个计息周期。

(4) 科学运用本书的附录资金时间价值计算的复利系数表，可快捷查询常用的复利系数，从而简便计算。

表 3.2　　资金时间价值计算公式汇总表

序号	名　称	折　算　公　式	序号	名　称	折　算　公　式
1	复利终值公式	$F=P(1+i)^n$			$P=\frac{G}{i}\left[\frac{(1+i)^n-1}{i(1+i)^n}-\frac{n}{(1+i)^n}\right]$
2	复利现值公式	$P=\frac{F}{(1+i)^n}$	7	等额变差公式	$F=\frac{G}{i}\left[\frac{(1+i)^n-1}{i}-n\right]$
3	年值终值公式	$F=A\left[\frac{(1+i)^n-1}{i}\right]$			$A=G\left[\frac{1}{i}-\frac{n}{(1+i)^n-1}\right]$
4	存储基金公式	$A=F\left[\frac{i}{(1+i)^n-1}\right]$			$P=G_1\left[\frac{(1+i)^n-(1+j)^n}{(i-j)(1+i)^n}\right]$
5	年值现值公式	$P=A\left[\frac{(1+i)^n-1}{i(1+i)^n}\right]$	8	等比递增公式	$F=G_1\left[\frac{(1+i)^n-(1+j)^n}{(i-j)}\right]$
6	资金回收公式	$A=P\left[\frac{i(1+i)^n}{(1+i)^n-1}\right]$			$A=G_1\left\{\frac{i[(1+i)^n-(1+j)^n]}{(i-j)[(1+i)^n-1]}\right\}$

习　题

1. 资金的时间价值是如何产生的？

2. 资金等值的含义是什么？

3. 某项目 5 年内每年贷款 100 万元，若贷款按年计息，且年贷款利率为 6%，试求与之等值的现值和终值；若贷款按季度计息，且年贷款利率为 6%，问与之等值的现值和终值有何变化？

4. 若年利率为 12%，每月计息 1 次，每月末支付 1 次，连续支付 2 年，2 年年末积累 20000 元，问其每月的等额支付为多少？

5. 已知年利率 12%，按季度计息，每年存入 4000 元，求 8 年后的本利和。

6. 某施工机械价值 50000 元，5 年后的残值为 2000 元，年利率 6%，若考虑资金时间价值，试按直线折旧法计算其年折旧费。

7. 某施工机械能使用 25 年，每 5 年要大修 1 次，每次大修费用估计为 2000 元，若年利率 10%，每季度计息一次，问现在应存入银行多少钱才足以支付其寿命期间的大修费用。

8. 一学生大学四年期间，每年年初向银行贷款支付学费，年利率为 3%，根据协议他每年需偿还 5000 元，且在毕业后 6 年内还清所有借款，问该学生每年初可从银行等额贷款多少？

9. 某公司采用分期付款的方式购买一售价为 100 万元的机电设备，贷款按月计息，月利率 1%。若按以上三种方式付款，试计算其应付款项：

(1) 若首付30万元，其余的每半年等额支付一次，且在5年内还清，问每次的应付款？

(2) 若采用零首付，3年内每月还2万元，不够的在3年末全部还清，问最后一次需还多少？

(3) 若首付30万元，预计2年内全部还清，若2年末还20万元，其余的在2年内按季度等额偿付，问每季度的应付款？

10. 已知年贷款利率10%，若某工程建设项目第一年年末贷款20000元，以后每年递增借款1000元，其5年后的贷款总额为多少？

11. 已知年贷款利率6%，若某工程建设项目第一年年末贷款10000元，以后每年递增2%，其5年后的贷款总额为多少？

12. 某引水渠道工程施工期1年，年底竣工后立即投入使用。施工期按月计息，第1月初投资2000万元开始修建，以后每月投资递减100万元。运行期按年计息，预计第1年可收益1000万元，以后收益按5%的速度逐年增长，每5年需支付大修理费1000万元。若年利率为12%，问运行20年后，该工程累积资金的现值和终值各为多少？

第4章　经济评价方法及多方案比选

经济评价是从工程、技术、经济、资源、社会等多方面对建设项目方案进行全面系统的技术经济计算和分析，既包括论证单一方案投入产出的经济可行性，也包括分析、比较多个方案以优选最佳方案。水利建设项目在规划、设计、施工及运行阶段均涉及方案的经济评价，适宜的经济评价指标和评价方法是投资决策科学性和合理性的有力保障。

经济评价的指标很多，常见的分类方式见表4.1。具体而言，静态评价指标比较简单、使用方便，但在计算方案的费用及效益时均不考虑资金的时间价值，常不够准确，而动态评价指标则将不同时期的现金流入和现金流出采用等值变换的方法折算到相同时间点，从而保证了方案的可比性。因此，经济评价多采用动态评价指标。时间性指标以时间单位计量，价值性指标以货币单位计量，比率性指标则主要反映资金的使用效率。不同类型的指标从不同角度考察项目的经济性，因此方案经济评价时，不应选择单一类型的指标而应尽量同时选用这三类指标，从而提高决策结论的客观性。

表4.1　常用经济评价指标分类表

划分标准	指标类别	具体指标名称
是否考虑资金时间价值	静态评价指标	静态投资回收期、静态借款偿还期等
	动态评价指标	净现值、内部收益率、效益费用比、动态投资回收期等
指标的性质不同	时间性指标	投资回收期、借款偿还期
	价值性指标	净现值、净年值、费用年值等
	比率性指标	内部收益率、效益费用比等

4.1　投资回收期

投资回收期是指项目在正常生产经营条件下的净收益抵偿初始投资所需的时间，分为静态投资回收期和动态投资回收期。若项目投资回收期小于或等于行业基准投资回收期，则项目在经济上具可行性。

投资回收期主要的优点在于计算简单，易于理解，且在一定程度上考虑了投资的风险状况，即投资回收期越长，投资风险越高，但其局限性主要体现在只考虑回收期之前的现金流量的贡献，不能直接说明项目的获利能力，行业基准投资回收期的确定具主观性等方面。投资回收期是反映项目投资回收能力和偿还能力的重要经济指标，除特别强调项目偿还能力的情况外，一般只作为方案选择的辅助指标。

4.1.1　静态投资回收期

静态投资回收期不考虑资金的时间价值，计算公式如式（4.1）。投资回收期一般不是整数，为便于计算，常采用式（4.2）。

$$\sum_{t=0}^{P_t}(CI-CO)_t=0 \tag{4.1}$$

式中　P_t——静态投资回收期；

CI——现金流入；

CO——现金流出；

$(CI-CO)_t$——第 t 年的净现金流量。

$$\text{静态投资回收期}=\text{累计净现金流量出现正值的年份数}-1+\frac{\text{上一年累计净现金流量的绝对值}}{\text{当年净现金流量}} \tag{4.2}$$

静态投资回收期不考虑资金的时间价值，可以在一定程度上反映投资效果的优劣，但不能全面衡量建设项目的实际经济效果，可能导致评价错误，因此多作为辅助指标和其他指标配合使用。

4.1.2　动态投资回收期

动态投资回收期是指项目从投资开始起，到累计折现现金流量等于 0 时所需的时间，它克服了静态投资回收期不考虑资金时间价值的缺点。计算公式如式（4.3），但实际工作中多采用式（4.4）计算。

$$\sum_{t=0}^{P'_t}(CI-CO)_t(1+i)^{-t}=0 \tag{4.3}$$

式中　P'_t——动态投资回收期；

i——折现率；

其他符号意义同前。

$$\text{动态投资回收期}=\text{累计净现金流量折现值出现正值的年份数}-1+\frac{\text{上一年累计净现金流量折现值的绝对值}}{\text{当年净现金流量折现值}} \tag{4.4}$$

【例 4.1】　某项目的现金流量如表 4.2 所示，折现率 i 为 8%，求其静态投资回收期和动态投资回收期。

表 4.2　项目净现金流量表

时期	0	1	2	3	4	5	6	7	8	9	10
净现金流量	−20000	3000	4000	4000	4000	4000	4000	4000	4000	4000	4000

解： 本项目累计净现金流量及累计净现金流量折现值见表 4.3，则根据式（4.2）和式（4.4）可分别计算静态投资回收期和动态投资回收期，即：

$$P_t=6-1+\left|\frac{-1000}{4000}\right|=5.25(\text{年})$$

$$P'_t = 8 - 1 + \left| \frac{-100.44}{2161.08} \right| = 7.05(\text{年})$$

表 4.3　　投资回收期计算成果表

时期	净现金流量	累积净现金流量	净现金流量现值	累积净现金流量折现值
0	−20000	−20000	−20000.00	−20000.00
1	3000	−17000	2777.78	−17222.22
2	4000	−13000	3429.36	−13792.86
3	4000	−9000	3175.33	−10617.53
4	4000	−5000	2940.12	−7677.41
5	4000	−1000	2722.33	−4955.08
6	4000	3000	2520.68	−2434.40
7	4000	7000	2333.96	−100.44
8	4000	11000	2161.08	2060.64
9	4000	15000	2001.00	4061.64
10	4000	19000	1852.77	5914.41

4.2 净 效 益

净效益指计算期内所有收益和费用的代数和，反映项目现金流量在基本折现率条件下所能实现的盈利水平。净效益可以是现值，也可以是年值，净现值法考察资金总量，而净年值则考察资金平均值。若计算出的项目净效益为正值则表明该项目在经济上合理可行。

净现值和净年值均考察项目在整个计算期内的经济状况，以货币额表示项目投资的收益情况，能充分反映项目的投资盈利能力，应用非常广泛。

4.2.1 净现值

在预定折现率条件下，将项目各年的净现金流量折算到基准年，即为净现值。净现值常表达为 NPV，其计算公式如式（4.5）。

$$NPV = \sum_{t=0}^{n} (CI - CO)_t (1+i)^{-t} \tag{4.5}$$

式中 NPV——净现值；

n——方案经济计算期；

其他符号意义同前。

【例 4.2】 某项目设计方案总投资 2500 万元，投产后年经营成本 600 万元，年销售额 1800 万元，第三年年末工程项目配套追加投资 1500 万元，若计算期为 5 年，基准收益率为 10%，试计算其净现值。

解： 该项目现金流量图见图 4.1。

$$NPV = 1800(P/A,10\%,5) - 600(P/A,10\%,5) - 1500(P/F,10\%,3) - 2500$$
$$= 1800 \times \frac{(1+10\%)^5 - 1}{10\% \times (1+10\%)^5} - 600 \times \frac{(1+10\%)^5 - 1}{10\% \times (1+10\%)^5} - \frac{1500}{(1+10\%)^3} - 2500$$
$$= 922.25(\text{万元})$$

因该项目的净现值大于零，我们可以判断该项目在经济上是可行的。

从式（4.5）中可以看出，对具体项目而言，当年现金流量和计算期一定时，其净现值是折现率 i 的函数，即净现值函数，如图 4.2 所示。

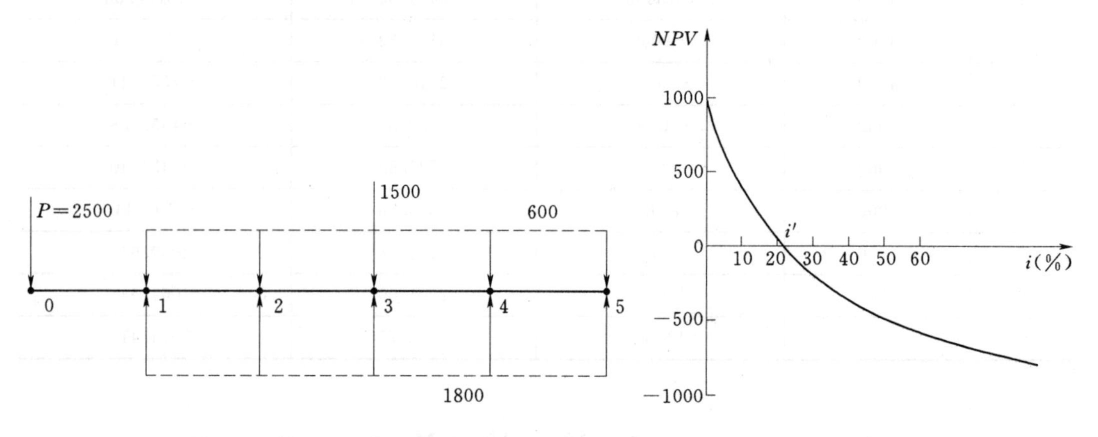

图 4.1　例 4.2 现金流量图　　　图 4.2　净现值函数图

从图中可知，同一现金流量的净现值随 i 的增大而减小，且总存在一个 i 使其净现值刚好等于零。随折现率的提高，由于各方案净现值对折现率的敏感性不同，可能导致方案的净现值关系发生变化，见表 4.4，因此，折现率 i 的选取也是至关重要的。一般地，国民经济评价采用社会折现率，而财务评价采用行业基准收益率。

表 4.4　　折现率对不同方案的影响对比表

方案 \ 时期	0	1	2	3	4	5	NPV 10%	NPV 20%
A	−230	100	100	100	50	50	83.88	24.84
B	−100	30	30	60	60	60	75.38	33.60

采用净现值分析时，应特别注意，若 $NPV=0$，则表明项目可以收回投资且能达到预定的收益率，而不表示该项目盈亏平衡；若 $NPV>0$，则表明项目可以获得比预定收益率更高的收益；若 $NPV<0$，则表明项目不能达到预定的收益率，而不能确定该项目是否会亏损。

4.2.2　净年值

净年值是在预定折现率条件下，将项目寿命期内的现金流量折算成与之等值的各年年末的等额净现金流量，净年值常表达为 NAV，其计算公式如式（4.6）。

$$NAV = NPV(A/P,i,n) \tag{4.6}$$

式中 NAV——净年值；

其余符号意义同前。

【例 4.3】 某项目各年的净现金流量见图 4.3，设基准收益率为 10%，求该项目的净年值。

解：

$$NAV = [-8000 + 2000(P/F,10\%,1) + 4000(P/F,10\%,2) - 3000(P/F,10\%,3) + 5000(P/F,10\%,4) + 1000(P/F,10\%,5)](A/P,10\%,5)$$

$$= \left[-8000 + 2000 \times \frac{1}{1+10\%} + 4000 \times \frac{1}{(1+10\%)^2} - 3000 \times \frac{1}{(1+10\%)^3} + 5000 \times \frac{1}{(1+10\%)^4} + 1000 \times \frac{1}{(1+10\%)^5}\right] \times \frac{10\% \times (1+10\%)^5}{(1+10\%)^5 - 1}$$

$$= -288.65(\text{万元})$$

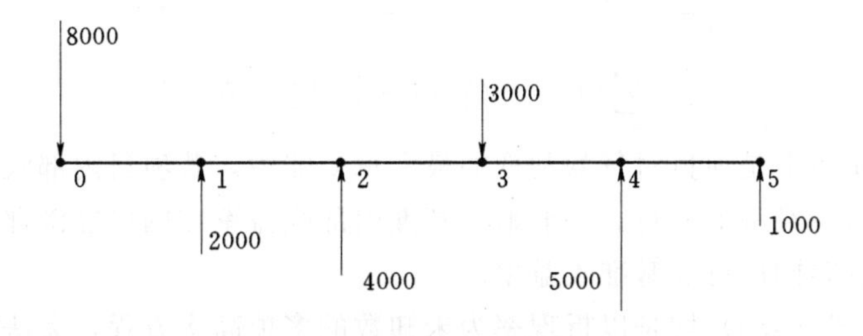

图 4.3 例 4.3 现金流量图

无论用净现值 NPV 还是用净年值 NAV 进行评价，其结论均一致，即 $NPV>0$，则 $NAV>0$。实际计算中，常先计算净现值，再将其等值变换为净年值。

4.3 效益费用比

效益费用比，也称益本比，指项目在计算期内所获得的效益与所支出的费用两者之比，常表达为 BCR，其计算公式如式（4.7）。

$$BCR = \frac{\sum_{t=0}^{n} B_t(1+i)^{-t}}{\sum_{t=0}^{n} C_t(1+i)^{-t}} \tag{4.7}$$

效益费用比主要体现方案经济效益的大小，既可以是年效益与年费用的比值，也可以是效益现值与费用现值的比值，应特别注意这里的效益是毛效益而非净效益。若益本比大于或等于 1，则方案在经济上是可行，若益本比小于 1，则方案在经济上不可行。

【例 4.4】 某项目方案计算期 10 年，其现值总成本为 27.5 万元，年收益为 3.5 万元，若折现率为 10%，请判断其经济合理性。

解：

$$NPV = 3.5(P/A,10\%,10) - 27.5 = 3.5 \times \frac{(1+10\%)^{10} - 1}{10\% \times (1+10\%)^{10}} - 27.5 = -5.99(\text{万元})$$

$$BRC = 3.5(P/A,10\%,10)/27.5 = 3.5 \times \frac{(1+10\%)^{10}-1}{10\% \times (1+10\%)^{10}} \div 27.5 = 0.78$$

该项目净现值小于 0，益本比小于 1，故在经济上不可行。

若仅知道项目的净现金流量，则无法计算其效益费用比，如前例 4.3，因此，实际工作中，运用效益费用比评价方案可行性不如净效益广泛。

4.4　内 部 收 益 率

内部收益率指工程在经济寿命期内，总效益现值与总费用现值恰好相等时的折现率，即各期净现金流量现值累计之和为零时的折现率。内部收益率可由式（4.8）或式（4.9）计算：

$$\sum_{t=0}^{n}[B_t(1+i)^{-t}] = \sum_{t=0}^{n}[C_t(1+i)^{-t}] \tag{4.8}$$

$$\sum_{t=0}^{n}[(B_t - C_t)(1+i)^{-t}] = 0 \tag{4.9}$$

内部收益率实质上是项目对贷款利率的最大承受能力，若项目内部收益率大于基准内部收益率，则项目在经济上可行。一般地，基准内部收益率在国民经济评价时取社会折现率，而在财务评价时则取行业基准收益率。

式（4.8）或式（4.9）均是以折现率为未知数的多项高次方程，无法直接求解，特别是在各年净现金流量无规律且计算期较长时，计算更为繁琐。因此，内部收益率的计算常借助计算机，可自行编程计算，也可利用 Microsoft Office Excel 中的 *IRR* 函数计算，若手算则多采用试算法，其求解的主要步骤如下：

（1）初选一个折现率 i，计算净效益现值，若净效益现值 NPV 恰好等于 0，则 i 为所求的内部收益率 IRR；

（2）若净效益现值 NPV 大于 0，选择较大的 i 值重新进行计算，至净效益现值 NPV 恰好等于 0，则 i 为所求的内部收益率 IRR；若净效益现值 NPV 小于 0，选择较小的 i 值重新进行计算；

（3）若出现 $i_1 < i_2$，$NPV(i_1) > 0$，$NPV(i_2) < 0$，则可用线性插值法进行计算，计算公式如式（4.10）。i_1 和 i_2 的差异越小，计算的精度越高。

$$IRR = i_1 + \frac{|NPV(i_1)|}{|NPV(i_1)| + |NPV(i_2)|} \times (i_2 - i_1) \tag{4.10}$$

【例 4.5】 某企业年初用 15000 元购买施工机械设备，购买的当年即可取得 1500 元的效益，而后每年取得 2500 元，其经济寿命为 10 年，期末残值 1500 元，求内部收益率。

解： 该项目现金流量图如图 4.4 所示，采用试算法计算内部收益率。先取 $i_1 = 9\%$，则有

$$\begin{aligned} NPV_1 &= -15000 + [1500 + 2500(P/A,9\%,9)](P/F,9\%,1) + 1500(P/F,9\%,10) \\ &= -15000 + \left[1500 + 2500 \times \frac{(1+9\%)^9 - 1}{9\% \times (1+9\%)^9}\right](1+9\%)^{-1} + 1500 \times (1+9\%)^{-10} \\ &= 759.69(\text{元}) \end{aligned}$$

由于 $NPV_1>0$，故提高折现率，令 $i_2=11\%$，有

$$NPV_2=-15000+[1500+2500(P/A,11\%,9)](P/F,11\%,1)+1500(P/F,11\%,10)$$

$$=-15000+\left[1500+2500\times\frac{(1+11\%)^9-1}{11\%\times(1+11\%)^9}\right](1+11\%)^{-1}+1500\times(1+11\%)^{10}$$

$$=-649.64(\text{元})$$

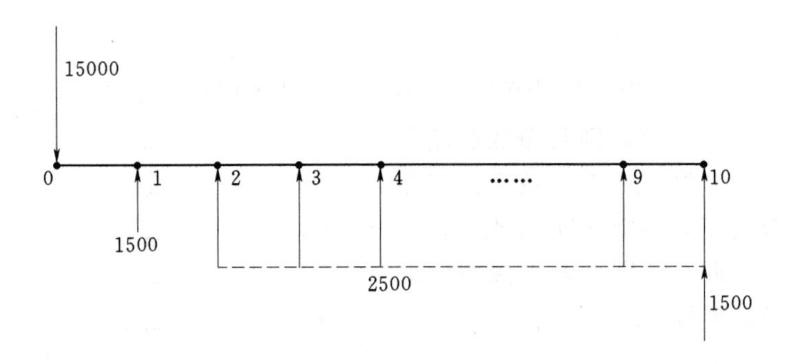

图 4.4　例 4.5 现金流量图

应用线性插值公式（4.10）有

$$IRR=i_1+\frac{|NPV_1|}{|NPV_1|+|NPV_2|}\times(i_2-i_1)=9\%+(11\%-9\%)\frac{759.69}{759.69+|-649.64|}$$

$$=10.08\%$$

内部收益率指标考虑了资金的时间价值和项目在整个寿命期内的全部情况，且与净效益指标相比，具有无需事先设定折现率的优势，因此在项目经济评价中运用非常广泛，但特殊条件下可能出现不存在内部收益率或存在多个内部收益率的情况，此时则不能使用内部收益率判断项目可行性。

4.4.1　内部收益率不存在的特殊情况

只有现金流入或现金流出的项目，则不存在内部收益率，如图 4.5 所示。对某些现金流量较为特殊的项目，如项目现金流量的累积支出（收入）大于收入（支出），也不存在内部收益率，如图 4.6 所示。

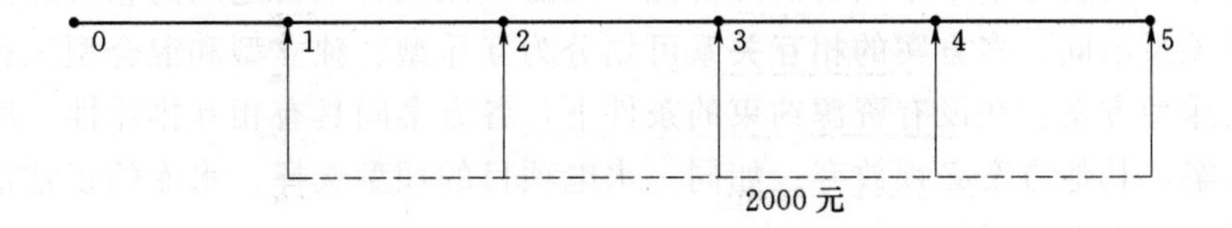

图 4.5　只有现金流入的项目

4.4.2　内部收益率存在多个的特殊情况

如果项目现金流量只出现现金流入和现金流出的一次变更，即开始为流出（或流入），然后变更为流入（或流出），则其肯定只有一个内部收益率。若项目现金流量出现现金流

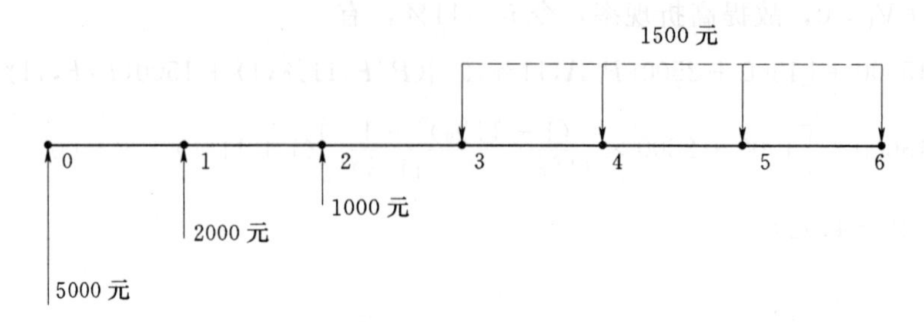

图 4.6 不存在内部收益率的特殊现金流量图

入或现金流出的多次变更，则其净效益函数可能如图 4.7 所示，则其内部收益率就有多个。多个内部收益率则不能真实反映项目占用资金的收益率，此时，则不能直接用内部收益率判断其经济可行性。

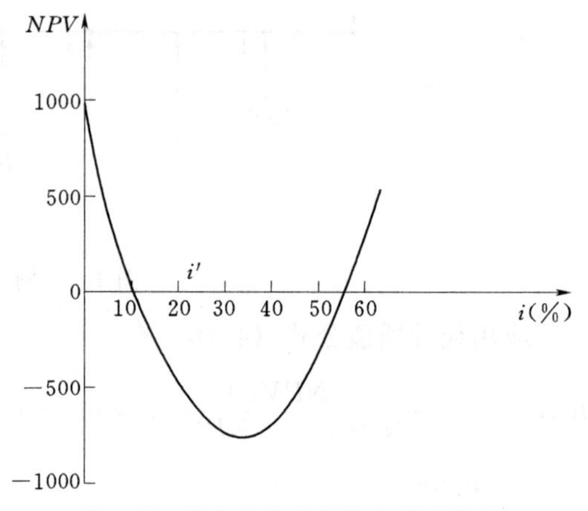

图 4.7 存在多个内部收益率项目的净效益函数图

4.4.3 需调整方案可行性判据的特殊情况

对非投资情况的项目，如建设项目单位和国外公司约定，国外公司提供项目所需的设备，建设项目单位不直接支付设备款，而以投产后若干年的收益偿付费用，仍可采用内部收益率判断其经济可行性，但其判据却与投资项目相反，即只有计算的内部收益率小于基准内部收益率，项目才可接受。

4.5 多方案比选

水利建设项目在建设的各个阶段，均要求根据实际情况拟定若干可行方案进行经济比较，从而选择最优方案。投资主体（如水电开发公司）所面临的项目方案选择往往是多个项目，而非单独一个项目。多项目寻优追求的是整体最优，而非单一项目的局部最优。因此，投资主体不仅要考虑单个项目的经济性，还必须比较各项目之间的相对经济性。

按经济关系不同，多方案的相互关系可划分为互斥型、独立型和混合型三种。

（1）互斥型方案。在没有资源约束的条件下，各方案间具有相互排斥性，即一旦选中任意一个方案，其他方案必须放弃。如同一水电项目的坝型选择、水库的正常蓄水位选择等均属于互斥型方案选择。

（2）独立型方案。在没有资源约束的条件下，各方案间具有相容性，可以共存。即任意方案的选择不影响其他方案的选择。如同一流域梯级电站的开发方案选择、水电施工企业不同施工机械设备的购置等均属于独立型方案选择。

（3）混合型方案。若方案群有两个层次，且方案间既有互斥关系，也有独立关系，则称之为混合型方案。混合型方案一般有两种类型：一是多个独立方案中，每个独立方案中又有若干互斥方案，如图 4.8 所示；二是多个互斥方案中，每个互斥方案中又有若干独立方案，如图 4.9 所示。对水电开发公司而言，可供开发的梯级电站有多个，而每个电站又可能有多个坝址或坝型选择，这就构成了混合型方案。

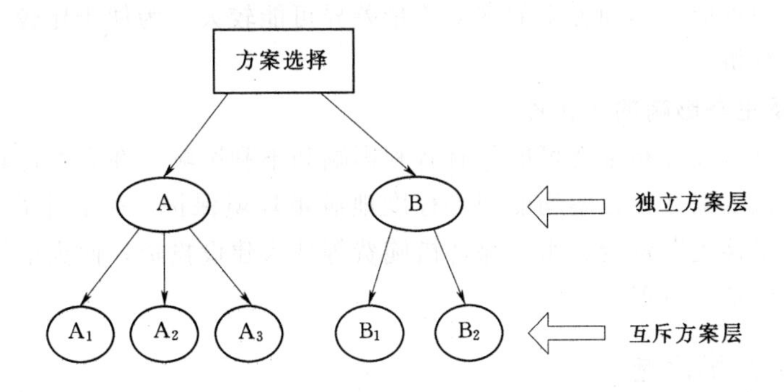

图 4.8 典型混合型方案示意图 1

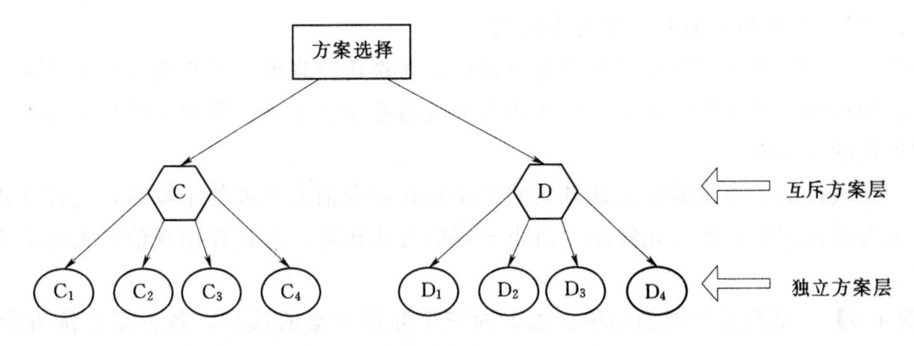

图 4.9 典型混合型方案示意图 2

4.5.1 方案的可比性

进行方案比选时，首先应保证各方案的可比性。

4.5.1.1 功能的可比性

任何方案都是为了达到一定的目标而提出的。比选方案应具有预期目标和功能的一致性，即各方案可以同等程度地满足国民经济发展的需要。如比选水电站项目和火电站项目时，应首先考虑可提供的电力或电量相等，同时还需考虑其在电力系统中的调峰、调频等能力相当。

4.5.1.2 时间的可比性

时间可比性是最基本的要求。理论上，经济寿命不等的方案不具有可比性，实际工作中若遇到此类问题则必须按一定方法进行调整，才能进行比较。常用的方法是将其计算期选择为各方案经济寿命的最小公倍数。

4.5.1.3 数据的可比性

各方案的费用、效益等数据的计算和处理时，应采用统一的定额标准、价格水平、计算方法和计算范围等。

计算各方案费用和效益时，除考虑主体工程费用外，还应考虑配套工程费用。如水电站项目应考虑输变电工程投资，而火电站项目则需考虑燃煤运输系统等。

计算各方案费用和效益时，应考虑不同时期价格的影响，多采用某一年的不变价格或影子价格进行经济比较以避免不同时期价格变化导致的分析偏差。

资金具有时间价值，不同方案的现金流量差异可能较大。为便于比较，应将其折算为同一时间点进行分析。

4.5.1.4　环境及生态影响的可比性

工程建设项目对环境和生态可能具有有利影响和不利影响。在方案比较时，对不利影响应考虑补偿措施以保证各方案均能同等程度地满足环境保护、生态平衡等方面的要求。如水电站项目应将移民安置费、水土保持措施费等计入建设投资，而火电站项目则必须考虑脱硫、除尘等设备的投资。

4.5.2　互斥型方案比选

互斥型方案比选的方法有净现值法、净年值法、增量内部收益率法和增量益本比法。

4.5.2.1　经济寿命相等的互斥型方案比选

经济寿命相等的方案在时间上具有可比性，若选用净现值、净年值等价值性指标，则选用价值指标最大的为最优方案，而选用内部收益率法、益本比等比率性指标时则必须考虑追加投资的经济性。

(1) 净现值法。净现值法比选方案的实质是在净现值大于或等于零时，选择净现值最大的方案为最优方案，即首先将净现值小于零的方法排除，再选择净现值最大的方案为最优方案。

【例 4.6】　某投资公司面临甲、乙、丙三个互斥方案的选择，各方案经济寿命期 10 年，折现率 10%。甲方案项目投资 36 万元，每年的净收益 8 万元；乙方案项目投资 50 万元，每年的净收益 10 万元；甲方案项目投资 62 万元，每年的净收益 11 万元；试作投资决策。

解：

$$NPV_{甲}=8(P/A,10\%,10)-36=8\times\frac{(1+10\%)^{10}-1}{10\%\times(1+10\%)^{10}}-36=13.16(\text{万元})$$

$$NPV_{乙}=10(P/A,10\%,10)-50=10\times\frac{(1+10\%)^{10}-1}{10\%\times(1+10\%)^{10}}-50=11.45(\text{万元})$$

$$NPV_{丙}=11(P/A,10\%,10)-62=11\times\frac{(1+10\%)^{10}-1}{10\%\times(1+10\%)^{10}}-62=5.59(\text{万元})$$

由于 $NPV_{甲}>NPV_{乙}>NPV_{丙}>0$，故三个方案在经济上均可行，且甲方案为最优方案。

(2) 净年值法。净年值法的实质是在净年值大于或等于零时，选择年值最大的方案为最优方案，即首先将净年值小于零的方法排除，再选择净年值最大的方案为最优方案。

【例 4.7】　某工程有 A、B 两种互斥方案可行，现金流量如表 4.5 所示。当基准折现率为 10%时，试优选方案。

表 4.5 **A、B 两种方案基本信息表**

项目 \ 时期	0		1		2		3		4		5	
	A	B	A	B	A	B	A	B	A	B	A	B
现金流出	2000	3000	500	800	700	1000	700	1000	700	1000	700	1000
现金流入			1000	1500	1500	2000	1500	2000	1500	2000	1500	2000

解：

$$NAV_A = [3000 - 500(P/F,10\%,1) - 800(P/A,10\%,4)(P/F,10\%,1)](A/P,10\%,5) = 63.30$$

$$NAV_B = [4000 - 700(P/F,10\%,1) - 1000(P/A,10\%,4)(P/F,10\%,1)](A/P,10\%,5) = 127.09$$

比较 A、B 两方案，$NAV_A > NAV_B > 0$，故 A 方案是最优方案。

在方案比较时，若方案的效益相等或不易准确定量但效益一致的工程（如防洪工程），可将各方案的费用进行比较，总费用或年费用最小的为最优方案。

【例 4.8】 某公司欲购一施工机械，有甲、乙两方案可供选择。甲设备价格为 30000 元，年运行费 800 元，经济寿命 5 年后残值为 2000 元；乙设备价格为 40000 元，年运行费 600 元，经济寿命 5 年后残值为 3500 元；试作购置决策，年利率为 10%。

解： $PC_{甲} = 30000 + 800(P/A,10\%,5) - 2000(P/F,10\%,5) = 31790.84$(元)

$PC_{乙} = 40000 + 600(P/A,10\%,5) - 3500(P/F,10\%,5) = 40101.33$(元)

比较甲、乙两方案，$PC_{甲} < PC_{乙}$，故甲方案费用最省，是最优方案。

(3) 增量内部收益率法。内部收益率指标只能用于方案经济可行性判断，不能直接用于方案的优劣排序，必须考虑其增加投资的经济效益，即采用增量内部收益率。增量内部收益率指两方案各年净现金流量差额的现值累计之和等于零的折现率，其计算公式如式 (4.11)。

$$\sum_{t=0}^{n}[(CI - CO)_2 - (CI - CO)_1]_t(1 + \Delta FIRR)^{-t} = 0 \tag{4.11}$$

式中 $\Delta FIRR$——增量内部收益率；

$(CI-CO)_2$——投资大的方案的年净现金流量；

$(CI-CO)_1$——投资小的方案的年净现金流量。

增量内部收益率的求解，首先应构建两个互斥型方案之间差额现金流量，再按内部收益率的计算步骤求解。计算所得的增量内部收益率与基准内部收益率 i_c 比较，若 $\Delta FIRR \geqslant i_c$，投资大的方案相对较优；若 $\Delta FIRR \leqslant i_c$，则投资小的方案相对较优。

采用增量内部收益率法进行多方案比选的步骤如下：

1）计算各方案的绝对经济效果指标（如内部收益率指标、净现值指标等），判断其在经济上的合理性，直接排除经济效益不达标的方案。

2）按投资由小到大的顺序排列方案。设投资最小的方案为临时最优方案。

3）依次计算两两相邻方案的增量内部收益率 $\Delta FIRR$，若 $\Delta FIRR \geqslant i_c$，保留投资大的方案；若 $\Delta FIRR < i_c$，则保留投资小的方案。保留的方案再与下一个相邻方案比较，计

算其增量内部收益率 $\Delta FIRR$。

4）依次比较完所有方案，则最终保留的方案为最优方案。

【例 4.9】 某工程有四种互斥型建设方案，见表 4.6，其经济寿命均为 30 年。若预定利率为 10%，试采用内部收益率指标进行方案优选。

表 4.6　　四种建设方案基本信息表

方　案	A	B	C	D
现值总成本（万元）	20	27.5	19	35
年收益（万元）	2.2	3.5	1.95	4.2

解： 首先计算各方案内部收益率，见表 4.7。因方案 C 的内部收益率小于预定利率 10%，则说明其在经济上不可行，因此直接排除方案 C。

按投资由小到大排列各方案，假定投资最小的方案 A 为最优方案，分别计算两两方案的增量内部收益率，见表 4.8。因方案 A 和方案 B 间的增量内部收益率大于预定利率，因此投资相对较大的方案 B 相对较优；方案 D 和方案 B 间的增量内部收益率小于预定利率，因此投资相对较小的方案 B 为最优方案。

表 4.7　　各方案内部收益率计算成果表

方　案	C	A	B	D
初期投资（万元）	19	20	27.5	35
年收益（万元）	1.95	2.2	3.5	4.2
整体内部收益率（%）	9.63	10.49	12.40	11.59

表 4.8　　可行方案增量内部收益率计算成果表

方　案	A	B	D	方　案	A	B	D
初期投资（万元）	20	27.5	35	年增量收益（万元）	2.2	1.3	0.7
年收益（万元）	2.2	3.5	4.2	增量内部收益率（%）	10.49	17.18	8.55
对比方案	0	A	B	最优方案	A	B	B
增量投资（万元）	20	7.5	7.5				

（4）增量益本比法。益本比指标也不能直接用于方案的优劣排序，必须考虑其增加投资的经济效益，即采用增量益本比。增量益本比指项目在计算期内所获得的效益增量与所支出的费用增量两者之比，其计算公式如式（4.12）。

$$\Delta BCR = \frac{\sum_{t=0}^{n}(B_2 - B_1)_t(1+i)^{-t}}{\sum_{t=0}^{n}(C_2 - C_1)_t(1+i)^{-t}} \tag{4.12}$$

式中　ΔBCR——增量益本比；

$(B_2 - B_1)_t$——两方案各年的效益增量；

$(C_2 - C_1)_t$——两方案各年的费用增量。

采用增量益本比法进行多方案比选的步骤如下：

1）计算各方案的绝对经济效果指标（如益本比指标、净现值指标等），判断其在经济上的合理性，直接排除经济效益不达标的方案。

2）按投资由小到大的顺序排列方案，设投资最小的方案为临时最优方案。

3）依次计算两两相邻方案的增量益本比 ΔBCR，若 $\Delta BCR \geqslant 1$，保留投资大的方案；若 $\Delta BCR < 1$，则保留投资小的方案。保留的方案再与下一个相邻方案比较，计算其增量益本比 ΔBCR。

4）依次比较完所有方案，则最终保留的方案为最优方案。

【例 4.10】 现有 A、B、C 三个互斥型方案，其投资、年效益、残值、使用年限见表 4.9，试分析比较优选方案，年利率为 10%。

表 4.9　三种互斥型方案基本信息表

方　案	A	B	C	方　案	A	B	C
投资（万元）	20	3.5	5	使用年限（年）	20	20	20
年效益（万元）	0.3	0.5	0.55	残值（万元）	0	0	0.5

解： 首先计算各方案益本比，见表 4.10。因方案 C 的益本比小于 1，则说明其在经济上不可行，因此直接排除方案 C。

计算方案 A 和方案 B 间的增量益本比

$$\Delta B = 0.2, \Delta C = 0.1762$$

则

$$\Delta BCR = 1.1351$$

因增量益本比大于 1 则投资大的方案为相对较优方案，即最优方案为方案 B。

表 4.10　各方案益本比指标计算成果表

方　案	A	B	C
年投资回收值（万元）	0.2349	0.4111	0.5873
年效益（万元）	0.3	0.5	0.55+0.0087=0.5587
益本比	1.28	1.22	0.95
增量益本比	1.1351		舍去

4.5.2.2 经济寿命不相等的互斥型方案比选

由于方案的经济寿命不相等，则其比较的基础不同，无法直接进行比较。为使之具有可比性，必须统一其计算期。经济寿命不相等的互斥型方案比选最常用的方法是首先选定各方案经济寿命的最小公倍数作为计算分析期，再采用前述指标进行方案比选。

【例 4.11】 甲方案一次投资为 15000 元，年运行费 4000 元，经济寿命 6 年后残值为 1000 元；乙方案一次投资为 24000 元，年运行费 3000 元，经济寿命 9 年后残值为 2000 元；试优选方案，年利率为 10%。

解： 甲、乙方案的经济寿命不相等，取两方案寿命的最小公倍数，即 18 个月，画现金流量图，见图 4.10，采用净现值法计算。

$$NPV_{甲} = 15000 + 15000 \times (P/F, 10\%, 6) + 15000 \times (P/F, 10\%, 12) + 4000$$

$$\times (P/A,10\%,18) - 1000 \times (P/F,10\%,6) - 1000 \times (P/F,10\%,12) - 1000 \times (P/F,10\%,18)$$

$$= 59989.1(\text{元})$$

$$NPV_{乙} = 24000 + 24000 \times (P/F,10\%,9) + 3000 \times (P/A,10\%,18) - 2000 \times (P/F,10\%,9) - 2000 \times (P/F,10\%,18)$$

$$= 57574.6(\text{元})$$

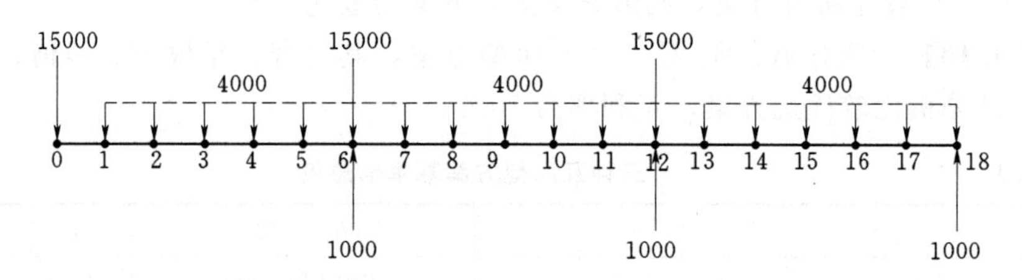

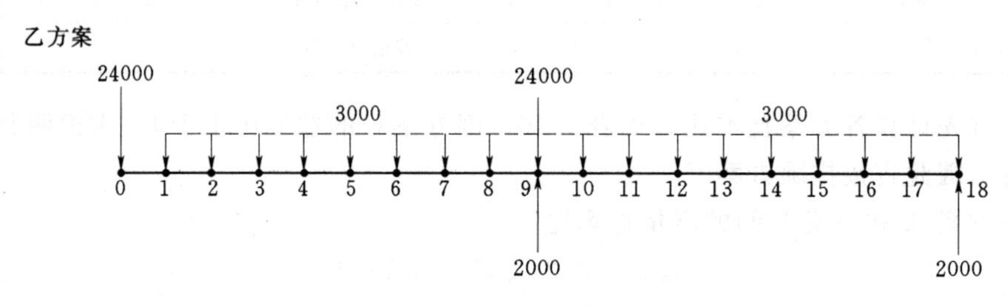

图 4.10　现金流量图

比较甲、乙两方案在相同经济寿命期内的费用净现值，$NPV_{甲} > NPV_{乙}$，按费用最省的原则，则乙方案更优。

选定各方案经济寿命的最小公倍数作为计算分析期的实质是将原方案重复实施若干次。而一个方案无论重复实施多少次，其净年值是不变的，因此采用净年值法比选方案实质上是以“年”为时间单位比较各方案的经济效果，因此可以不考虑计算期的统一问题。

【例 4.12】　采用净年值法对例 4.11 所述的两方案进行优选。

解： $NAV_{甲} = 4000 + 15000(A/P,10\%,6) - 1000(A/F,10\%,6) = 7314.54(\text{元})$

$NAV_{乙} = 3000 + 24000(A/P,10\%,9) - 2000(A/F,10\%,9) = 7020.08(\text{元})$

比较甲、乙两方案，$NAV_{甲} > NAV_{乙}$，按费用最省原则，则乙方案是最优方案。

经济寿命不相等的互斥型方案比选时，采用净年值法是最简单的，特别是在比选方案较多时，尤其明显。

4.5.3　独立型方案比选

独立型方案比选时，若没有资金约束或限制，则只需分别计算各项目的经济指标，选择经济上可行的方案即可。实际工作中的独立型方案比选往往是在资金约束条件下的优化组合问题，即在资金受限的条件下，如何选择多方案组合使方案整体的效益最大化。

独立型方案比选常采用方案组合法，其基本思路是首先将各独立型方案在资金允许的条件下组合成相互排斥的方案，再采用互斥型方案比选的方法进行组合方案优选，基本步骤如下：

（1）列出独立方案的所有可能组合（包括既无投资也无收益的零方案），N 个独立方案可以构成 2^N 个互斥型组合方案。

（2）剔除总投资额超限的组合方案，将各独立方案的现金流量叠加成剩余组合方案的现金流量。

（3）按总投资额由小到大的顺序排列剩余的组合方案，再按互斥型方案比选的方法优选最佳组合方案。

【例 4.13】 某水电开发企业欲投资 3000 万元兴建项目，可供选择的独立投资方案有三个，其基本信息见表 4.11。若基准收益率为 10%，问应如何选择方案？

表 4.11　　三个独立方案的投资及收益信息汇总表

方　案	投资（万元）	年净收益（万元）	经济寿命（年）
A	2000	450	10
B	1500	400	10
C	1000	250	10

解： 首先建立所有互斥型组合方案。本例中共有 $2^3=8$ 个互斥的方案组合，各组合的投资总额、年净收益及净现值见表 4.12。

表 4.12　　组合方案投资总额、年净收益及净现值

组合号	方案组合	投资总额（万元）	年净收益（万元）	净现值（万元）
1	0	0	0	0
2	A	2000	450	764.8
3	B	1500	400	957.6
4	C	1000	250	536.0
5	A+B	3500	850	1722.4
6	A+C	3000	700	1300.8
7	B+C	2500	650	1493.6
8	A+B+C	4500	1100	2258.4

根据表 4.12，（A+B）方案组合和（A+B+C）方案组合的投资总额均已超出资金限额，应舍去，则选择净现值最大的（B+C）方案组合为最优方案。

4.5.4 混合型方案比选

混合型方案与独立型方案类似，均可分为有资金约束情况和无资金约束情况两种。如果无资金约束，则直接从各独立项目中选择互斥方案中经济效果最佳的方案构成组合方案即可。若资金有约束，则分析方法同独立型方案，仍采用方案组合法，只是在组合方法时需特别注意各方案间的独立性和互斥性。

【例 4.14】 某投资方案有三个独立项目，每个独立项目又包含两个互斥方案，其基本信息如表 4.13 所示。若各方案的寿命均为 8 年，基准收益率为 10%，请在项目投资额不超过 400 万元的条件下，进行方案决策。

表 4.13　　混合方案基本信息表

项目	方案	投资额（万元）	年净收益（万元）
A	A_1	100	45
	A_2	300	80
B	B_1	400	95
	B_2	100	40
C	C_1	200	60
	C_2	300	85

解：分别计算各方案的净现值，剔除经济效果不达标的不合格方案。

A 独立项目

$$NPV_{A_1} = 45(P/A,10\%,8) - 100 = 140.1(\text{万元})$$

$$NPV_{A_2} = 80(P/A,10\%,8) - 300 = 126.8(\text{万元})$$

A_1 和 A_2 在经济上均可行，其优先次序为 A_1、A_2。

B 独立项目

$$NPV_{B_1} = 95(P/A,10\%,8) - 400 = 106.8(\text{万元})$$

$$NPV_{B_2} = 40(P/A,10\%,8) - 100 = 123.4(\text{万元})$$

B_1 和 B_2 在经济上均可行，优先次序为 B_2、B_1。

C 独立项目

$$NPV_{C_1} = 60(P/A,10\%,8) - 200 = 120.1(\text{万元})$$

$$NPV_{C_2} = 85(P/A,10\%,8) - 300 = 153.5(\text{万元})$$

C_1 和 C_2 在经济上均可行，优先次序为 C_2、C_1。

对独立方案，找出在资金限额条件下的较优互斥组合，从中选取最优者。所谓较优互斥组合，是指至少保证某一互斥关系中的最优方案得以入选的互斥组合。

本例中，限额资金为 400 万元，则较优互斥组合方案有（A_1、B_2、C_1）、（A_1、B_0、C_2）、（A_1、B_2、C_0）、（A_2、B_2、C_0）、（A_0、B_2、C_1）、（A_0、B_2、C_2），其中 A_0、B_0、C_0 均表示不投资方案。经计算各组合方案的净现值为：

$$NPV_{A_1+B_2+C_1} = 383.6,\quad NPV_{A_1+B_0+C_2} = 293.6$$

$$NPV_{A_1+B_2+C_0} = 263.5,\quad NPV_{A_2+B_2+C_0} = 250.2$$

$$NPV_{A_0+B_2+C_1} = 243.5,\quad NPV_{A_0+B_2+C_2} = 276.9$$

因此，应选（A_1、B_2、C_1）方案组合，即选择 A 项目的 A_1 方案，B 项目的 B_2 方案和 C 项目的 C_1 方案。

习　题

1. 净效益法中，净现值和净年值有何区别，其各自的适用性如何？

2. 已知某拟建项目财务净现金流量如下表所示，计算该项目的静态投资回收期。

时　期	1	2	3	4	5	6	7	8	9	10
净现金流量（万元）	−1200	−1000	200	300	500	500	500	500	500	700

3. 某项目现金流量如下表所示，基准收益率为12%，计算该项目财务的净现值和净年值。

时　期	0	1	2	3	4
现金流入	0	100	100	100	120
现金流出	200	20	20	20	20

4. 某企业用15000元购买设备，计算期为5年，各年的现金流量如下图所示，求其内部收益率。

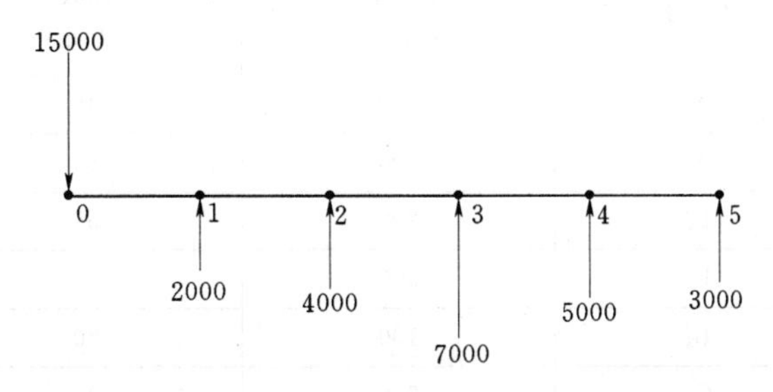

5. 某公司购买一台机器，原始成本为12000元，估计能使用20年，20年末的残值为2000元，运行费用为每年800元，此外，每5年要大修1次，大修费用为每次2800元，试求机器的年等值费用。按年利率12%计。

6. 方案A、B是互斥型方案，第一年年初一次投资，其余各年的净现金流量如下表所示，$i=10\%$，试进行方案比较。

时　期	0	1～10
A的净现金流量（万元）	−2300	650
B的净现金流量（万元）	−1500	500

7. 某改建项目有三个互斥型方案，三个方案的经济寿命期均为10年，各方案的初始投资和年成本节约金额见下表，试在折现率为10%的条件下选择经济上最有利的方案。

方案	初始投资	年成本节约金额
A	40	12
B	55	15
C	72	17.8

8. 某工程2年建成，第一、二年的投资分别是4500万元、7000万元。工程投产后，

每年需要支付年运行费 180 万元，占用流动资金 40 万元，流动资金在第二年一次投入，运行期末一次收回。每年可获效益 1600 万元，若工程正常运行期为 40 年，折现率采用 10%，试绘制资金流程图，并评价该工程的经济合理性。

9. 现有 3 个独立方案的现金流量如下表所示，若基准收益率为 10%，投资限额为 1 亿元，请优选方案。

方案	投资（万元）	年净收益（万元）	经济寿命（年）
甲	2000	500	10
乙	3500	720	10
丙	6000	1170	10

10. 某投资方案有三个独立项目，每个独立项目又包含互斥方案，其基本信息如下表所示。若基准收益率为 10%，请在项目投资额不超过 300 万元的条件下，进行方案决策。

项　目	方　案	投资额（万元）	年净收益（万元）	经济寿命（年）
A	A_1	100	45	8
	A_2	300	80	8
B	B_1	200	55	8
	B_2	300	75	8
	B_3	100	20	8
C	C_1	200	60	8
	C_2	300	85	8

第5章　水利建设项目经济评价

5.1 基本建设程序

水利工程项目在建设过程中，各个工作环节的先后顺序和步骤，称水利工程基本建设程序。

由国家投资、中央和地方合资、企事业单位独资或合资以及其他投资方式兴建的防洪、除涝、灌溉、发电、供水、围垦等大中型水利工程建设项目（包括新建、续建、改建、加固、修复），按《水利工程建设项目管理规定》，其建设程序一般分为：项目建议书、可行性研究报告、初步设计、施工准备（包括招标设计）、建设实施、生产准备、竣工验收、后评价等阶段。小型水利工程建设项目可以参照执行。利用外资项目的建设程序，同时还应执行有关外资项目管理的规定。

5.1.1　项目建议书阶段

项目建议书应根据国民经济和社会发展规划与地区经济发展规划的总体要求，在经批准（审查）的江河流域（区域）综合利用规划或专业规划的基础上提出开发目标和任务，对项目的建设条件进行调查和必要的勘测工作，并在对资金筹措进行分析后，择优选定建设项目和项目的建设规模、地点和建设时间，论证项目建设的必要性，初步分析项目建设的可行性和合理性。

水利建设项目建议书由项目业主或主管部门委托具有相应资格的水利水电勘测设计部门编制。项目业主应承担所需编制费用，并提供必要的外部条件。项目建议书被批准后，将作为列入国家中、长期经济发展计划和开展可行性研究工作的依据。

5.1.2　可行性研究阶段（预可行性研究阶段）

可行性研究阶段是水利项目建设的中心环节。可行性研究报告在批准的项目建议书的基础上编制，按照项目建议书的要求，对拟建工程勘测调查，收集水文气象、地理、地质等自然资料和社会经济资料，进行全面综合的技术经济分析研究，确定工程的任务和规模，拟定多种可行方案，经过论证比较和必要的科学试验研究选择最佳方案。

可行性研究报告，由项目法人（或筹备机构）组织编制。经过批准的可行性研究报告，是项目决策和进行初步设计的依据，不得随意修改和变更，若主要内容有重要变动，应经原批准机关复审同意。可行性研究报告批准后，应正式成立项目法人，并按项目法人责任制实行项目管理。

对经发改委审批的水电建设项目，本阶段称预可行性研究阶段，相应的报告为预可行性研究报告。

5.1.3 初步设计阶段（可行性研究阶段）

初步设计以批准的可行性研究报告为基础，对设计对象进行深入研究，阐明拟建工程在技术上的可行性和经济上的合理性，确定项目的各项基本技术参数，编制项目的总概算。

应择优选择有项目相应编制资格的设计单位承担初步设计任务，按照有关规程规范编制初步设计文件。初步设计文件经批准后，主要内容不得随意修改、变更，并作为项目建设实施的技术文件基础。如有重要修改、变更，须经原审批机关复审同意。

对经发改委审批的水电建设项目，本阶段称可行性研究阶段，相应的报告为可行性研究报告。

5.1.4 施工准备阶段

施工准备工作开始前，项目法人或其代理机构，须向水行政主管部门办理报建手续。水利建设项目报建必须满足初步设计已经批准、项目法人已经建立、项目已列入国家或地方水利建设投资计划、筹资方案已经确定、有关土地使用权已经批准等条件。

工程项目进行项目报建登记后，方可组织施工准备工作。施工准备工作主要内容包括施工现场的征地与拆迁，完成施工用水、电、通信、路及场地平整、生产生活临时建筑等工程，组织招标设计、咨询、设备和物资采购等服务；组织建设监理和主体工程招标投标，并择优选定监理单位和施工承包队伍。

5.1.5 建设实施阶段

建设实施阶段指项目法人按照批准的建设文件，组织工程建设，保证项目建设目标的实现。在建设实施阶段，项目法人要充分发挥建设管理的主导作用，为施工创造良好的建设条件；要充分授权工程监理，使之能独立负责项目的建设工期、质量、投资的控制和现场施工的组织协调。

按照“政府监督、项目法人负责、社会监理、企业保证”的要求，水利建设项目在实施阶段要建立健全质量管理体系。重要建设项目，须设立质量监督项目站，行使政府对项目建设的监督职能。

5.1.6 生产准备阶段

生产准备是项目投产前应进行的一项重要工作，是建设阶段转入生产经营的必要条件。生产准备阶段一般包括生产组织准备、招收和培训人员、生产技术准备、生产的物资准备及正常的生活福利设施准备。

5.1.7 竣工验收阶段

水利工程单项或全部建成后，应及时组织竣工验收。按规定由主管业务部门会同有关单位组成验收委员会（或小组），对工程进行竣工验收。重要的大型水利工程建设时间较长，可按工程施工情况，分期分阶段进行验收，最后全面验收。竣工验收前先由设计、施工单位自验，编写验收申请报告，附以必要的图纸文件及工程竣工决算。竣工验收合格，移交管理部门运用。

5.1.8 后评价阶段

水利建设项目竣工投产1～2年后，应进行一次系统的项目后评价。主要内容包括影响评价、经济效果评价及过程评价。项目后评价一般按三个层次组织实施，即项目法人的自我评价、项目行业的评价和计划部门（或主要投资方）的评价。

水利建设项目后评价工作必须遵循客观、公正、科学的原则，做到分析合理、评价公正。通过建设项目的后评价以达到肯定成绩、总结经验、研究问题、吸取教训、提出建议、改进工作，不断提高项目决策水平和投资效果的目的。

5.2 财 务 评 价

财务评价又称财务分析，是从水利建设项目本身财务核算单位的角度出发，在国家现行财税制度和价格体系的条件下，计算项目范围内的实际财务支出和收入，编制财务报表，计算财务评价指标，考察和分析项目盈利能力和偿债能力，判别项目的财务可行性，作为投资决策、融资决策以及银行审贷的依据。

5.2.1 财务评价的内容和步骤

5.2.1.1 评价基本资料收集

项目财务评价所需的基本资料较多，包括项目地理位置、规模特征及电量参数等，也包括项目产品的市场销售价格、国家及地方税收政策、银行长期贷款利率及短期贷款利率等信息，还包括项目总投资额及年度投资额、自有资金的比例、银行贷款比例及计划等项目投资及融资信息。

5.2.1.2 财务费用和效益的计算

每年的财务费用包括总成本费用、流动资金、税金等。总成本费用包括固定资产折旧、借款利息、年工资及福利费，材料、燃料及动力费，维护费和其他费用等。

每年的财务收入主要包括水利项目的水费收入、电费收入等。

5.2.1.3 基本财务报表编制

基本的财务报表包括投资计划与资金筹措表、总成本费用表、损益表、借款还本付息计算表、资金来源与运用表、资产负债表、现金流量表（全部投资）及现金流量表（自有资金）。投资计划与资金筹措表应列出各年投资计划和资金来源明细，见表5.1。总成本费用表反映总成本的各项组成，见表5.2。损益表详细列出计算期内各年的利润总额、所得税及税后利润的分配情况，见表5.3。借款还本付息计算表列出各年还贷资金及还本付息额，见表5.4。资金来源与运用表反映各年资金盈余或短缺情况，为资产负债表的编制提供依据，见表5.5。资产负债表反映各年末资产、负债和所有者权益的增值或变化及对应关系，用于清偿能力分析，见表5.6。全部投资现金流量表以项目全部投资为计算基础，考察项目全部投资的盈利能力，见表5.7。自有资金现金流量表以投资者的出资额作为计算基础，考察项目资本金的盈利能力，见表5.8。

表 5.1　　　　**投资使用计划和资金筹措表**　　　　单位：万元

项　目 ＼ 时　期	建设期		运行初期		正常运行期			合计
	1	…	…	…	…	…	n	
一、总投资								
（1）固定资产投资								
（2）调节税								
（3）建设期利息								
（4）流动资金								
二、资金筹措								
（1）自有资金								
1）固定资产投资								
2）流动资金								
3）建设期利息支付								
（2）借款								
1）固定资产投资								
2）流动资金								
3）其他短期借款								
（3）其他								

表 5.2　　　　**总成本费用估算表**　　　　单位：万元

项　目 ＼ 时　期	运行初期			正常运行期			合计
	…	…	…	…	…	n	
一、电站成本							
（1）折旧费							
（2）修理费							
（3）保险费							
（4）职工工资							
（5）职工福利							
（6）电站材料费							
（7）电站其他费用							
（8）库区维护费及水资源费							
（9）水库后期移民扶持基金							
（10）利息支出							
二、专用配套输变电成本							
（1）折旧费							
（2）经营成本							
（3）利息支出							
三、总成本费用							
其中：经营成本							

表 5.3 **损 益 表** 单位：万元

项 目 ╲ 时 期	运行初期			正常运行期			合计
	…	…	…	…	…	n	
一、销售收入							
其中：电量销售收入							
二、销售税金附加							
其中：城市维护建设税							
教育费附加							
三、总成本费用							
四、利润总额							
五、所得税							
六、税后利润							
七、盈余公积金							
八、公益金							
九、可供分配利润							
十、应付利润							
十一、未分配利润							

表 5.4 **借款还本付息计算表** 单位：万元

项 目 ╲ 时 期	建设期		运行初期		正常运行期			合计
	1	…	…	…	…	…	n	
一、借款及还本付息								
（1）年初借款本息累计								
（2）本年借款								
（3）本年应计利息								
（4）本年还本付息								
（5）年末借款本息累计								
二、偿还借款资金来源								
（1）还贷利润								
（2）还贷折旧								
（3）还贷摊销								
（4）计入成本的利息支出								
（5）其他								
偿还贷款资金小计								

表 5.5　　资金来源与运用表　　单位：万元

项目 \ 时期	建设期		运行初期		正常运行期			合计
	1	…	…	…	…	…	*n*	
一、资金来源								
（1）利润总额								
（2）折旧费								
（3）摊销费								
（4）长期借款								
（5）流动资金借款								
（6）自有资金								
（7）回收固定资产余值								
（8）回收流动资金								
来源小计								
二、资金运用								
（1）固定资产投资								
（2）建设期利息								
（3）流动资金								
（4）所得税								
（5）应付利润								
（6）长期借款本金偿还								
（7）流动资金本金偿还								
运用小计								
三、盈余小计								
四、累计盈余资金								

表 5.6　　资产负债表　　单位：万元

项目 \ 时期	建设期		运行初期		正常运行期			合计
	1	…	…	…	…	…	*n*	
一、资产								
（1）流动资产总值								
1）流动资产								
2）累计盈余资金								
（2）在建工程								
（3）固定资产净值								
（4）无形及递延资产净值								

续表

时期 项目	建设期		运行初期		正常运行期			合计
	1	…	…	…	…	…	n	
二、负债及所有者权益								
（1）流动负债总额								
（2）长期借款								
负债小计								
（3）所有者权益								
1）自有资金								
2）资本公积金								
3）累计盈余公积金								
4）累计公益金								
5）累计未分配利润								
资产负债率（%）								

表 5.7　　全部投资现金流量表　　单位：万元

时期 项目	建设期		运行初期		正常运行期			合计
	1	…	…	…	…	…	n	
一、现金流入								
（1）销售收入								
（2）提供服务收入								
（3）回收固定资产余值								
（4）回收流动资金								
二、现金流出								
（1）固定资产投资								
（2）更新改造投资								
（3）流动资金								
（4）经营成本								
（5）销售税金附加								
（6）所得税								
三、净现金流量								
累计净现金流量								
四、所得税前净现金流量								
税前累计净现金流量								

表 5.8　　自有资金现金流量表　　单位：万元

项目 \ 时期	建设期		运行初期		正常运行期			合计
	1	…	…	…	…	…	n	
一、现金流入								
（1）销售收入								
（2）提供服务收入								
（3）回收固定资产余值								
（4）回收流动资金								
二、现金流出								
（1）自有资金								
（2）借款本金偿还								
（3）借款利息支付								
（4）经营成本								
（5）销售税金附加								
（6）所得税								
三、净现金流量								
累计净现金流量								

5.2.1.4　财务分析和评价

财务评价包括盈利能力分析和清偿能力分析。盈利能力分析主要考察投资的盈利水平，包括财务内部收益率、财务净现值、投资回收期、投资利润率、投资利税率、资本金利润率等评价指标。清偿能力分析主要是考察计算期内各年的财务状况及还债能力，包括借款偿还期、资产负债率、利息备付率等。

5.2.1.5　不确定性分析及风险分析

水利建设项目经济评价中所采用的数据多来自预测和估算，可能出现方案经济效果的实际值与评价值相偏离，可能导致决策的失误，因此项目经济评价应对其进行不确定性分析和风险分析以考察评价结论的可靠性。具体计算方法详见第 6 章。

5.2.2　资金筹措

建设项目资金筹措是在项目投资估算确定的资金总需要量的基础上，按投资使用计划所确定的资金使用安排，包括项目资金来源、筹资方式、资金结构、筹资风险及资金使用计划等工作。原则上，在符合国家有关法规条件下，应保证资金结构合理、资金来源及筹资方式可靠、资金成本低且筹资风险小。对于资金来源渠道较多时，需进行筹资方案的比选。

水利建设项目所需的资金总额由自有资金、赠款和借入资金三部分组成，如图 5.1 所示。其资金结构包括政府、银行、企业、个体和外商等方面；投资方式包括联合投资、中外合资、企业独资等多种形式；资金来源包括自有资金、拨款资金、贷款资金、利用外资等多种渠道。

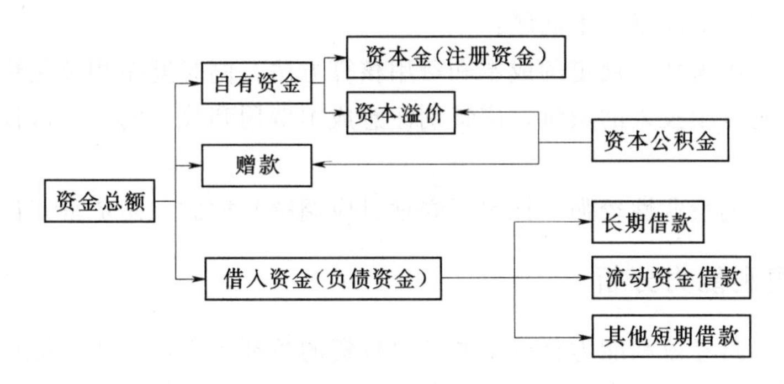

图 5.1 资金总额组成

自有资金是指企业投资应缴付的出资额，即企业为进行生产经营活动所经常持有、有权自行支配使用并无需偿还的资金，按规定可用于固定资产投资和流动资金。它包括资本金和资本溢价两部分。

资本金指设立企业时在工商行政管理部门登记的注册资金。它的筹集途径包括国内各级政府投资、各方集资或发行股票等方式；根据投资主体的不同，可分为国家资本金、法人资本金、个人资本金和外商资本等；投资者可以用现金、实物和无形资产等作为资本金。对水利建设项目，项目资本金占项目总投资的比例不得低于 20%。

资本溢价是指在资金筹集过程中，投资者缴付的出资额超出资本金的差额部分。资本溢价与企业接受捐赠、财产重估差价、资本折算差额等共同形成资本公积金。企业接受捐赠资产是指国家及地方政府、社会团体或个人等赠予企业的货币或实物等财产。

借入资金（负债资金）是以企业名义从金融机构和资金市场借入，需要偿还的资金，包括长期借款和短期借款。它的筹集途径有国内银行（含商业性银行、政策性银行）贷款、发行国内债券等以及外国政府贷款、国外银行贷款、国际金融机构贷款、出口信贷、商业信贷、补偿贸易、融资租赁、发行国际债券等方式。

5.2.3 财务效益和费用估算

5.2.3.1 水利建设项目财务效益

水利建设项目财务效益只计算直接效益，包括财务收入和补贴收入。

财务收入是指项目建成后向用户销售水利产品或提供服务所获得的按现行财务价格体系计算的收入，是项目财务效益的主体。水利建设项目财务收入包括售电收入、供水收入、水产收入、旅游收入及其他经营收入。财务收入由产品的销售量及销售价格决定，销售价格应采用财务价格，但需注意，对有国家控制价格的，须按国家规定的价格政策执行。

项目运营期内得到的各种财政性补贴应计入财务效益，包括依据国家规定的补助定额计算的定额补贴和属于国家政策扶持领域的其他形式补助。

5.2.3.2 水利建设项目财务费用

水利建设项目财务费用也只计算直接费用，不考虑间接费用。水利建设项目财务费用指工程在建设期和运行期所需投入的人力、物力和财力等所有投入，包括固定资产投资、流动资金、年运行费、建设期利息、税金等。各项费用的计算方法和计算公式详见第2章，但在计算费用时应注意以下问题：

（1）必须遵循国家现行规定的成本和费用核算方法，同时遵循相关税法的规定。

（2）分年确定各项投入的数量，应特别注意成本费用和收入的计算口径和计算价格体系的一致性。

（3）成本费用的行业性较强，针对不同项目应调整其构成，避免重复计算或漏算等。

5.2.4 财务盈利能力分析

水利建设项目财务盈利能力分析主要考察投资的盈利水平，主要评价指标是财务内部收益率、投资回收期、财务净现值、投资利润率、投资利税率等。

5.2.4.1 财务内部收益率（*FIRR*）

财务内部收益率是计算期内项目各年净现值累计等于零时的折现率，是考察项目盈利能力的相对量指标，是水利建设项目财务评价的主要评价指标，其计算公式如下：

$$\sum_{t=0}^{n}(CI-CO)_t(1+FIRR)^{-t}=0 \tag{5.1}$$

式中 CI——现金流入量，包括销售收入、回收固定资产残值、回收流动资金等；

CO——现金流出量，包括固定资产投资、流动资金、经营成本、税金等；

$(CI-CO)_t$——第 t 年的净现金流量；

n——计算期。

若计算的财务内部收益率 $FIRR$ 大于或等于财务基准收益率（i_c），则该项目在财务上是可行的。

5.2.4.2 投资回收期（P_t）

投资回收期指项目的净现金流量累计等于零时所需要的时间，主要考察项目在财务上的投资回收能力。投资回收期以年表示，多按静态计算，一般从建设开始年起算，其计算公式为：

$$\sum_{t=0}^{P_t}(CI-CO)_t=0 \tag{5.2}$$

投资回收期也可按动态计算，详见4.1节。投资回收期越短，表明投资回收快，抗风险能力强。当投资回收期小于或等于行业基准投资回收期，则表明项目盈利能力较强，投资回收速度满足要求。

5.2.4.3 财务净现值（*FNPV*）

财务净现值指按行业的基准收益率（i_c）或设定的折现率（i），将项目计算期内各年净现金流量折现到计算期初的现值之和。它是考察项目盈利能力的绝对量指标，其计算式为：

$$FNPV=\sum_{t=0}^{n}(CI-CO)_t(1+i_0)^{-t} \tag{5.3}$$

式中 i_0——行业基准收益率或设定的收益率。

财务净现值大于或等于零，表明项目的盈利能力达到预定的盈利水平，该项目在财务上是可行的。

5.2.4.4 投资利润率

投资利润率指项目达到设计生产能力后的正常生产年份的年利润总额或项目生产期年平均利润总额与项目投资的比率，它是考察项目单位投资盈利能力的静态指标。水利建设项目多按还贷期和还清贷款期分段计算其投资利润率，其计算公式为：

$$投资利润率=\frac{年利润总额(或年平均利润总额)}{项目总投资}\times 100\% \tag{5.4}$$

项目总投资为建设投资、固定资产投资方向调节税、建设期和部分运行初期利息和流动资金之和。年利润总额为年财务收入减去年总成本费用和销售税金及附加。

投资利润率应与行业平均投资利润率比较，判断项目单位投资盈利能力是否达到本行业平均水平。

5.2.4.5 投资利税率

投资利税率是指项目达到设计生产能力后的正常生产年份的年利税总额或项目生产期内年平均利税总额与项目总投资的比率，其计算公式为：

$$投资利税率=\frac{年利税总额(或年平均利税总额)}{项目总投资}\times 100\% \tag{5.5}$$

$$年利税总额=年利润总额+销售税金及附加$$

投资利税率应与行业平均投资利税率比较，判断项目单位投资对国家积累的贡献是否达到本行业平均水平。

5.2.5 财务偿债能力分析

偿债能力分析主要是考察计算期内各年的财务状态及借款偿还能力，主要评价指标包括借款偿还期、资产负债率、利息备付率和偿债备付率。

5.2.5.1 借款偿还期

借款偿还期指在国家财政规定及项目具体财务条件下，以项目投产后可用于还款的资金偿还借款本金和利息所需的时间，其计算公式如式（5.6），一般从借款开始年计算，以年表示。水利建设项目可用于还贷的资金来源有未分配利润、折旧费、摊销费等，折旧还贷比例可由企业自行确定，当未确定时，可暂将折旧费的90%用于偿还借款。

$$I_d=\sum_{t=1}^{P_d}R_t \tag{5.6}$$

式中 I_d——借款本利和；

P_d——借款偿还期；

R_t——第 t 年可供还款的资金。

若项目计算出的借款偿还期满足贷方要求的期限时，则该项目在财务上是可行的。

5.2.5.2 资产负债率

资产负债率是反映项目各年所面临的财务风险程度和偿还能力的指标，是项目负债总额与资产总额的百分比。

$$资产负债率 = \frac{负债总额}{资产总额} \times 100\% \tag{5.7}$$

式中，资产总额=负债总额+权益总额。

负债是企业所承担的能以货币计量、需以资产或劳务等形式偿还或抵偿的债务，按其期限长短可分为流动负债和长期负债。流动负债是指将在一年或者超过一年的一个营业周期内偿还的债务，包括短期借款、应付短期债券、预提费用、应付及预收款项等。长期负债是指偿还期在一年以上或者超过一年的一个营业周期以上的债务，包括长期借款、应付债券和长期应付款项等。权益指业主对项目投入的资金以及形成的资本公积金、盈余公积金和未分配的利润。一般要求资产负债率不超过60%～70%。

5.2.5.3 利息备付率

利息备付率指在借款偿还期内的息税前利润与当年应付利息的比值，主要从付息资金的充裕性角度反映支付债务利息的能力，其计算公式如下：

$$利息备付率 = \frac{息税前利润}{应付利息额} \tag{5.8}$$

息税前利润等于利润总额和当年应付利息之和，当年应付利息指计入总成本费用的全部利息。

利息备付率高则利息支付的保证度大，偿债风险小。若利息备付率小于1，则偿债风险很大，一般要求其不低于2，至少大于1。

5.2.5.4 偿债备付率

偿债备付率指用于还本付息的资金与当年应还本付息额的比值，也是从付息资金的充裕性角度反映支付债务利息的能力，其计算公式如下：

$$偿债备付率 = \frac{息税折旧摊销前利润 - 所得税}{应还本利息额} \tag{5.9}$$

息税折旧摊销前利润等于息税前利润加上折旧费和摊销费，当年应还本付利息包括还本金额和计入总成本费用的全部利息。

偿债备付率高则偿还本息资金的保证度大，偿债风险小，一般要求其不低于1.3，至少大于1。

5.3 国民经济评价

国民经济评价从全社会或国民经济综合平衡的角度出发，运用国家规定的影子价格、影子汇率、影子工资和社会折现率等经济参数，分析计算项目所需投入的费用和可获得的效益，据此判别建设项目的经济合理性和宏观可行性。国民经济评价是项目经济评价的核心部分，是决策部门考虑建设项目取舍的主要依据。

国民经济评价是一种宏观评价，只有多数项目的建设符合整个国民经济发展的需要，才能在充分合理利用有限资源的前提下，使国家获得最大的净效益。国民经济是一个大系统，项目建设则是这个大系统中的一个子系统。项目的建设与生产，要从国民经济这个大系统中汲取资金、劳力、资源、土地等投入物，同时也向其提供一定数量的产品或服务。国民经济评价就是评价项目从国民经济中所汲取的投入与向国民经济提供的产出对国民经济这个大系统的经济目标的影响，从而选择对大系统目标优化最有利的项目或方案，达到合理利用有限资源，使国家获得最大净效益的目的。

5.3.1 国民经济评价参数

5.3.1.1 社会折现率

社会折现率是建设项目经济评价的通用参数，是经济内部收益率的基准值，是建设项目经济可行性的主要判别依据。国民经济评价中计算经济净现值时，需采用社会折现率。社会折现率表征社会对资金时间价值的估量，适当的社会折现率有助于合理分配建设资金，引导资金投向对国民经济贡献大的项目，调节资金供需关系，促进资金在短期和长期项目间的合理配置。

社会折现率应体现国民经济发展目标和宏观调控意图。根据我国目前的投资收益水平、资金机会成本、资金供需情况以及社会折现率对长、短期项目的影响等因素，2006年国家发展改革委、建设部发布的《建设项目经济评价方法与参数（第三版）》中将社会折现率规定为8%，供各类建设项目评价时的统一采用。

5.3.1.2 影子价格

影子价格是项目经济评价的重要参数，它是指社会处于某种最优状态下，能够反映社会劳动消耗、资源稀缺程度和最终产品需求状况的价格。影子价格是社会对货物真实价值的度量，只有在完善的市场条件下才会出现。然而这种完善的市场条件是不存在的，因此现成的影子价格也是不存在的，只有通过对现行价格的调整，才能求得它的近似值。

从理论上讲，影子价格是从全社会角度反映某种投入物的边际费用和某种产出物的边际效益。投入物的影子价格就是项目占有单位投入物国家所付的代价，产出物的影子价格就是国家从单位产出物所获得的收益。为了正确计算工程项目对国民经济所作的净贡献，在国民经济评价中，费用和效益原则上均采用影子价格计算。但在实际计算过程中，一般只对占效益或费用较大比重的产出物或投入物使用影子价格，其余均采用市场价格。

5.3.1.3 影子汇率

在国民经济评价中，外汇与人民币之间的换算必须采用影子汇率。影子汇率由国家统一测定发布，其计算公式如下：

$$\text{影子汇率} = \text{国家外汇牌价} \times \text{影子汇率换算系数} \tag{5.10}$$

我国现阶段的影子汇率换算系数统一取为1.08。

5.3.1.4 贸易费用

货物的贸易费用可按贸易费用率计算，目前，我国统一采用6%的贸易费用率，不同类型货物的计算公式如下：

$$\text{进口货物的贸易费用} = \text{到岸价} \times \text{影子汇率} \times \text{贸易费用率} \tag{5.11}$$

$$\text{出口货物的贸易费用} = (\text{离岸价} \times \text{影子汇率} - \text{国内长途运输费}) \times \text{贸易费用率} \div (1 + \text{贸易费用率}) \tag{5.12}$$

$$\text{非外贸货物的贸易费用} = \text{出厂影子价格} \times \text{贸易费用率} \tag{5.13}$$

式中的国内长途运输费也必须采用影子价格计算。国内长途运输影子价格可采用基础价格与交通运输影子价格换算系数的乘积。SL 72—1994《水利建设项目经济评价规范》规定如下：

(1) 铁路货运影子换算系数采用 1.84，与其对应的基础价格为 1992 年调整发布的铁路货运价格。

(2) 公路货运影子价格换算系数采用 1.26，与其对应的基础价格为 1991 年公路货运实际价格。

(3) 沿海货运影子价格换算系数采用 1.73，内河货运影子价格换算系数采用 2.00，与其对应的基础价格为 1992 年调整发布的全国沿海、内河货运价格。

(4) 杂费影子价格换算系数采用 1.00。

5.3.2 水利建设项目影子价格

水利建设项目在国民经济评价的效益和费用计算时，应使用影子价格。计算影子价格时应分别按外贸货物、非外贸货物、特殊投入物（劳动力、土地）三种类型计算。

5.3.2.1 外贸货物的影子价格

外贸货物指其生产、使用将直接或间接影响国际进出口的货物。外贸货物的影子价格以实际将要发生的口岸价格为基础确定。

对必须依靠直接进口的货物影子价格按式（5.14）计算。对因项目建设而使项目投入物的国内供应不足，导致原用户需依靠进口来满足需求的货物影子价格按式（5.15）计算。直接出口货物的影子价格按式（5.16）计算。对因项目建设大量需要项目投入物，导致减少出口来满足需求的货物影子价格按式（5.17）计算。

$$\text{直接进口货物的影子价格} = \text{到岸价} \times \text{影子汇率} \times (1 + \text{贸易费用率}) + \text{国内影子运杂费} \tag{5.14}$$

$$\begin{aligned}\text{间接进口货物影子价格} = &\ \text{到岸价} \times \text{影子汇率} \\ &+ \text{口岸到原用户的影子运杂费用及贸易费用} \\ &- \text{供应厂到原用户的影子运杂费用及贸易费用} \\ &+ \text{供应厂到建设项目的影子运杂费用及贸易费用}\end{aligned} \tag{5.15}$$

$$\text{直接出口货物的影子价格} = (\text{离岸价} \times \text{影子汇率} - \text{国内长途运输费}) \div (1 + \text{贸易费用率}) \tag{5.16}$$

$$\begin{aligned}\text{减少出口货物影子价格} = &\ (\text{离岸价} \times \text{影子汇率}) \\ &- \text{供应厂家到口岸的影子运杂费用及贸易费用} \\ &+ \text{供应厂家到建设项目的影子运杂费用及贸易费用}\end{aligned} \tag{5.17}$$

【例 5.1】 外购原料 A 属于直接进口的外贸货物。到岸价为 50 美元/m^3，外汇牌价为 6.5 元/美元；需经 2000km 的内河货运，运费和杂费分别为 100 元/m^3 和 35 元/m^3；再经 100km 的公路运输至项目所在地，公路运输的运费和杂费分别为 10 元/m^3 和 3 元/m^3。确定外购原料 A 的影子价格。

解：美元的影子汇率＝外汇牌价×影子汇率换算系数＝7.02 元/美元。内河货运的影子价格换算系数为 2，公路货运的影子价格换算系数为 1.26，杂费影子价格换算系数为 1.00，则按式（5.14）计算得：

$$外购原料A的影子价格 = 50 \times 6.5 \times 1.08 \times (1+6\%) + (100 \times 2.0 + 35 \times 1.0) + (10 \times 1.26 + 3 \times 1.0) = 372.06 + 235 + 15.6 = 622.66(元)$$

5.3.2.2 非外贸货物的影子价格

非外贸货物指其生产或使用不影响国际进口或出口的货物，除了所谓“天然”的非贸易货物，如施工、国内运输和商业等基础设施的产品和服务外，还有由于运输费用过高或受国内国外贸易政策和其他条件的限制不能进行外贸的货物。

从理论上讲，非外贸货物的影子价格主要应从供求关系出发，按机会成本或消费者支付意愿的原则确定。非外贸货物的影子价格的确定方法如下：

$$非外贸货物的影子价格 = 出厂影子价格 \times (1 + 贸易费用率) + 影子运输费 \tag{5.18}$$

5.3.2.3 特殊投入物的影子价格

（1）劳动力的影子价格。劳动力的影子价格也即影子工资，由劳动力的机会成本和劳动力就业或转移而引起的社会资源消耗两部分构成，反映该劳动力用于拟建项目而使社会为此放弃的原有效益，以及社会为此而增加的资源消耗。影子工资一般采用工资标准乘以影子工资换算系数求得。建设项目的影子工资换算系数一般为1，某些特殊项目可根据当地劳动力充裕程度和所用劳动力的技术熟练程度，适当提高或降低影子工资换算系数，如若建设项目的主要劳动力是民工且当地民工来源充裕，则影子工资换算系数可取0.5，若建设项目的主要劳动力要求是技术熟练程度较高的高级技术人员，则影子工资换算系数可取1.5～2.0。

（2）土地的影子价格。土地影子费用包括土地的机会成本和社会为此而增加的资源消耗（如居民搬迁费等）。应按项目占用土地的具体情况，计算该土地在整个占用期间的净效益，如若项目占用的是农业用地，其机会成本则为原来的农业净效益。

国民经济评价中对土地影子费用有两种具体处理方式，一是计算项目占用土地在整个占用期间逐年净效益的现值之和，作为土地费用计入项目的建设投资中；二是将逐年净效益的现值换算为年等值效益，作为项目每年的投入。实际工作中多采用第一种方式。

5.3.3 经济效益与费用估算

5.3.3.1 费用与效益的识别

正确地识别费用与效益，是保证国民经济评价正确性的重要条件和必要前提。国民经济评价从整个国民经济的角度出发，以项目对国民经济的净贡献大小来考察项目。因此，国民经济评价中所指建设项目的费用应是国民经济为项目建设投入的全部代价，所指建设项目的效益应是项目为国民经济作出的全部贡献。为此，对项目实际效果的衡量，不仅应计算直接费用和直接效益，还应计算项目的间接费用和间接效益。

在辨识和分析计算项目的费用和效益时应首先按效益与费用计算口径对应的原则确定计算范围，再按“有”、“无”投资的情况分别计算其增量，避免重复和遗漏。

5.3.3.2 直接费用与直接效益

直接费用与直接效益是项目费用与效益计算的主体部分。项目的直接费用主要指国家为满足项目投入的需要而付出的代价，包括固定资产投资、流动资金及经常性投入等。水利建设项目中的工程投资、水库淹没处理补偿投资、年运行费用、流动资金等均为直接费用。

项目的直接效益主要指项目提供的产品或服务的经济价值。不增加产出的项目，其效益表现为投入的节约，即释放到社会的资源的经济价值，如水利建设项目建成后水电站（增加）的发电收益，减免的洪灾淹没损失，增加的农作物、树木、牧草等主、副产品的价值，均为直接效益。

5.3.3.3　间接费用与间接效益

间接费用又称外部费用，是指国民经济为项目付出了代价，而项目本身并不实际支付的费用，如项目建设造成的环境污染和生态破坏等。

间接效益又称外部效益，是指项目对社会作了贡献，而项目本身并未得益的那部分效益，如上游兴建水电工程后，下游梯级水电站所增加的出力和电量。

外部费用和外部效益通常较难计量，为了减少计量上的困难，首先应力求明确项目的“边界”。一般情况下可扩大项目的范围，特别是一些相互关联的项目可以合在一起视为同一整体进行综合评价，这样可使外部费用和效益转化为直接费用和效益。

5.3.3.4　转移支付

项目财务评价中的税金、国内贷款利息和补贴等费用或效益，是国民经济内部各部门之间的转移支付，不造成资源的实际耗费或增加。因此，在国民经济评价中不应计为项目的费用或效益，但国外借款利息的支付产生了国内资源向国外的转移，则应计为项目的费用。

5.3.4　经济费用效益分析指标

水利建设项目的国民经济评价主要包括经济内部收益率、经济净现值及经济效益费用比三个主要评价指标。

5.3.4.1　经济内部收益率（*EIRR*）

经济内部收益率指使项目在计算期内经济净现值累计等于零时的折现率，是反映建设项目对国民经济贡献的相对指标，其计算公式为：

$$\sum_{t=0}^{n}(B-C)_t(1+EIRR)^{-t}=0 \tag{5.19}$$

式中　B——各年效益；

C——各年费用，包括投资和年运行费；

$(B-C)_t$——第 t 年建设项目的净效益；

n——计算期，包括建设期和生产期。

经济内部收益率 $EIRR$ 须由式（5.19）试算求得。若经济内部收益率 $EIRR$ 大于或等于社会折现率 8%，则建设项目在经济上是合理可行的。

5.3.4.2　经济净现值（*ENPV*）

经济净现值是用社会折现率 i_s 将项目计算期内各年的净效益 $(B-C)_t$ 折算到建设期起点的现值之和，反映建设项目对国民经济所作贡献的绝对指标，其计算公式为：

$$ENPV = \sum_{t=1}^{n}(B-C)_t(1+i_s)^{-t} \tag{5.20}$$

式中 i_s——社会折现率，目前规定 $i_s=8\%$；

其他符号意义同前。

若经济净现值大于或等于零时，则建设项目在经济上是可行的。当 $ENPV=0$ 时，表示建设项目所投入的费用和所产出的效益恰好满足社会折现率的要求；当 $ENPV>0$ 时，表示拟建项目付出的费用除得到符合社会折现率要求的效益外，还可以得到以经济净现值 $ENPV$ 表达的超额社会盈余；当 $ENPV<0$，表示拟建项目达不到规定的社会折现率 i_s 的要求，在经济上是不可行的。

5.3.4.3 经济效益费用比（*EBCR*）

经济效益费用比（*EBCR*）是经济效益现值与费用现值的比值，是反映工程项目单位费用为国民经济所作贡献的一项相对指标。其表达式为：

$$EBCR = \frac{\sum_{t=1}^{n} B_t(1+i_s)^{-t}}{\sum_{t=1}^{n} C_t(1+i_s)^{-t}} \tag{5.21}$$

式中 B_t——第 t 年的效益；

C_t——第 t 年的费用；

其他符号意义同前。

若经济效益费用比 $EBCR \geqslant 1$，则建设项目在经济上可行。当 $EBCR=1$ 时，表示建设项目所投入的费用恰好等于所产出的效益；当 $EBCR>1$ 时，表示拟建项目付出的费用低于所取得的效益，具经济合理性；当 $EBCR<1$，表示拟建项目付出的费用大于所取得的效益，在经济上是不可行的。

5.3.5 国民经济评价与财务评价的关系

国民经济评价与财务评价是建设项目经济评价的主要内容，一般大中型水利建设项目应同时进行两种评价。国民经济评价和财务评价既有联系又有区别。

5.3.5.1 两者的共同点

（1）评价的目的相同。国民经济评价和财务评价均是在工程技术可行的基础上，分析与计算建设项目投入的费用和产出的效益，寻求以最小的投入获得最大的产出。其评价结论可作为投资决策的依据。

（2）评价基础相同。国民经济评价和财务评价均是在完成产品需求预测、厂址选择、工艺技术路线和工程技术方案、投资估算和资金筹措等工作的基础上进行的。

（3）基本分析方法和主要指标的计算方法类同。国民经济评价和财务评价均采用现金流量分析方法，通过基本报表计算净现值、内部收益率等指标以评价项目的经济合理性。

5.3.5.2 两者的主要区别

（1）评价角度不同。国民经济评价是从国家（社会）整体角度出发，考察项目对国民经济的净贡献，评价项目的经济合理性。

财务评价是从项目财务核算单位的角度出发，分析测算项目的财务支出和收入，考察项目的盈利能力和清偿能力，评价项目的财务可行性。

(2) 费用与效益的计算范围不同。国民经济评价关注社会资源的变动，侧重考察社会为项目付出的代价和社会从项目获得的效益，既包括直接费用和直接效益，也包括间接费用和间接效益，但补贴、税金、国内贷款及其还本付息等属于国民经济内部转移的各种支付不能计入项目的效益与费用。

财务评价从项目财务核算单位的角度，计算项目实际的财务支出和收入，只包括项目本身的直接费用和直接效益。凡是流入项目的资金就是财务收入，凡是流出项目的资金就是财务费用。

(3) 采用的投入物和产出物的价格不同。国民经济评价采用影子价格，财务评价采用财务价格，即以现行价格体系为基础的预测价格。

(4) 主要参数不同。国民经济评价采用国家统一测定的影子汇率、贸易费用率、社会折现率等参数，而财务评价采用国家外汇牌价、行业财务基准收益率等参数。

5.3.5.3　两者评价结论的关系

国民经济评价和财务评价结论一致时，其经济评价的总体结论也与之一致。考虑到国民经济评价的实质是追求国家（社会）资源的合理配置，但若两者的评价结论相矛盾时，应以国民经济评价结论为主。

当国民经济评价不可行而财务评价可行时，说明该项目对国民经济没有贡献，应予否决，不能立项。

当国民经济评价可行而财务评价不可行时，说明该项目是国计民生急需的项目，应批准立项，但为保证该项目的可持续发展，应争取国家和地方的财政补贴政策或减免税等经济优惠政策，改善其运营环境，提高建设项目的财务可行性。

习　　题

1. 水利建设项目国民经济评价的费用和效益估算应注意哪些问题，如何才能保证其计算成果的客观性和合理性。

2. 财务评价和国民经济评价的区别与联系是什么？当两者评价结论不一致时，应如何处理？

3. 国民经济评价和财务评价主要有哪些指标，如何判断其经济合理性？

4. 水利建设项目所需的资金总额包括哪些部分，其主要来源渠道有哪些？

5. 原材料 B 是减少出口的外贸货物。到岸价为 50 美元/m^3，外汇牌价为 6.5 元/美元；供应厂家到达出口口岸需经 200km 的公路货运，运费和杂费分别为 18 元/m^3 和 5 元/m^3；供应厂家到达项目建设地需经 100km 的公路运输，公路运输的运费和杂费分别为 10 元/m^3 和 3 元/m^3。确定外购原料 B 的影子价格。

第6章　不确定性分析与风险分析

在现实的经济评价中，除了项目后评价是基于投资、产量、售价等确定经济要素而做出的确定性经济效果分析外，新建或改扩建项目经济评价所需的经济要素取值，都来自预测或估算，而这些预测或估算值都不可能与将来的实际情况完全相符，也就是说，这些经济要素是变化的，在做评价时是不确定的。

风险是未来变化偏离预期的可能性以及对目标产生影响的大小。风险是中性的，既可能产生不利影响，也可能带来有利影响。风险的大小与变动发生的可能性及变动发生后对项目影响的大小有关。变动出现的可能性及变动出现后对目标的影响越大，风险就越高。

不确定性与风险广泛存在于社会经济活动之中，水利建设项目也不例外。尽管在水利建设项目的前期工作中已就项目市场、技术与工程方案、配套条件、融资方案、财务与经济效益等方面做了详尽的预测、分析和研究，但由于环境的可变性、社会经济系统的复杂性、项目自身的动态性、认识能力的局限性以及前期工作的约束性，项目实施后的实际结果可能在一定程度上偏离预测的基本方案，导致项目出现不利后果或错失盈利机会。因此，在经济评价中，越来越倾向于需要深入开展不确定性分析与风险分析，发现潜在的不确定性和风险因素，制订有效措施，合理规避不利影响，提高项目的社会、经济效益。

6.1　概　　述

6.1.1　不确定性与风险

美国经济学家弗兰克·奈特（Frank Knight）在1921年对风险进行了开拓性研究，首先将风险与不确定性区分开来，认为风险是介于确定性和不确定性之间的一种状态，其出现的可能性是可以知道的，而不确定性的概率是未知的。由此出现了基于概率的风险分析和未知概率的不确定分析两种决策分析方法，两者的区别表现在以下四个方面。

（1）可否量化。风险是可以量化的，即其发生概率是已知的或通过努力可以知道的；不确定性是不可量化的。风险分析可以采用概率分析方法，分析各种情况发生的概率及其影响；不确定性分析只能进行假设分析，假定某些因素发生后，分析不确定因素对项目的影响。

（2）可否保险。风险是可以保险的；不确定性是不可以保险的。由于风险概率是可以知道的，理论上保险公司就可以计算确定的保险收益，从而提供相关保险产品。

（3）概率可获得性。不确定性发生概率未知；而风险发生概率是可知的，或是可以测定的，可以用概率分布来描述。

（4）影响大小。不确定性代表不可知事件，因而有更大的影响；而如果同样事件可以量化风险，则其影响可以防范并得到有效的降低。

因此，确定性是指在决策涉及的未来时间内一定要发生或者一定不发生，其关键特征是只有一种结果。不确定性则指不可能预测未来将要发生的事件，因为存在多种可能性，其特征是可能有多种结果。由于缺乏历史数据或类似事件信息，不能预测某一事件发生的概率，因而，该事件发生的概率是未知的。风险则是介于不确定性与确定性之间的一种状态，其概率是可知的或已知的。在水利建设项目分析与评价中，虽然对项目要进行全面风险分析，但重点在风险的不利影响和防范对策研究上。

6.1.2 不确定性与风险的性质

（1）阶段性。水利建设项目的不同阶段的主要风险和不确定性不同：投资决策阶段的风险主要包括政策、融资风险等；实施阶段的主要风险是工程风险和建设风险等；而在项目运营阶段的主要风险是市场风险、管理风险等。因此，不确定性风险及其对策是因时而变的。

（2）多样性。因不同行业和项目具有特殊性，不同行业和不同项目具有不同的不确定性和风险。如高新技术行业的主要风险是技术风险和市场风险，而水利建设项目等基础设施行业的主要风险则是工程风险和政策风险，必须结合行业特征和项目的情况来识别。

（3）相对性。对于项目各方可能会有不同的风险，同一风险因素对不同主体的影响也可能是不同的，甚至截然相反。如工程风险对业主而言可能产生不利后果，而对于保险公司而言，正是由于工程风险的存在，才使得保险公司有了通过工程保险而获利的机会。

（4）可变性。可能造成损失，也可能带来收益是不确定性与风险的基本特征；风险是否发生，风险事件的后果如何都是难以确定的。但是可以通过历史数据和经验，对风险发生的可能性和后果进行一定的分析预测。

（5）客观性。不确定性与风险是客观存在的，无论是地震、洪水等自然灾害，还是现实社会中的矛盾、冲突等社会冲突，不可能完全根除，只能采取措施降低其不利影响。随着社会发展和科技进步，人们对自然界和社会的认识逐步加深，对风险的认识也逐步提高，有关风险防范的技术不断完善，但仍然存在大量的风险。

（6）层次性。风险的表现具有层次性，需要层层剖析才能深入到最基本的风险单元，明确风险的根本来源，如市场风险，可能表现为市场需求量的变化、价格的波动以及竞争对手的策略调整等，而价格的变化又可能包括产品或服务的价格、原材料的价格和其他投入物价格的变化等，必须挖掘最关键的风险因素，才能制订有效的风险应对措施。

6.1.3 风险的分类

基于不同的分类标准，风险可以划为多种，参见表6.1。

表 6.1 一般风险分类表

分类方法	风险类型	特 点
按风险性质	纯风险	只会造成损失，不能带来利益
	投机风险	可能带来损失，也可能产生利益
按风险来源	自然风险	由于自然灾害、事故而造成人员、财产的伤害或损失
	非责任风险（或人为风险）	由于人为因素而造成的人员、财产伤害或损失，包括政策风险、经济风险、社会风险等
按风险事件主体的承受能力	可承受风险	风险的影响在风险事件主体的承受范围内
	不可承受风险	风险的影响超出了风险事件主体的承受范围
按技术因素	技术风险	由于技术原因而造成的风险，如技术进步使得原有的产品寿命周期缩短，选择的技术不成熟而影响生产等
	非技术风险	非技术原因带来的风险，如社会风险、经济风险、管理风险等
按独立性	独立风险	风险独立发生
	非独立风险	风险依附于其他风险而发生
按风险的可管理性	可管理风险（可保风险）	即可以通过购买保险等方式来控制风险的影响
	不可管理风险（不可保风险）	不能通过保险等方式来控制风险的影响
按风险的边界划分	内部风险	风险发生在风险事件主体的组织内部，如生产风险、管理风险等
	外部风险	风险发生在风险事件主体的组织外部，只能被动接受，如政策风险、自然风险等

水利建设项目可能有各种各样的风险，从不同的角度出发可以进行不同的分类，但有些分类会有交叉。按系统分，有个体风险和系统风险；按阶段分，有前期风险、实施阶段风险和经营阶段风险；按性质分，有政治风险、经济风险、财务风险、信用风险、技术风险和社会风险等；按内在因素、外来影响分，可分为内在风险和外来风险；按控制能力，有可控风险和不可控风险等。

6.1.4 不确定性分析与风险分析

不确定性分析是测算项目不确定性因素的增减变化对其效益的影响，找出其最主要敏感因素及其敏感程度的过程，可粗略了解项目的抗风险能力，主要方法是敏感性分析和盈亏平衡分析；风险分析则是识别风险因素、估计风险概率、评价风险影响并制订风险对策的过程，主要方法有概率树分析、蒙特卡洛模拟等。

不确定性分析与风险分析的目的相同，都是识别、分析、评价影响项目的主要因素，防范不利影响，提高项目成功率，其主要区别是分析方法的不同。

不确定性分析与风险分析之间也存在一定联系。敏感性分析可以得到影响项目效益的敏感因素及其敏感程度，但不知这种影响发生的可能性。若要获知其可能性，就必须借助概率分析。而敏感性分析所找出的敏感因素又可以作为概率分析风险因素的确定依据。

水利建设项目不但耗费大量资金、物资和人力等资源，且具有一次性和固定性的特点，一旦建成，难于更改。相对于一般经济活动而言，水利建设项目的不确定性和风险尤为值得关注。只要能在决策前正确认识到相关的风险，并在实施过程中加以控制，大部分不确定性和风险的影响可以降低和防范。

水利建设项目的决策分析与评价旨在为投资决策服务，如果忽视风险与不确定性的存在，仅仅依据基本方案的预期结果，如某项经济评价指标达到可接受水平来简单决策，就有可能蒙受损失，多年来项目建设的历史经验客观上证明了这一点。随着投融资体制改革和现代企业制度的建立，各投资主体也开始产生了对如何认识风险和规避风险的主观需求。因此在项目决策分析阶段应进行不确定性分析与风险分析。

投资决策充分考虑风险分析的结果，有助于在可行性研究的过程中，通过信息反馈，改进或优化项目方案，直接起到降低项目风险的作用，避免因在决策中忽视风险的存在而蒙受损失。同时，充分利用风险分析的成果，建立风险管理系统，有助于为项目全过程风险管理打下基础，防范和规避项目实施和经营中的风险。

风险分析应贯穿于项目分析的各个环节，即在项目可行性研究的主要环节，包括市场、技术、环境、财务、社会分析中进行相应的风险分析，并进行全面的综合分析和评价。可见，风险分析超出了市场分析、技术分析、财务分析和经济分析的范畴，是一种系统分析，应由项目负责人牵头，项目组成员参加。

6.2 不确定性分析

水利建设项目经济评价所采用的建设投资、年发电量、上网电价、经营成本等基础数据都来自预测或估算，受科学技术进步、市场需求变化、测算方法误差等因素影响，这些预测值或估算值难以准确定量，都可能与实际情况不完全相符，即具有不确定性。

基础数据的不确定性可能导致评价值偏离实际的经济效果，而造成决策失误。不确定性分析的实质是为了提高经济评价和决策的可靠性、客观性和合理性，全面分析这些不确定性因素对评价指标和评价结论的影响程度，从而找出最主要的影响因素并掌握方案对不确定因素的适应能力。

不确定性分析通常包括敏感性分析和盈亏平衡分析。一般地，敏感性分析在项目财务评价和国民经济评价中均适用，而盈亏平衡分析只适合在财务评价中应用。

6.2.1　敏感性分析

6.2.1.1　敏感性分析的作用与内容

敏感性分析首先分析各种不确定因素发生变化时对方案经济评价指标的影响，从而找出项目的敏感因素，确定敏感程度，为进一步的风险分析打下基础。

水利建设项目可能涉及的不确定性因素较多，通常只分析一种不确定性因素单独变化或两种不确定因素同时变化对方案经济评价指标的影响，通过计算敏感度系数和临界点，分析方案经济评价指标对其的敏感程度，进而确定主要敏感因素。

敏感性分析定量描述了各种不确定因素对方案经济评价指标的影响程度，有助于决策者全面掌控方案的不确定性并着重分析和控制较敏感的因素，从而提高决策准确性。但是，敏感性分析只考虑各不确定因素对方案经济效果的影响程度，而不涉及各不确定因素可能发生的概率，可能会影响结论的客观性。如水利建设项目中，有些因素非常敏感，但其发生变化的可能性（概率）很小，几乎可以忽略不计，而另一些因素可能不是很敏感，但其发生变化的可能性很大，这样后者对方案经济效果的不确定性影响实际较前者大，而这是敏感性分析所无法正确反映的。因此，在这一方面敏感性分析有其局限性，必须借助于风险分析方法。

6.2.1.2 敏感性分析的一般程序

敏感性分析是建设项目评价中应用十分广泛的一种技术。通过敏感性分析可以找出对项目经济效益影响最大的不确定性因素，从而在规划、设计、施工、运营管理中采用有效措施将其影响降低到最低程度，其分析方法与步骤如下：

（1）选取不确定因素，设定其偏离程度。水利建设项目经济评价中的不确定因素很多，如建设投资、建设工期、经营成本、销售收入等。任意因素的变化，都会引起项目经济效益的变化。在实际工作中，不可能也不需要对项目涉及的全部因素都进行分析，应该根据行业和项目特点，参考类似项目的经验综合选择对项目经济效益影响较大且重要的不确定因素进行分析。

选定了需要分析的不确定性因素后，就需要设定其变化的幅度。敏感性分析应主要针对不确定因素的不利变化进行，同时也需综合考虑其有利变化，多选择百分率如±5%、±10%、±15%、±20%等。对于不便用百分数表示的因素，例如建设工期，可采用延长一段时间表示，如延长一年。百分数的取值并不重要，因为敏感性分析仅借助它计算敏感度系数、临界点等敏感性分析指标，而不是考察项目经济效益在某个具体的百分数变化下发生变化的具体数值。

（2）选取评价指标。水利建设项目经济评价有一整套指标，如净现值、净年值、内部收益率、投资回收年限等。敏感性分析可选定其中一个或几个主要指标进行，而不必对所有的经济评价指标进行分析。

为便于综合分析与决策，敏感性分析指标一般应与项目确定性分析所用的指标一致，最常采用的评价指标是内部收益率或净现值，如财务评价敏感性分析中必选的评价指标是项目投资财务内部收益率，而国民经济评价中必选的评价指标是经济净现值或经济内部收益率。根据项目的实际情况，也可选择投资回收期等其他评价指标，必要时还应同时针对两个或两个以上的指标进行敏感性分析。

（3）计算敏感性指标，筛选敏感因素。敏感因素指数值变化能显著影响分析指标的不确定因素。判断因素敏感性程度的指标主要有敏感度系数和临界点。

1）敏感度系数。敏感度系数指经济评价指标变化百分率与不确定因素变化百分率的比值。敏感度系数的计算方法是首先设定各不确定因素一个相同的变化幅度，比较在同一变化幅度下各因素的变动对评价指标的影响程度，见式（6.1）。敏感度系数越大，则表明其对项目经济效益的影响程度越大，也越敏感。

$$E = \Delta A / \Delta F \tag{6.1}$$

式中 E——评价指标 A 对于不确定因素 F 的敏感度系数；

ΔA——不确定因素 F 发生 ΔF 变化时，评价指标 A 的相应变化率，%；

ΔF——不确定因素 F 的变化率，%。

敏感度系数实质上是一个相对值，它不考虑各不确定因素自身可能变化的情况，只从评价指标对不确定因素变化的敏感程度出发。

2）临界点。临界点是指不确定因素的极限变化，即不确定因素的变化使项目由可行变为不可行的临界数值，也可以说是该不确定因素使内部收益率等于基准收益率或净现值变为零时的变化率。临界点可以采用临界点百分比或临界值表示。临界点百分比是相对值，即项目由可行变为不可行的不确定因素最小变化幅度，而临界值则是一绝对值，即项目由可行变为不可行时不确定因素达到的最小数值。

当不确定因素的变化超过不确定因素的临界点时，评价指标将会转而低于基准值，表明项目将由可行变为不可行。临界点的高低与设定的基准收益率有关，对于同一个建设项目，随着设定基准收益率的提高，临界点就会变低；而在一定的基准收益率下，临界点越低，说明该因素对评价指标影响越大，项目对该因素就越敏感。

临界点可采用试算法或函数求解，也可直接从敏感性分析图中获取。

一般地，筛选敏感因素时不仅要考虑评价指标对该因素变化的敏感程度，还要考虑该因素可能出现的最大变化幅度，因此敏感度系数多和临界点配合使用。

（4）绘制敏感性分析表和敏感性分析图。敏感性分析的结果多汇总于敏感性分析表，并通过绘制敏感性分析图显示各种因素的敏感程度并求得临界点。

1）敏感性分析表。敏感性分析表中应同时给出基本方案的指标数值，所考虑的不确定因素及其变化以及在这些不确定因素变化的情况下选定评价指标的计算数值。通常可将不确定因素的敏感度系数和临界点分析表与敏感性分析表合并成一张表，见表 6.2。

表 6.2　敏感性分析样表

序号	不确定因素	不确定因素变化率（%）	内部收益率	敏感度系数	临界点（%）	临界值
	基本方案					
1	建设投资					
2	多年平均年发电量					
3	上网电价					
4	经营成本					
⋮	……					

2）绘制敏感性分析图。根据敏感性分析表中的数值可以绘制敏感性分析图，横轴为

不确定因素变化率，纵轴为选定的评价指标，如图 6.1 所示。敏感性分析图中每条斜线的斜率反映评价指标对该不确定因素的敏感程度，斜率越大敏感度越大。图中曲线还可以明确表明评价指标变化受不确定因素变化的影响趋势，并由此求出临界点，即某些因素对评价指标的影响曲线与评价指标基准值（如行业基准收益率）的交点，如图 6.1 中的 C_1、C_2、C_3、C_4。需注意，若评价指标的变化与不确定因素变化之间不是直线关系时，直接通过敏感性分析图求得的临界点常有一定误差。

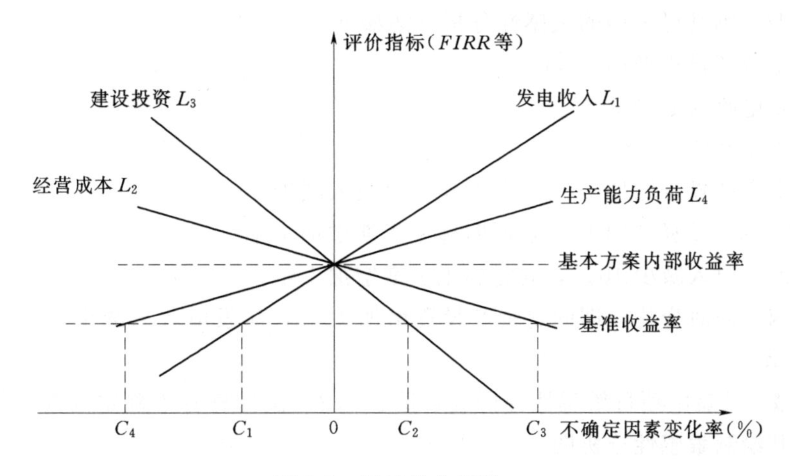

图 6.1 敏感性分析图一

（5）结果分析。敏感性分析计算完成后，应对敏感性分析表和敏感性分析图显示的结果进行文字说明，将不确定因素变化后计算的经济评价指标与基本方案评价指标进行对比分析，找出最敏感的因素，并提出减小不确定因素影响的措施。敏感性分析中应特别注重以下三个问题：

1）结合敏感度系数及临界点计算结果，按不确定因素的敏感程度进行排序，找出哪些因素是较为敏感的不确定因素。可通过直观检测得知或观其敏感度系数和临界点，敏感度系数较高者或临界点较低者为较为敏感的因素。

2）定性分析不确定因素变化发生的可能性，考察其是否可能发生临界点所表示的变化，并做出风险的粗略估计。当不确定因素的敏感度很高时，应进一步通过风险分析，判断其发生的可能性及对项目的影响程度。

3）对于不进行系统风险分析的项目，应根据敏感性分析结果提出相应的减小不确定因素影响的措施，以利于项目决策者和项目建设各方高度重视，以尽可能降低风险，实现预期效益。

6.2.1.3 敏感性分析的类型

敏感性分析中，一般固定其他不确定因素，变动某一个或某几个因素以计算经济效益指标值。按照其变动因素的数量不同，可分为单因素敏感性分析和多因素敏感性分析。

单因素敏感性分析只考虑一个不确定性因素的变化对评价指标的影响，假定其他因素不变。不确定因素的变动常不是独立的，相互之间具有一定的相关性，而单因素敏感性分析不考虑各因素之间变化的相关性，有其局限性。

多因素敏感性分析则考虑各种因素可能发生的不同变动幅度的多种组合，分析其对方案评价指标的影响程度。由于各种因素可能发生的不同变动幅度的组合关系很复杂，组合方案很多，所以多因素敏感性分析的计算较复杂。水利建设项目通常只分析两种不确定因素同时变化对方案经济评价指标的影响。

单因素变化幅度和多因素组合及其变化幅度的合理选择是保证敏感性分析成果有效性的关键环节。具体选择时，应根据项目实际情况，参考类似工程经验选取，多针对不确定因素的不利变化进行。如某水电建设项目的不确定性因素主要有固定资产投资、年发电收入和施工工期，则其可采用的敏感性分析方案如下。

（1）固定资产投资增加 10%。

（2）年发电收入减少 10%。

（3）施工工期增加 1 年。

（4）固定资产投资增加 10%，同时年发电收入减少 10%。

（5）固定资产投资增加 10%，同时施工工期增加 1 年。

（6）年发电收入减少 10%，同时施工工期增加 1 年。

（7）三因素同时变化，即固定资产投资增加 10%，年发电收入减少 10%，施工工期增加 1 年。

【例 6.1】 某航电项目敏感性分析成果见表 6.3，试计算各不确定因素的敏感度系数和临界点，并绘制敏感性分析图。

表 6.3　某航电枢纽各不确定因素的基本计算成果表

序号	不确定因素	不确定因素变化率	财务内部收益率
	基本方案		8.85%
1	建设投资	10%	7.71%
		−10%	10.25%
2	发电收入	10%	10.80%
		−10%	6.85%
3	经营成本	10%	8.66%
		−10%	9.08%

解：根据式（6.1）计算各不确定因素的敏感度系数，如表 6.4 所示。以建设投资增加 10%和发电收入降低 10%为例，则：

建设投资增加 10%时：

$$\Delta A = (0.0771 - 0.0885)/0.0885 = -0.129$$

$$E_{建} = -0.129/0.1 = -1.29$$

发电收入降低 10%时：

$$\Delta A = (0.0685 - 0.0885)/0.0885 = -0.226$$

$$E_{收入} = -0.226/(-0.1) = 2.26$$

敏感度系数为负，说明效益指标变化方向与不确定因素变化方向相反；敏感度系数为正，说明效益指标变化方向与不确定因素变化方向相同。

取基准收益率为8%，采用函数计算各不确定因素临界点，见表6.4。临界点为正，表示允许该不确定因素升高的比率；临界点为负，表示允许该不确定因素降低的比率。

表6.4　某航电枢纽各不确定因素的敏感度系数和临界点计算成果表

序号	不确定因素	不确定因素变化率	财务内部收益率	敏感度系数	临界点
	基本方案		8.85%		
1	建设投资	10%	7.71%	−1.29	7.32%
		−10%	10.25%	−1.58	
2	发电收入	10%	10.80%	2.20	−4.37%
		−10%	6.85%	2.26	
3	经营成本	10%	8.66%	−0.21	40.92%
		−10%	9.08%	−0.26	

测算了各不确定因素变化率为±20%和±30%的情况后，绘制敏感性分析图如图6.2所示。从图中可以看出三个不确定因素中发电收入对方案经济效益的影响最大，建设投资次之，经营成本最小，也即项目效益指标对发电收入敏感程度高于对建设投资的敏感程度。发电收入减少4.37%或建设投资增加7.32%就会导致项目财务内部收益率低于行业基准收益率，说明该项目存在较大风险。因此，施工中应加强管理，严格控制固定资产投资，同时应采取有效措施确保工程效益的充分发挥，以避免或减少出现不利因素而造成的损失。

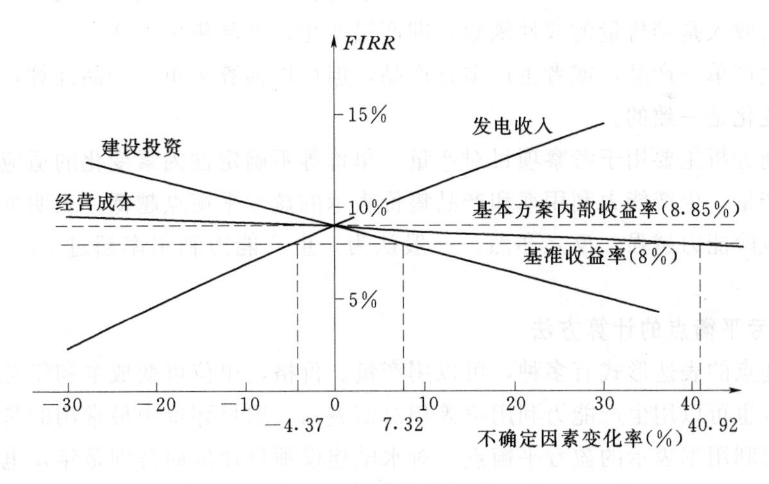

图6.2　敏感性分析图二

6.2.2　盈亏平衡分析

建设投资、销售收入等不确定因素的变化会影响方案的经济效果，盈亏平衡分析研究成本费用和收入的平衡关系，寻找使方案的经济效果由可行转变为不可行的临界值，以判断方案对不确定因素变化的承受能力，为决策提供依据。盈亏平衡分析只在财务评价中应用。对水利建设项目而言，规范一般不要求做盈亏平衡分析。

6.2.2.1　概述

盈亏平衡分析通过分析收益和成本之间的关系，找出方案盈利与亏损在产量、单位价格、单位成本等方面的临界点，即盈亏平衡点（*BEP*）。盈亏平衡点是项目盈利与亏损的转折点，即在这一点上，销售收入等于总成本费用，正好盈亏平衡。

盈亏平衡分析可以分为线性盈亏平衡分析和非线性盈亏平衡分析，见图 6.3 和图 6.4。建设项目决策分析与评价中一般仅进行线性盈亏平衡分析。需注意，线性盈亏平衡分析有以下四个基本假定：

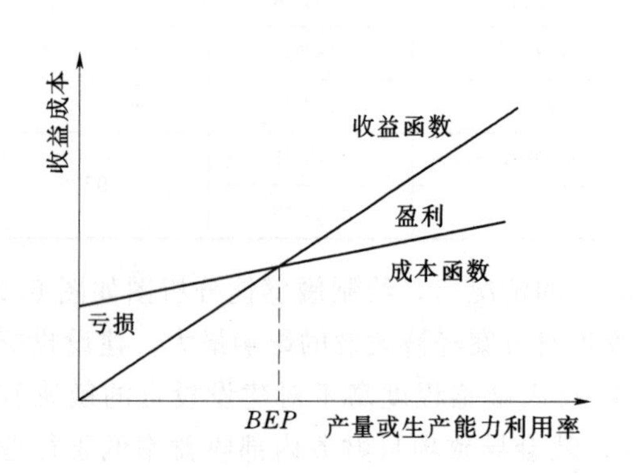

图 6.3　线性盈亏平衡分析

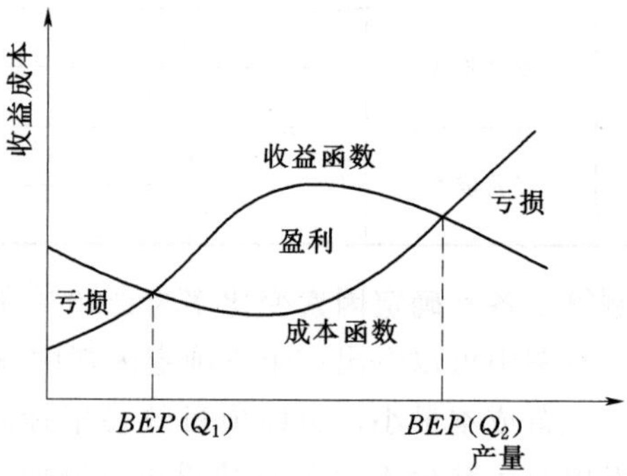

图 6.4　非线性盈亏平衡分析

（1）产量等于销售量，即当年生产的产品（扣除自用量）当年销售出去。

（2）总成本费用是产量的线性函数，即产量变化，单位可变成本不变。

（3）销售收入是销售量的线性函数，即产量变化，产品售价不变。

（4）只生产单一产品，或者生产多种产品，但可以换算为单一产品计算，也即不同产品负荷率的变化是一致的。

盈亏平衡分析主要用于考察项目对产量、单价等不确定性因素变化的适应能力和抗风险能力。用产量、生产能力利用率和产品售价表示的盈亏平衡点越低，表明项目的适应能力越大，抗风险能力越强；反之亦然。一般认为，生产能力利用率超过 60%，则项目风险较大。

6.2.2.2　盈亏平衡点的计算方法

盈亏平衡点的表达形式有多种，可以用产量、价格、单位可变成本和年总固定成本等绝对量表示，也可以用生产能力利用率等相对值表示。项目评价中最常用的是以产量、价格和生产能力利用率表示的盈亏平衡点。对水电建设项目评价而言则是年发电量、上网电量和发电能力利用率表示的盈亏平衡点。

盈亏平衡点一般采用公式计算，见式（6.2）～式（6.4）。

BEP（生产能力利用率）＝年总固定成本 /（年销售收入 － 年总可变成本 － 年销售税金与附加）×100%
＝*BEP*（产量）/ 设计生产能力　　（6.2）

BEP（产量）＝年总固定成本 /（单位产品价格 － 单位产品可变成本 － 单位产品销售税金与附加）　　（6.3）

$$BEP(产品价格)=年总固定成本/设计生产能力+单位产品可变成本+单位产品销售税金与附加 \quad (6.4)$$

盈亏平衡点也可利用盈亏平衡图求取。图 6.3 中销售收入线与总成本费用线的交点即为盈亏平衡点，这一点所对应的产量即 BEP（产量），也可换算为 BEP（生产能力利用率）。

计算盈亏平衡点应注意以下问题：

（1）如果销售收入、年销售税金与附加、单位产品销售税金与附加等参数是按含税价格计算的，则应减去相应的增值税。

（2）可变成本主要包括原材料、燃料、动力消耗、计件工资等。固定成本主要包括工资（计件工资除外）、折旧费、无形资产及其他资产摊销费、修理费和其他费用等。

（3）盈亏平衡点表示的是相对于设计生产能力下，达到多少产量或负荷率多少才能达到盈亏平衡，或为保持盈亏平衡最低价格是多少，必须按项目达产年份的销售收入和成本费用数据计算，不能按计算期内的平均值计算。

（4）由于固定成本中的利息各年不同，每年的折旧费和摊销费也可能不同，因此最好按还款期间和还完借款以后的年份分别计算。即正常年份应选择还款期间的第一个达产年和还款后的年份分别计算，并给出最高和最低的盈亏平衡点区间范围。

【例 6.2】 某项目达产年的销售收入为 41389 万元，单位产品可变成本 266 万元，单位产品销售税金与附加为 35 万元，固定成本 16542 万元，各项收益与支出均采用不含税价格计算，该项目设计生产能力为 150t，求解盈亏平衡点并定性判断其抗风险能力。

解： BEP（产量）=（41389－16542）/（266＋35）＝82.55（t）

BEP（生产能力利用率）＝82.55/150×100％＝55.03％

BEP（产品售价）＝16542/150＋266＋35＝411.28（万元/t）

因达产第一年时，一般项目利息支出较大，固定成本较高。该盈亏平衡点实为项目计算期内各年的较高值。计算结果表明，在生产负荷达到设计能力的 55.03％时即可盈亏平衡，说明项目对市场的适应能力较强。而为了维持盈亏平衡，允许产品售价最低降至 411.28 万元/t。

6.3 风 险 分 析

6.3.1 风险分析程序和基础

6.3.1.1 风险分析的程序

从风险分析的角度看，在方案决策之前，应认真考虑这样一些问题：

（1）方案有哪些风险？

（2）这些风险出现的可能性有多大？

（3）若发生风险，造成的损失有多大？

（4）怎样减少或消除这些可能的损失？

(5) 如果改用其他方案，是否有新的风险？

回答上述问题实际上就是风险分析的内容。项目风险分析是认识项目可能存在的潜在风险因素，估计这些因素发生的可能性及由此造成的影响，分析为防止或减少不利影响而采取对策的一系列活动。

由此可见，风险分析的第一步是风险识别，即识别影响方案结果的各种不确定因素。风险识别要从风险与方案的关系入手，弄清方案的组成、各种变数的性质及相互间的关系、方案与环境之间的关系等。在此基础上，利用系统的方法和步骤查明对方案以及对方案所需资源形成潜在威胁的各种因素。

第二步是风险评估，即估计风险的性质、估算风险事件发生的概率及其对方案结果影响的大小。风险评估又分为风险估计和风险评价，风险估计是要估算单个风险因素发生的概率及其对方案的影响程度；风险评价则是对方案的整体风险，各风险之间的相互影响、相互作用以及对方案的总体影响，经济主体对风险的承受能力等进行评价。

第三步是制定风险防范对策，即在风险识别和风险评估的基础上，根据决策主体的风险态度，制定应对风险的策略和措施。最终将项目风险进行归纳，提出风险分析结论。

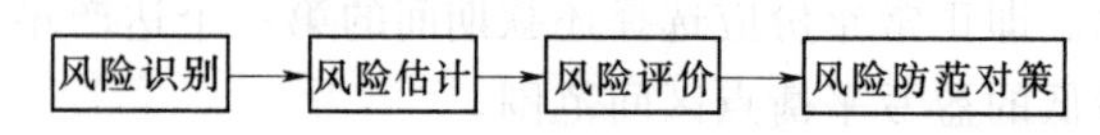

图 6.5　风险分析流程

风险分析所经历的几个阶段，实质上是从定性分析到定量分析，再从定量分析到定性分析的过程，其基本流程见图 6.5。

6.3.1.2　风险分析的基础

(1) 风险函数。描述风险有两个变量：一是风险事件发生的概率，二是事件发生后对项目目标的影响。因此，风险需要用一个二元函数描述。

$$Risk(p,I) = pI \qquad (6.5)$$

式中　p——风险事件发生的概率；

　　I——风险事件对项目目标的影响。

显然，风险的大小或高低既与风险事件发生的概率成正比，也与风险事件对项目目标的影响程度成正比。

(2) 风险矩阵及等级。风险矩阵又称风险评价矩阵或风险概率——影响矩阵，可以用来表示风险的大小，如图 6.6 所示。它以风险因素发生的概率为横坐标，以风险因素发生后对项目的影响大小为纵坐标，发生概率大且对项目影响也大的风险因素位于矩阵的右上角，发生概率小且对项目影响也小的风险因素位于矩阵的左下角。

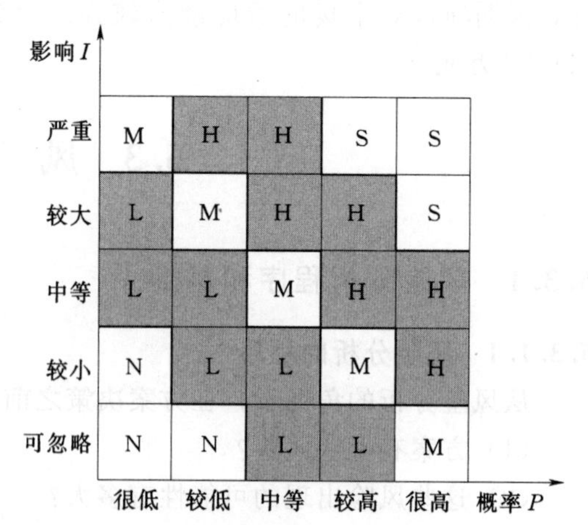

图 6.6　风险概率——影响矩阵图
(风险评价矩阵)

风险分析中，按照风险因素发生的可能性，将风险概率划分为五个级别，见图 6.6

和表6.5。按照风险发生后对项目的影响大小，可以划分为五个影响等级，见图6.6和表6.6。

表6.5　　风 险 概 率 级 别

序	风险概率级别	风险发生的概率	风险情况	字母代号
1	很高	81%～100%	很有可能发生	S
2	较高	61%～80%	发生的可能性较大	H
3	中等	41%～60%	可能在项目中预期发生	M
4	较低	21%～40%	不可能发生	L
5	很低	0%～20%	非常不可能发生	N

表6.6　　风 险 影 响 等 级

序	风险影响等级	风 险 后 果	字母代号
1	严重影响	将导致整个项目的目标失败	S
2	较大影响	将导致整个项目的目标值严重下降	H
3	中等影响	对项目的目标造成中度影响，但仍然能够部分达到	M
4	较小影响	对项目对应部分的目标受到影响，但不影响整体目标	L
5	可忽略影响	对项目对应部分的目标影响可忽略，且不影响整体目标	N

根据风险因素对水利建设项目影响程度的大小，采用风险评价矩阵方法，可将风险分为微小风险、较小风险、一般风险、较大风险和重大风险五个等级，见图6.6和表6.7。

表6.7　　风 险 等 级

序	风险等级	风 险 后 果	风险矩阵区域
1	重大风险	可能性大，风险造成的损失大，将使项目由可行转变为不可行，需要采取积极有效的防范措施	S
2	较大风险	可能性较大，或者发生后造成的损失较大，但造成的损失是项目可以承受的，必须采取一定的防范措施	H
3	一般风险	可能性不大，或者发生后造成的损失不大，一般不影响项目的可行性，但应采取一定的防范措施	M
4	较小风险	可能性较小，或者发生后造成的损失较小，不影响项目的可行性	L
5	微小风险	可能性很小，且发生后造成的损失较小，对项目的影响很小	N

6.3.2 风险识别

6.3.2.1 风险识别及其步骤

识别风险就是要根据风险的特征规律去认识和确定方案可能存在的潜在风险因素，分析这些风险因素对方案的影响以及风险产生的原因。同时，结合风险估计，找出方案的主要风险因素。

风险识别要求风险分析人员熟悉投资项目的特点，具有较强的洞察能力、分析能力以及丰富的实际经验，其一般步骤为：

(1) 明确风险分析所指向的预期目标；

(2) 找出影响预期目标的全部因素；

(3) 分析各因素对预期目标的相对影响程度；

(4) 对各因素向不利方向变化的可能性进行分析、判断，确定主要风险因素。

6.3.2.2　风险的主要来源

对水利建设项目而言，风险因素主要会来自于以下几方面：

(1) 市场风险。市场风险是竞争性项目最主要的风险，且涉及的风险因素也是多方面的：一是市场的实际供求总量与预测值的偏差；二是项目产品缺乏市场竞争力；三是市场的实际价格与预测值的偏差。

市场供求风险首先可按供方市场和需方市场两个方面进行分析，然后各自再进一步分解为国内市场和国外市场，其风险可能来自区域因素、替代品的出现以及经济环境对购买力的影响等。产品市场竞争力风险又可细分为品种、质量、生产成本和竞争对手等因素。市场价格风险亦可分为国内市场因素和国外市场因素等，详见图6.7。

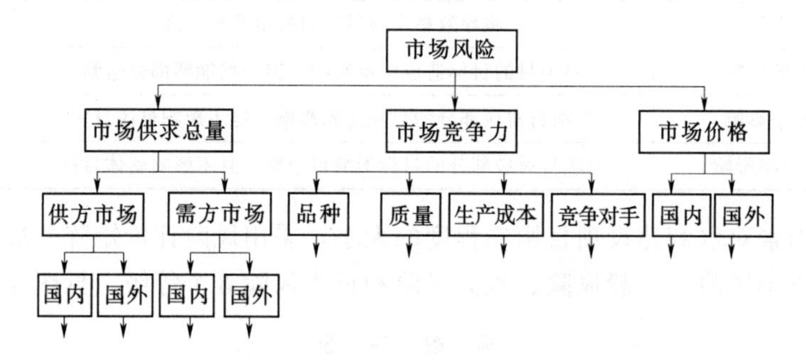

图6.7　市场风险因素分析图

(2) 技术与工程风险。技术与工程风险分为两个方面：一是项目建成后生产中的风险；二是项目建设过程中的风险。

生产中的技术与工程风险是指项目所用技术的风险。在水利建设项目决策中，虽然对项目采用技术的先进性、可靠性和适用性进行了必要的论证分析，选定了认为合适的技术，但是，由于各种主、客观原因，仍然可能会发生预想不到的问题，使项目遭受风险损失。可行性研究阶段应考虑的技术方面的风险因素主要有：对技术的适用性和可靠性认识不足，运营后达不到生产能力、质量不过关或消耗指标偏高。

建设过程中的技术与工程风险是指项目建设过程中由于技术水平的限制或技术工作的不周所导致的风险，如地质情况勘探与实际的偏差致使投资和工期增加，工程量预计不足致使投资估算不能满足需要，计划不周致使建设工期拖延等。

(3) 组织、管理风险。组织风险是指由于项目存在众多参与方，各方的动机和目的不一致将导致项目合作的风险，影响项目的进展和项目目标的实现。还包括项目组织内部各部门对项目的理解、态度和行动的不一致而产生的风险。完善项目各参与方的合同，加强合同管理，可以降低项目的组织风险。

管理风险是指由于项目管理模式不合理，项目内部组织不当、管理混乱或者主要管理者能力不足、人格缺陷等，导致投资大量增加、项目不能按期建成投产造成损失的可能性。包括项目采取的管理模式、组织与团队合作以及主要管理者的道德水平等。因此，合理设计项目的管理模式、选择适当的管理者和加强团队建设是规避管理风险的主要措施。

(4) 政策风险。政策风险主要指国内外政治经济条件发生重大变化或者政策调整，项目原定目标难以实现的可能性。项目是在一个国家或地区的社会经济环境中存在的，由于国家或地方各种政策，包括经济政策、技术政策、产业政策等，涉及税收、金融、环保、投资、土地、产业等政策的调整变化，都会对项目带来各种影响。特别是对于海外水利建设项目，由于不熟悉当地政策，规避政策风险更是项目决策阶段的重要内容。

如产业政策的调整，国家对某些过热的行业进行限制，并相应调整信贷政策、收紧银根、提高利率等，将导致企业融资困难，可能带来项目的停工甚至破产；又如国家土地政策的调整，严格控制项目新占耕地，提高项目用地的利用率，对建设项目的生产布局会带来重大影响。

(5) 环境、社会风险。环境风险包括自然环境、经济环境、社会环境和政治环境等方面。有些外部环境因素对某些项目会产生较大的影响，如难以抗拒的自然力对项目的破坏或对项目建设条件、生产条件的影响；或由于对项目的环境生态影响分析深度不足，或者是环境保护措施不当，引起项目的环境冲突，带来重大的环境影响，从而影响项目的建设和运营。

项目需要的外部配套设施，如供水、供电、对外交通以及上下游配套工程等，虽然在项目决策评价时已作了分析，但实际情况仍然可能存在外部配套设施没有如期落实等问题，导致投资项目不能正常发挥效益，从而带来风险。

社会风险是指由于对项目的社会影响估计不足，或者项目所处的社会环境发生变化，给项目建设和运营带来困难和损失的可能性。有的项目由于选址不当，或者因对项目的受损者补偿不足，都可能导致当地单位和居民的不满和反对，从而影响项目的建设和运营；有些因素甚至会影响到所有项目，如社会、政治的动荡对项目所产生的威胁。社会风险的影响面非常广泛，包括宗教信仰、社会治安、文化素质、公众态度等方面，因而社会风险的识别难度极大。

(6) 资源风险。由于人们对自然资源认识的局限性和工作深度的不足，对地下资源储量、水资源可利用量等的实际量与预测量可能会有较大的出入，外购原材料和燃料的来源也存在可靠性风险问题，尤其是大宗原材料和燃料，供应量、价格以及运输保障程度等都可能是风险因素之一。

(7) 融资风险。投资项目的融资风险有两个方面，一是融资成本，二是资金来源。融资成本直接影响项目的经济效果，影响融资成本的因素包含贷款利率变化或融资结构调整等。资金来源的可靠性、充足性和及时性也是风险识别应考虑的因素。

(8) 信用风险。信用风险是指由于有关行为主体失信违约而导致项目受损的风险。合同是明确有关各方的权利和义务、规范各方行为的准则。如果某个或某些行为主体不按合同履行自己的义务，或以非善意的方式履行自己的义务，无疑会给项目的建设和运营带来风险。

(9) 其他风险。对于某些项目，还要考虑其特有的风险因素。比如，对于中外合资项目，要考虑合资对象的法人资格和资信问题、合作协调性问题；对于农业项目，还要考虑因气候、土壤、水利、水资源分配等条件的变化对收成不利影响的风险因素。

以上列举出水利建设项目可能存在的一些风险因素，但并非能涵盖所有风险因素，也并非每个水利建设项目都同时存在这么多风险因素，而可能只是其中的几种，要根据项目具体情况予以识别。

6.3.3 风险评估

风险评估包括风险因素发生概率的估计和风险损失程度的估算两个方面。为了有效进行风险评估，一般先划分风险等级，然后根据项目具体情况和要求，选用适宜的方法对单个风险因素或项目整体风险进行评估。

风险评估的主要内容，一是确定风险因素发生的概率；二是计算风险事件各种后果的数值大小；三是估计上述数值的变化范围及其限定条件。主要风险评估方法分述如下。

6.3.3.1 结构分解法

也称风险解析法，是风险分析的主要方法之一，是将一个复杂系统分解为若干子系统进行分析的常用方法，通过对子系统的分析来把握整个系统。例如，图 6.7 中描述的市场风险结构，即是一种风险结构分解，从中可见，市场风险分为市场供求、竞争力、价格偏差三类风险。对于市场供求总量的偏差，将其分为供方市场和需方市场，然后各自进一步分解为国内和国外，其风险可能来自区域因素、替代品出现以及经济环境对购买力的影响等；产品市场竞争力风险因素，又可细分为品种、质量、生产成本以及竞争对手等因素；价格偏差因素可分解为诸多影响国内价格和国际价格的因素，随项目和产品的不同可能有很大不同。

6.3.3.2 专家评估法

专家评估法是基于专家的知识、经验和直觉，以信函、开会或其他形式向专家进行调查，发现项目潜在风险，对项目风险因素及其风险程度进行评定，将多位专家的经验集中起来形成分析结论的一种分析方法，它适用于风险分析的全过程，包括风险识别、风险估计、风险评价与风险对策研究。

专家评估法是一种定性的风险估计方法，采用该方法时，所聘请的专家应熟悉该行业和所评估的风险因素，并能做到客观公正。专家的人数取决于项目的特点、规模、复杂程度和风险的性质，没有绝对规定。但是为减少主观性，专家应有合理的规模，人数一般在 10～20 位。

（1）风险识别调查表。风险识别调查表主要定性描述风险的来源与类型、风险特征、对项目目标的影响等，典型风险识别调查表如表 6.8 所示。

表 6.8　风险识别调查表

项目名称	
风险类型	
风险描述	
风险对项目目标的影响（费用、质量、进度、环境等）	
风险的来源、特征	

（2）风险对照检查表。风险对照检查表是一种规范化的定性风险分析工具，具有系统、全面、简单、快捷、高效等优点，容易集中专家的智慧和意见，不容易遗漏主要风险；对风险分析人员有启发、开拓思路的作用。当有丰富的经验和充分的专业技能时，项目风险识别相对简单，并可以取得良好的效果。显然，对照检查表的设计和确定是建立在众多类似项目经验基础上的，需要大量类似项目的数据。而对于新的项目或完全不同环境下的项目则难以适应，否则，可能导致风险识别的偏差。因此，需要针对项目的类型和特点，制订专门的风险对照检查表。国际上许多项目管理组织如美国项目管理学会、欧洲国际项目管理协会等都制定了规范的风险清单，大大提高了风险识别的工作效率。表 6.9 为水利建设项目风险分析对照检查表的一个示例。

表 6.9　　　　风 险 对 照 检 查 表

风险因素	可能的原因	可能的影响	可 能 性		
			高	中	低
项目进度	资金不足	进度延误		*	
	设计变更			*	
	施工能力不足				*
	……				
投资估算	工程量估计不准	投资超支	*		
	设备价格变化			*	
	材料价格变动				*
	土地成本增加			*	
	……				
项目管理	项目复杂程度高	影响质量			*
	业主缺乏经验			*	
	可行性研究深度不足				*
	……				

（3）风险评价表。风险评价表通常的格式如表 6.10 所示，表中风险种类应随行业和项目特点而异，其层次可视情况细分，同时重在说明，对程度判定的理由等进行描述，并尽可能明确最悲观情况及其发生的可能性。专家凭借经验独立对各类风险因素的风险程度进行评价。

表 6.10　　　　风 险 评 价 表

风 险 因 素 名 称	风 险 程 度					说明
	重大	较大	一般	较小	微小	
1. 市场风险						
市场需求量						
竞争能力						
价格						
2. 原材料供应风险						
可靠性						

续表

风险因素名称	风险程度					说明
	重大	较大	一般	较小	微小	
价格						
质量						
3. 技术风险						
可靠性						
适用性						
经济性						
4. 工程风险						
地质条件						
施工能力						
水资源						
5. 投、融资风险						
汇率						
利率						
投资						
工期						
6. 配套条件						
水、电、气配套条件						
交通运输配套条件						
其他配套工程						
7. 外部环境风险						
经济环境						
自然环境						
社会环境						
8. 政策风险						
9. 信用风险						
10. 组织、管理风险						
11. 其他风险						

6.3.3.3 概率分析法

（1）概率估计法。风险因素发生的概率及其分布是风险估计的基础，因而风险估计的首要任务是确定风险因素的概率分布，多用概率估计法。

风险因素包含离散型和连续型两种概率分布。当变量的可能值为有限个数，这种随机变量称为离散型随机变量，其概率分布则为离散概率分布。如产品销售量可能出现低于预期值20%、低于预期值10%、等于预期值和高于预期值10%等四种状态，各种状态的概率之和等于1，则产品销售量概率分布为离散型概率分布。当变量的取值范围为一个区间，无法按一定次序一一列举出来时，这种随机变量称为连续型随机变量，其概率分布为连续概率分布。如产品的市场需求量在预期值的上10%和下20%内连续变化，则市场需求量的概率分布就是一个连续型概率分布，并可用概率密度函数来表示。常见的连续型概率分布有正态分布、三角分布、β分布、阶梯分布、梯形分布和直线分布等，如图6.8所示。

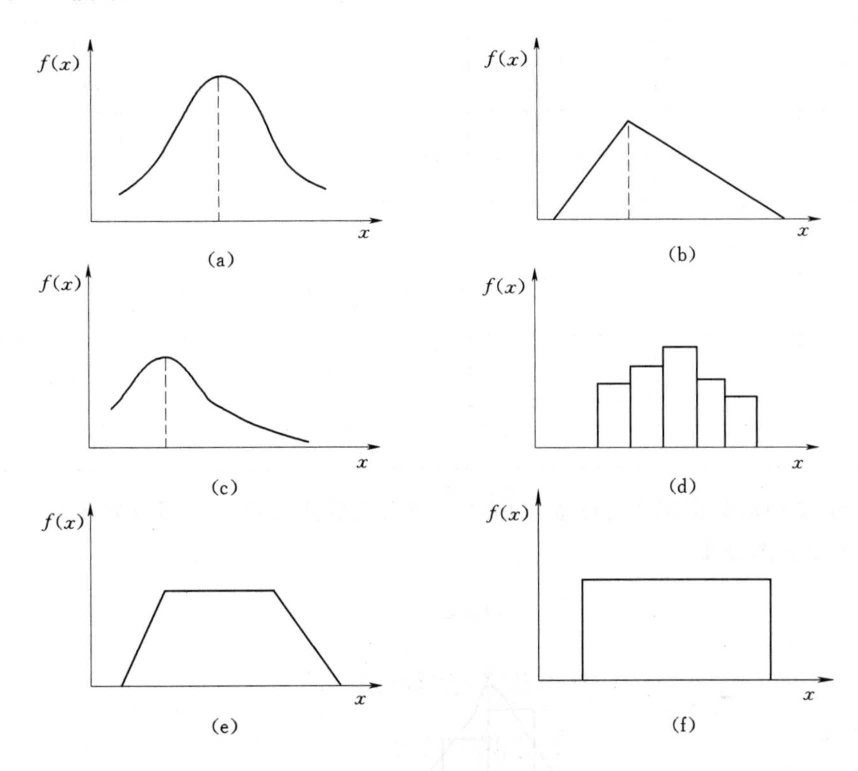

图6.8 连续型概率分布图

(a) 正态分布；(b) 三角分布；(c) β分布；(d) 阶梯分布；(e) 梯形分布；(f) 直线分布

风险因素概率分布类型的估计通常有两种方法，一是根据历史数据进行分析估计（见例6.3），二是根据人类经验推断，后者又分主观估计法和专家调查法。

【例6.3】 某建筑安装企业在过去8年中完成了68项工程施工任务，其中一部分因种种原因而拖延工期，其统计数据如表6.11所示（表中负值表示工期提前），试估计该企业施工工期的概率分布。

表6.11　　某建筑安装企业工期拖延统计表

工期拖延（%）	<−30	−30～−25	−25～−20	−20～−15	−15～−10	−10～−5	−1～0
项目数（个）	0	2	1	3	6	9	14
工期拖延（%）	0～5	5～10	10～15	15～20	20～25	25～30	>30
项目数（个）	12	9	6	4	1	1	0

解： 对该68项工程的数据进行分组统计，各组的概率便构成了概率分布，见表6.12。

表 6.12　　某企业工期拖延概率分布表

组别	工期拖延（%）	频次	频率=频次/总样本数
1	−30～−25	2	0.0294
2	−25～−20	1	0.0147
3	−20～−15	3	0.0441
4	−15～−10	6	0.0882
5	−10～−5	9	0.1324
6	−1～0	14	0.2059
7	0～5	12	0.1765
8	5～10	9	0.1324
9	10～15	6	0.0882
10	15～20	4	0.0588
11	20～25	1	0.0147
12	25～30	2	0.0147
合　　计		68	1.0000

将表 6.12 中的数据用直方图表示出来，并用光滑曲线拟合，即得如图 6.9 所示的分布图，基本呈正态分布。

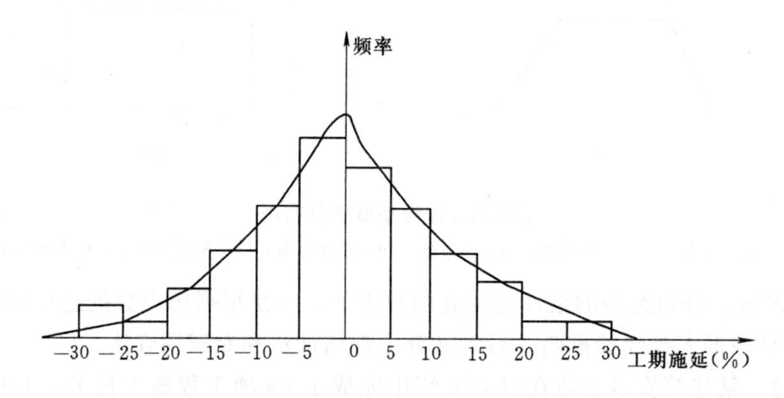

图 6.9　某企业工期拖延概率分布图

(2) 概率树分析法。概率树分析是通过构造概率树来估计项目风险的一种方法。

从理论上讲，概率树分析法适用于所有状态数有限的离散型变量，根据每个变量的状态组合计算项目评价指标。

假设变量（风险因素）有 A、B、…、M；每个变量有若干种状态 A_1、A_2、…、A_{n_1}；B_1、B_2、…、B_{n_2}；…；M_1、M_2、…、M_{n_m}。各种状态发生的概率为 $P(A_i)$、$P(B_i)$、…、$P(M_i)$。

$$\sum_{i=1}^{n_1} P(A_i)=1,\quad \sum_{i=1}^{n_2} P(B_i)=1,\quad \cdots,\quad \sum_{i=1}^{n_m} P(M_i)=1$$

所有变量的各种状态的组合共有 $n_1 \times n_2 \times \cdots \times n_m$ 种，相应组合的联合概率为 $P(A_i) \times P(B_i) \times \cdots \times P(M_i)$。

概率树分析就是用树形图来表示各个变量的各种状态组合，分别计算在每种状态组合下的评价指标及相应的概率，得到评价指标的概率分布，然后统计出评价指标低于或高于基准值的累计概率，并绘制累计概率曲线，计算评价指标的期望值、方差、标准差和离散系数等。

采用概率树分析法，各个变量之间必须相互独立，否则联合概率就不是简单的各种状态概率之积。此外，由于计算量随变量或状态的增长呈几何级增长，所以在实际运用中一般将变量数限制在 3 个以下，状态数也不宜超过 3 个，这样组合状态可控制在 27 个之内。

【例 6.4】 某项目建设期 1 年，生产运营期 10 年。建设投资、年销售收入和年经营成本的估计值分别为 80000 万元、35000 万元和 17000 万元。经调查认为，建设投资可能出现保持不变，增加 15％和减少 10％三种状态，其风险概率分别为 0.3、0.6 和 0.1。年销售收入可能出现保持不变，增加 10％和减少 20％三种状态，其风险概率分别为 0.4、0.3 和 0.3。若投资年初投入，折现率为 10％，试计算该项目财务净现值的期望值和财务净现值大于或等于零的累计概率。

解： (1) 构造概率树。本例风险变量有 2 个，每个变量有 3 种状态，故有 3×3＝9 种组合，其概率树见图 6.10。图中圆圈内的数字表示各种状态发生的概率，第 1 分枝表示建设投资增加 15％和年销售收入增加 10％的情况，称为第 1 事件；第 2 分枝表示建设投资增加 15％、年销售收入不变的情况，称为第 2 事件；……

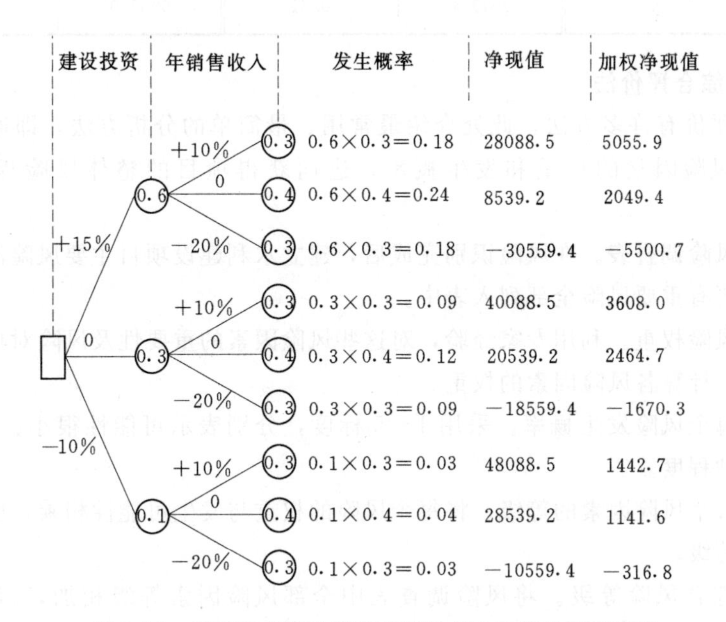

图 6.10 利用概率树计算某项目财务净现值的期望值图

(2) 计算各事件的发生概率。按不同组合分别计算其联合概率。以第 1 事件为例，其联合概率为：0.6×0.3＝0.18，依此类推，分别计算出 9 个事件的发生概率。

(3) 计算净现值的期望值。首先，计算各事件的净现值。以第 1 事件为例，其净现值为：

$-80000\times1.15+(35000\times1.10-17000)(P/A,10\%,10)(P/F,10\%,1)=$ 28088.5 万元；

依此类推，计算出 9 个事件的净现值。

将各事件的净现值与其发生概率相乘。以第 1 事件为例，其加权净现值为 5055.9 万元。

再将各事件的加权净现值求和，即为项目财务净现值的期望值 8274.4 万元。

(4) 计算净现值小于零的累计概率。净现值大于或等于零的累计概率反映了项目风险程度的大小，累计概率越接近 1，说明项目的风险越小，反之，项目的风险就越大。将各事件及相应的净现值、发生概率等按净现值从小到大排列，并将发生概率按照排列顺序累加，得到累计概率，如表 6.13 所示，则净现值小于零的概率为 0.3 ＋（0.34－0.3）×316.8/（1141.6＋316.8）＝0.3087，即项目不可行的概率为 30.87％。

表 6.13　　净现值效益零的累计概率统计表

净现值	累计概率	净现值	累计概率	净现值	累计概率
－5500.7	0.18	1141.6	0.34	2464.7	0.73
－1670.3	0.27	1442.7	0.37	3608.0	0.82
－316.8	0.3	2049.4	0.61	5055.9	1

6.3.3.4 风险综合评价法

风险综合评价有许多方法，此处介绍最常用、最简单的分析方法，即通过调查专家的意见，获得风险因素的权重和发生概率，进而获得项目的整体风险程度，其步骤如下。

(1) 建立风险调查表。在风险识别完成后，建立水利建设项目主要风险清单，将该项目可能遇到的所有重要风险全部列入表中。

(2) 判断风险权重。利用专家经验，对这些风险因素的重要性及风险对项目的影响的大小进行评价，计算各风险因素的权重。

(3) 确定每个风险发生概率。采用 1～5 标度，分别表示可能性很小、较小、中等、较大、很大五种程度。

(4) 计算每个风险因素的等级。将每个风险的权重与发生可能性相乘，所得分值即为每个风险因素等级。

(5) 确定综合风险等级。将风险调查表中全部风险因素等级相加，得出整个项目的综合风险等级。分值越高，项目的整体风险越大。如表 6.14 所示，项目整体风险得分为 3.2，介于一般风险（分值＝3）和较大风险（分值＝4）之间，属于较大风险。

表 6.14 某投资项目风险因素调查表

风险因素	对项目目标的影响程度 I	风险因素发生可能性 P					风险程度 $I \times P$
		很大（5）	较大（4）	一般（3）	较小（2）	很小（1）	
地质条件	0.30		×				1.2
技术风险	0.15			×			0.45
投资超支	0.15	×					0.75
环境影响	0.25				×		0.5
运营收入	0.15				×		0.3
合计	1.00						3.2

6.3.4 风险对策

任何一个投资项目都会有风险，如何面对风险，人们有不同的选择：一是不畏风险，为了获取高收益而甘冒高风险；二是一味回避风险，绝不干有风险的事，因此也就失去了获得高收益的机会；三是客观地面对风险，采取措施，设法降低、规避、分散或防范风险。

风险对策是在风险识别和风险评估的基础上，根据投资主体的风险态度，制定的应对风险的策略和措施。在制定风险对策时，应遵循针对性、可行性、经济性原则。就水利建设项目而言，应对风险的常用策略和措施有以下方式。

6.3.4.1 回避风险

回避风险是投资主体完全规避风险的一种做法，即断绝风险的来源。对于水利建设项目的决策而言，风险回避就意味着否决项目或者推迟项目的实施。例如，风险分析显示市场存在严重风险，若采取回避风险的对策，就会做出缓建或放弃项目的决策。简单的风险回避是一种消极的风险处理方法，因为投资主体在规避损失的同时，也放弃了潜在收益的可能性。因此，风险回避对策的采用一般都很谨慎，只有在对风险的存在和发生、对风险损失的严重性有把握的情况下才考虑采用。一般来说，风险回避用于以下情况：

（1）风险可能造成的损失相当大，且发生的频率较高。

（2）风险损失无法转移，或者其风险防范对策的代价非常昂贵。

（3）存在可以实现同样目标的其他方案，其风险较低。

（4）投资主体对风险极端厌恶。

6.3.4.2 控制风险

控制风险是针对可控性风险采取的防止风险发生，减少风险损失的对策，也是绝大部分项目应用的主要风险对策。可行性研究报告的风险对策研究应十分重视风险控制措施的研究，应就识别出的关键风险因素逐一提出技术上可行、经济上合理的预防措施，以尽可能低的风险成本来降低风险发生的可能性并将风险损失控制在最低程度。在可行性研究过程中需将风险对策研究提出的风险控制措施运用于方案的优化调整；在可行性研究完成之时的风险对策研究可针对决策、设计和实施阶段提出不同的风险控制措施，以防患于未然。

风险控制措施必须针对项目具体情况提出，既可以是项目内部采取的技术措施、工程措施和管理措施等，也可以采取向外分散的方式来减少项目承担的风险。例如银行为了减少自己的风险，只贷给水利建设项目所需资金的一部分，让其他银行和投资者共担风险。在资本筹集中采用多方出资的方式也是风险分散的一种方法。

6.3.4.3　转移风险

转移风险是指通过一定的方式将可能面临的风险转移给他人，以降低甚至减免投资主体的风险程度。风险转移有两种方式，一是将风险源转移出去，二是将风险损失转移出去。就水利建设项目而言，第一种风险转移方式实质上是风险回避的一种特殊形式。例如，将建成的项目转让给他人，以回避运营的风险，或者将项目建设中风险大的部分分包给他人承包建设。风险损失转移的主要形式是保险和合同。

（1）保险转移通过向保险公司投保的方式将项目风险全部或部分损失转移给保险公司，这是风险转移中使用得最为广泛的一种方式。凡是保险公司可以投保的险种，都可以通过投保的方式转移全部或部分风险损失。

（2）合同转移通过合同约定将全部或部分风险损失转移给其他参与者。例如，在新技术引进合同中，可以加上达不到设计能力或设计消耗指标时的赔偿条款，以将风险损失转移给技术转让方。再如，在项目建设发包时，采用固定总价合同，将材料涨价风险转移给承包商。

6.3.4.4　自担风险

自担风险就是将风险损失留给项目业主自己承担。这适用于两种情况：一是已知有风险但由于可能获利而需要冒险时，必须保留和承担这种风险；另一种情况是已知有风险，但若采取某种风险措施，其费用支出会大于自担风险的损失时，常常主动自担风险。

以上所述的风险对策不是互斥的，实践中常常组合使用。比如在采取措施降低风险的同时并不排斥其他的风险对策，例如向保险公司投保。可行性研究中应结合项目的实际情况，研究并选用相应的风险对策。

习　题

1. 某工厂生产和销售水利设备，单价为 15 元，单位变动成本为 12 元，全月固定成本 10 万元，每月销售 4 万件。由于某些原因，其产品单价将降至 13.5 元，同时每月还将增加广告费 2 万元，求该产品此时的产量盈亏平衡点。

2. 某企业生产某种水工设备，预定每台售价为 300 元，单位产品变动成本为 100 元/台。因零配件大批量采购享受优惠，单位产品变动成本将按固定的变化率 0.01 元随产量 Q 降低；而由于市场竞争的需要，单位产品售价可能按固定的变化率 0.03 元随产量 Q 降低。若其年固定成本为 500000 元，试求盈亏平衡产量。

3. 有一个生产小型施工机械的投资方案，其现金流量表如下页表所示。由于对未来影响经济环境的某些因素把握不大，投资额、经营成本和产品价格均有可能在±20%的范围内变动。设基准折现率为 10%，不考虑所得税，试就上述三个不确定因素的变化对内部收益率、净现值的影响进行敏感性分析，画出敏感性分析图，并指出敏感因素。

时期	0	1	2～10	11
投资	15000			
销售收入			19800	19800
经营成本			15200	15200
期末资产残值				2000
净现金流量	−15000	0	4600	6600

4. 某水利建设项目总投资10000万元，寿命期5年，残值2000万元。该项目投资当年即可投产，年收益5000万元，年支出2200万元。通过初步的单因素敏感性分析得知，投资额和年收益为敏感性因素。现考虑投资额和年收益同时变动时，对净年值的综合影响（基准折现率8%）。

5. 设有A、B两个方案，经初步分析，销售情况及其对应的概率和净现值如表所示。试比较这两个方案风险的大小。

销售情况	概　率	净现值（万元）	
		方案A	方案B
好	0.6	20	15
一般	0.2	5	10
差	0.2	−5	−2

6. 某项目建设期需要1年，第二年可开始生产经营，但项目初始投资总额、投产后每年的净收益以及产品的市场寿命期是不确定的，各不确定因素的各种状态及其发生概率和估计值如表。设各不确定因素之间相互独立，最低希望收益率为20%，试用概率树法进行风险评估。

状　态	发生概率	初始投资（万元）	寿命期（年）	年净收益（万元）
乐观状态	0.17	900	10	500
最可能状态	0.66	1000	7	400
悲观状态	0.17	1200	4	250

第 7 章　综合利用水利工程的投资费用分摊

7.1　概　　述

随着社会主义市场经济体制的建立，水利工程建设资金的投入已逐步转入多元化机制，政府拨款改为贷款，由无偿使用变为有偿使用。此时，综合利用水利工程投资的合理分摊尤显重要，是各部门经济评价科学性的重要保障。

7.1.1　投资分摊的必要性

综合利用水利工程本着“谁投资、谁受益”的原则进行融资，各受益部门不仅关心工程所带来的效益，而且也很关心自己在工程建设及管理中所应承担的工程费用（建设投资和年运行费用），投资费用分摊问题日益突出。若不进行合理的分摊，则可能出现以下问题：

（1）投资由一个部门承担，由于投资较大而效益有限，可能导致投资方积极性不高，延误项目的开发。

（2）投资由一个部门承担，可能出现由于投资有限，使建设规模被迫减小，既不能充分利用水资源，也不能充分发挥效益。

（3）不投资方可能提出过高的设计标准使投资无谓增加，延缓工程进度。

综合利用水利工程的投资如果均由效益最佳的水电站承担，将使水电站单位千瓦投资过高，从而限制可再生、清洁能源的发展。因此，合理分摊综合利用水利工程投资不宜延缓，势在必行，其主要作用体现在以下几个方面：

（1）合理的投资分摊有利于正确编制建设计划和合理分配国家建设资金，能保证各部门有计划按比例地协调发展。

（2）各部门承担的费用是否在其所接受的范围之内，直接决定了该部门对项目的支持态度。客观、明确的投资分摊，公平、合理的效益分配，有利于调动各投资方的积极性，保证项目的顺利实施。

（3）合理的投资分摊，有助于正确计算水电、防洪、灌溉、航运等各部门的效益与费用，能促进资源优化分配，加强经济核算，有利于不断提高综合利用水利工程的经营和管理水平。

（4）合理的投资分摊是保证各部门经济评价成果客观性的前提，有利于科学确定项目的开发规模，充分发挥投资的经济效果。

7.1.2　综合利用水利工程的投资构成

综合利用水利工程的投资应是各部门投资的总和。总投资中，有些投资对所有部门都是必须的，而有些投资则可能仅对某一个部门是必要的，因此，可以将其划分为不同类别。

7.1.2.1　共用投资和专用投资

综合利用水利工程一般包括大坝、泄水建筑物等共用工程以及各个水利部门的专用工程，如灌溉引水建筑物、水电站的进水口及厂房、过船建筑物及供水部门的取水建筑物等。因此，枢纽的投资可以分为所有部门的共用工程投资和各个部门的专用工程投资两部分，如式（7.1）所示。

$$C_{总} = C_{共} + \sum_{i=1}^{n} C_{专,i} \tag{7.1}$$

式中　$C_{总}$——综合利用水利工程总投资；

$C_{共}$——各部门共用工程投资；

$C_{专,i}$——第 i 部门的专用工程投资，$i=1，2，\cdots，n$；

n——综合利用水利工程的受益部门数。

7.1.2.2　可分投资和剩余投资

综合利用水利工程的投资也可以分为可分投资和剩余投资两部分，如式（7.2）所示。把综合利用水利工程中的某一个部门划分出去后使该工程减少的投资即为该部门的可分投资；总投资减去各部门的可分投资，即得综合利用工程的剩余投资。

$$C_{总} = C_{剩} + \sum_{i=1}^{n} C_{可,i} \tag{7.2}$$

式中　$C_{剩}$——各部门的剩余投资；

$C_{可,i}$——第 i 部门的可分投资，$i=1，2，\cdots，n$；

其他符号意义同前。

一般地，某部门的可分投资大于或等于其专用投资。因为综合利用水利工程中不包括某部门时，除该部门的专用工程投资不必列入外，还可能降低坝高或减少水库淹没损失，从而减少共用部分投资，而减少的那部分共用投资也应该计入其可分投资中。

综合利用水利工程投资构成具复杂性和灵活性，具体分析时应特别注意以下问题。

（1）补偿受损部门的投资应由各部门分摊，但若有超过原效益的投资应由受损部门自行承担。如恢复原有河道因水利工程兴建而隔断的通航能力所需投资应由各部门分摊，而为提高其通航标准而增加的投资则应由航运部门自行承担。

（2）有些专用工程本身也具有共用工程的作用，对这类具有综合作用的工程投资应再细分为专用工程部分和共用工程部分。如泄洪设施可能具有两项功能，一是防洪功能，以保证下游河道的安全；二是泄洪功能，以保证大坝等工程本身的安全。这时，合理的划分模式应是保证其泄洪功能的投资属于共用投资，而保证下游河道安全所增加的投资属于专用投资，由防洪部门自行承担。

（3）专用工程投资中若有与其他部门共用的部分，也应考虑合理分摊。若灌溉渠道和引水渠道相结合时，其取水口建筑物的投资应属专用投资，而共用渠道部分的投资应在灌溉部门和水力发电部门进行合理分摊。

7.1.3 投资分摊的基本原则

综合利用水利工程一般具有水力发电、防洪、灌溉、航运、养殖、环保、旅游等综合效益，涉及相关部门较多且投资数额大，投资费用分摊往往比较复杂，必须紧密结合工程特点，比较各部门的受益程度，全面考虑、相互验证。合理的分摊结果应满足以下基本原则：

（1）各受益部门分摊的费用应小于或等于最优等效替代工程的费用。最优等效替代方案指同等满足国民经济发展要求的具有同等效益的许多方案中，在技术上可行、经济上最有利的替代方案。如水电站的最优等效替代方案是火电站，而自流灌溉方案的最优等效替代方案是抽水灌溉方案。如果综合利用水利工程中某部门分摊的费用大于其最优等效替代方案的费用，则从经济上考虑，该部门应选择替代方案。

（2）各受益部门至少应承担专为本部门服务的专用工程及配套工程的费用。各受益部门自行承担专用工程费用或可分费用，同时承担部分共用工程费用或剩余费用，是合理的，也是能为各部门所接受的。这是保证分摊成果合理、公正的关键。

（3）各部门分摊的费用份额应小于该部门的效益。若某部门分摊的费用小于其收益，则会导致其亏损运行，财务运营环境极度恶化，不利于该部门的可持续发展。

7.2 投资分摊的常用方法

在我国经济不断发展的过程中，对具有防洪、发电、灌溉等功能的综合利用水利工程SL 72—1994《水利建设项目经济评价规范》中建议采用按各部门用水量分摊、按各部门所需库容分摊、按各部门主次地位分摊、可分费用剩余效益法、效益比例分摊法等多种方法进行投资分摊。本节侧重介绍目前国内外常用的可分费用剩余效益法和效益比例分摊法两类方法，对其他方法仅做简单分析。

7.2.1 可分费用剩余效益法

可分费用剩余效益法是欧美、日本等国家常用的投资分摊方法，其实质是各受益部门自行承担相应的可分费用和按剩余效益的比例分摊的剩余投资或剩余年费用。可分费用剩余效益法的计算步骤如下。

（1）基础资料收集与计算。

1）明确各部门的经济寿命，同时定出适用的折现率。

2）确定综合利用工程的总投资、年运行费用和年平均效益，计算总投资年回收值和年费用。

3）求出各部门的可分投资和可分费用或专用工程的投资和费用。

4）确定各部门的最优等效替代工程，计算其投资和年费用。

（2）确定各部门的年效益。各部门的年效益一般有两种表达方式，一是本部门的直接收益，如水力发电部门的电费收入；二是最优等效替代工程的年费用，如水电站的兴建可以替代同等规模的火电站，则其效益可以认为等价于火电站的投资年回收值、年运行费、燃料费等费用的节省。

可分费用剩余效益法最大的特点在于选择本部门的直接收益和最优等效替代工程的年费用两者的小值作为各部门的选用年效益。

(3) 计算分摊百分比。分摊百分比按各部门剩余效益占总剩余效益的比例确定。各部门的选用年效益与其可分年费用(含投资年回收值和年运行费)的差值即为剩余效益。

(4) 剩余投资或剩余年费用分摊。各部门应自行承担其可分投资或可分年费用,其剩余投资或剩余年费用则按分摊百分比进行分摊。

综合利用水利工程各部门应承担的投资额(或年费用)是其可分投资(或可分年费用)加上按比例计算的剩余投资(或剩余年费用)分摊额。

【例 7.1】 具有发电、航运、灌溉的某综合利用水利工程,若按经济寿命 50 年,折现率 10%计算,其投资及年运行费如表 7.1 所示。试采用可分费用剩余效益法对其年费用或初始投资进行分摊。

表 7.1　某综合利用水利工程各部门投资、年费用和年效益表　单位:万元

项　目		投资	直接年效益	投资年回收值	年运行费	年费用
综合利用水利工程		50000	12000	5043	4000	9043
可分费用	发电	25000	6500	2522	2000	4522
	灌溉	7000	1500	706	500	1206
	航运	9000	2600	908	800	1708
替代工程费用	发电	28000	6500	2824	2500	5324
	灌溉	13000	1500	1311	300	1611
	航运	10000	2600	1009	1000	2009

按前述计算步骤和方法分别确定该综合利用水利工程各部门年费用和投资分摊成果如表 7.2 所示。

表 7.2　某综合利用水利工程各部门年费用分摊成果计算表　单位:万元

项　目	发电	灌溉	航运	合计	计　算　说　明
直接年效益	6500	1500	2600	10600	表 7.1 获取
替代工程年费用	5324	1611	2009	8944	表 7.1 获取
选用年效益	5324	1500	2009	8833	年效益及替代工程年费用两者中的小值
可分年费用	4522	1206	1708	7436	表 7.1 获取
剩余年效益	802	294	301	1397	剩余年效益=选用年效益-可分年费用
分摊百分比	57.41%	21.04%	21.55%	1	各部门分摊百分比=各部门剩余效益/剩余效益合计
剩余年费用分摊额	923	338	346	1607	首先计算剩余年费用,再按分摊百分比确定各部门分摊额
年费用总分摊额	5445	1544	2054	9043	可分年费用加剩余年费用分摊额
剩余投资分摊额	5167	1893	1940	9000	首先计算剩余投资,再按分摊百分比确定各部门投资分摊额
可分投资	25000	7000	9000	41000	表 7.1 获取
投资总分摊额	30167	8893	10940	50000	可分投资加剩余投资分摊额

7.2.2　效益比例分摊法

我国目前常用的分摊方法是效益比例分摊法，各部门的效益多采用最优等效替代工程费用，仅在其不便计算时采用本部门的效益现值。效益比例分摊法包括按效益分摊总费用、按剩余效益分摊共用费用和按剩余效益分摊剩余费用。

7.2.2.1　按效益分摊总费用

按效益分摊总费用即是直接按各部门效益的比例分摊工程总费用，如式7.3所示。该方法最大的优点在于计算简便，但其分摊误差较大，特别是对效益大但成本高的部门不合理，可能出现某部门分摊费用小于其可分费用或专用工程费用的情况。

$$C_i = C \times \frac{B_i}{\sum_{i=1}^{n} B_i} \tag{7.3}$$

式中　C_i——i部门的分摊费用，$i=1,2,\cdots,n$；

C——工程总费用；

B_i——i部门的效益，$i=1,2,\cdots,n$；

n——综合利用工程中各受益部门的总数。

【例7.2】　试按效益分摊总费用法分摊例7.1所示的综合利用水利工程的年费用和投资。

解：根据式（7.3），该综合利用水利工程的年费用和投资分摊成果如表7.3所示。

表7.3　按效益分摊费用法分摊年费用及投资成果计算表

项　目	发电	灌溉	航运	合计	计　算　说　明
替代工程年费用	5324	1611	2009	8944	表7.1获取
分摊百分比	59.53%	18.01%	22.46%	1	各部门分摊百分比=各部门效益/所有部门效益合计
工程总投资				50000	表7.1获取
工程总投资分摊额	29763	9006	11231	50000	按式（7.3）计算
工程年费用				9043	表7.1获取
工程年费用分摊额	5383	1629	2031	9043	按式（7.3）计算

7.2.2.2　按剩余效益分摊共用工程费用

按剩余效益分摊共用工程费用是各部门承担专用工程费用，并按剩余效益的比例分摊共用工程费用，如式7.4所示。该方法可避免出现效益大但成本高的部门分摊费用过大的问题。

$$C_i = C_i(z) + C(g) \times \frac{B_i(s)}{\sum_{i=1}^{n} B_i(s)} \tag{7.4}$$

式中　C_i——i部门的分摊费用，$i=1,2,\cdots,n$；

$C_i(z)$——i部门的专用工程费用，$i=1,2,\cdots,n$；

$C(g)$——共用工程费用；

$B_i(s)$ ——i 部门的剩余效益，$i=1，2，…，n$；

n——综合利用工程中各受益部门的总数。

【例 7.3】 试按剩余效益分摊共用工程费用法分摊如表 7.4 所示的综合利用水利工程的年费用和投资。

表 7.4　某综合利用水利工程各部门投资、年费用表　单位：万元

项目		投资	投资年回收值	年运行费	年费用
综合利用水利工程		50000	5043	4000	9043
专用工程费用	发电	23000	2320	2000	4320
	防洪	6500	656	500	1156
	灌溉	8000	807	800	1607
替代工程费用	发电	28000	2824	2500	5324
	防洪	13000	1311	300	1611
	灌溉	10000	1009	1000	2009

解：根据式（7.4），该综合利用水利工程的年费用和投资分摊成果如表 7.5 所示。

表 7.5　按效益分摊费用法分摊年费用及投资成果计算表　单位：万元

项目	发电	防洪	灌溉	合计	计算说明
替代工程年费用	5324	1611	2009	8944	表 7.4 获取
专用工程年费用	4320	1156	1607	7083	表 7.4 获取
剩余年效益	1004	455	402	1861	剩余年效益＝替代工程年费用－专用工程年费用
分摊百分比	53.95%	24.45%	21.60%	1	各部门分摊百分比＝各部门剩余效益/剩余效益合计
共用工程年费用分摊额	1057	479	424	1960	首先计算共用工程年费用，再按分摊百分比确定各部门分摊额
年费用总分摊额	5377	1635	2031	9043	专用工程年费用加共用工程年费用分摊额
共用工程投资分摊额	6744	3056	2700	12500	首先计算共用工程投资，再按分摊百分比确定各部门投资分摊额
专用工程投资	23000	6500	8000	37500	表 7.4 获取
投资总分摊额	29744	9556	10700	50000	专用工程投资加共用工程投资分摊额

7.2.2.3 按剩余效益分摊剩余费用

按剩余效益分摊剩余费用是各部门承担可分费用，并按剩余效益的比例分摊剩余费用，如式 7.5 所示。

$$C_i = C_i(k) + C(s) \times \frac{B_i(s)}{\sum_{i=1}^{n} B_i(s)} \tag{7.5}$$

式中　$C_i(k)$ ——i 部门的可分费用，$i=1，2，…，n$；

$C(s)$ ——剩余费用；

其他符号意义同前。

【例 7.4】　试按剩余效益分摊剩余费用法分摊例 7.1 所示的综合利用水利工程的年费用和投资。

解： 根据式（7.5），该综合利用水利工程的年费用和投资分摊成果如表 7.6 所示。

表 7.6　　按剩余效益分摊剩余费用法分摊年费用及投资成果计算表　　单位：万元

项　目	发电	灌溉	航运	合计	计　算　说　明
替代工程年费用	5324	1611	2009	8944	表 7.1 获取
可分年费用	4522	1206	1708	7436	表 7.1 获取
剩余年效益	802	405	301	1508	剩余年效益＝年效益－可分年费用
分摊百分比	53.18%	26.86%	19.96%	1	各部门分摊百分比＝各部门剩余效益/剩余效益合计
剩余年费用分摊额	854	432	321	1607	首先计算剩余年费用，再按分摊百分比确定各部门分摊额
年费用总分摊额	5376	1638	2029	9043	可分年费用加剩余年费用分摊额
剩余投资分摊额	4786	2417	1796	9000	首先计算剩余投资，再按分摊百分比确定各部门投资分摊额
可分投资	25000	7000	9000	41000	表 7.1 获取
投资总分摊额	29786	9417	10796	50000	可分投资加剩余投资分摊额

7.2.3　其他分摊方法

可分费用剩余效益法和效益比例法具有分摊成果合理、误差小等优点，是投资分摊的首选方法，但因其需计算各种可分费用和各部门效益，需要的数据多且计算工作量大，实际工作中也曾选用按各部门用水量、各部门所需库容、各部门主次地位等方法进行投资分摊。这些方法虽然计算简单，但均有其局限性，且存在分摊误差较大等问题。

7.2.3.1　按各部门所需库容分摊

该方法的实质是各部门自行承担专用工程投资或可分投资，并根据各部门所需库容的大小分摊共用工程投资或剩余投资。该方法有其合理性和适用性，但实际工程中，防洪库容和兴利库容可能部分结合，也可能完全不结合或完全结合，很难具体区分或界定各部门所需的库容，可能出现防洪部门分摊投资过高等问题。

7.2.3.2　按各部门的用水量分摊

该方法的实质是各部门自行承担专用工程投资或可分投资，并根据各部门用水量的大小分摊共用工程投资或剩余投资。使用这种方法时应特别注意可共用的部分水量，如水力发电用水和灌溉用水在冬季一般是不结合的，而春季灌溉时则可能完全结合。

该方法有一定的实用性，也存在局限性。冬季枯水期用水成本高，而夏季丰水期用水成本相对较低，该方法仅考虑用水量的大小而无法考虑各部门用水量的重要性。防洪部门和航运部门均不消耗水量，但其要求保留一定的库容和水深，必然增加工程投资，若按此方法分摊投资则不公平。

7.2.3.3　按各部门的主次地位分摊

综合利用水利工程中各部门所处的地位不同，可能某部门占主导地位，水库的运行方式也按其要求设计，这时可考虑采用按各部门的主次地位分摊投资。当枢纽的主次关系明显时，占主导地位的部门（通常其效益占枢纽总效益的比例很大）承担全部共用工程投资或剩余投资，而其他部门则只承担其专用工程投资或其可分投资。

这种方法非常简单，但其主要的问题在于次要部门完全不承担共用工程投资或剩余投资相对不合理，且实际工程中有时难以明显区分各部门的主次地位。

严格意义上，科学的投资分摊方法是确保投资分摊成果合理性的关键。实际工作中应根据各部门的实际情况和计算精度要求等，选用最佳的投资分摊方法，对特别重要的项目可同时选用2～3种方法进行计算，再选取较合理的分摊成果。目前，投资分摊工作总的趋势均是各受益部门承担专用工程投资或可分投资，合理分摊共用工程投资或剩余投资。

习　　题

1. 在社会主义市场经济体制下，综合利用水利工程投资分摊的必要性主要体现在哪些方面？

2. 如何检查分析某部门分摊的投资和年运行费是否合理？

3. 现行的投资分摊方法很多，试分析各种方法的特点和适用性。国际上多采用的可分费用剩余效益法的基本步骤和关键环节是什么？

4. 采用可分费用剩余效益法和效益比例法分摊下表所示的综合利用水利工程费用。折现率取10%，经济寿命取50年。

单位：万元

项　　目		投资	直接年效益	年运行费
综合利用水利工程		17800	4280	2600
可分费用	发电	7400	2600	1000
	防洪	800	480	200
	航运	3000	1200	500
替代工程费用	发电	6500	2600	1200
	防洪	600	480	260
	航运	2600	1200	520

第8章 水利建设项目社会评价

水利建设项目是在一定的社会环境条件下实施的，在其投资建设和运营过程中，会产生各种各样的社会影响。而在以往的不少投资决策中，尤其在市场机制作用下，投资者最关心项目的经济合理性与财务可行性，而忽视项目的社会影响，结果项目建设在社会、环境方面产生负面效应，最终影响项目的综合效益或企业的社会形象，甚至造成很大社会问题。

科学发展观强调在项目的投资建设和运营过程中，必须按照以人为本的要求，关注公共利益，满足建设和谐社会的要求。

社会评价是识别、监测和评估水利建设项目的各种社会影响，促进利益相关者对项目投资活动的有效参与，优化项目建设方案、规避社会风险、促进项目顺利实施、保持社会稳定的重要工具和手段。因此，如何通过社会评价和建设项目的实施，在保证经济效益的同时，促进社会发展，实现国家宏观发展目标，这是水利建设项目的重要课题之一。

8.1 概　　述

8.1.1 水利建设项目社会评价的概念和特征

8.1.1.1 水利建设项目社会评价的概念

水利建设项目社会评价运用社会学、人类学的理论，运用社会调查和社会分析方法，评价水利建设项目为实施国家和地区各项社会发展目标所作的贡献与影响，分析当地社会环境对拟建水利项目的适应性和可接受程度，评价水利建设项目的社会可行性，目的是促进利益相关者对水利项目投资活动的有效参与，优化建设实施方案，规避投资社会风险，确保水利建设项目顺利、有效地实施。

水利建设项目社会评价的应用是基于贯彻和落实科学发展观的需要。新的发展观强调以人为本，强调“发展是一个综合的、内在的、持续的过程”，强调人的参与在发展中的重要性，这就要求在水利建设项目的评价中，必须充分考虑社会、人文因素。

8.1.1.2 水利建设项目社会评价的特征

建设项目社会评价通常具有“宏观性和长期性”、“目标的多元性和复杂性”、“评价标准不同行业和不同地区的差异性”等特点。水利建设项目社会评价既具有一般建设项目社会评价的基本特点，又具有专门的水利行业特征。

（1）评价内容广泛。水利建设项目，通常是影响地域广、牵扯很多方面的系统工程，其社会评价涉及社会经济、环境、资源利用、劳动就业、社会安定、文教卫生、社会福利、土地征占、水库淹没、移民安置、地区发展及民族宗教等各个方面的问题，各种社会因素纵横交错、互有影响，相互关系十分复杂，评价内容非常广泛。

（2）宏观评价、人文分析为主。项目社会评价涉及社会经济增长、效益公平分配、劳动就业、社会安定、人口控制等目标，一般都是根据社会发展需要制定的。而水利项目通常影响广泛而久远，因此，水利建设项目社会评价必须从全社会的宏观角度出发，考虑项目对全社会带来的各种影响，其中包括经济影响和大量非经济影响，故水利建设项目社会评价以宏观评价为主。

水利建设项目，尤其大型水库淹没、移民等所引起的各种问题，例如库区移民生产生活水平、收入分配、文化、教育、卫生保健、宗教信仰、风俗习惯、人际关系等社会人文因素的变化，以及由此可能引发的社会风险，都要求水利建设项目重视人文分析，社会评价应以人文分析为主。

（3）定量、定性分析相结合，以定性评价为主。水利建设项目对社会发展与环境影响很大，有些指标，例如建设征地占地、水库淹没损失补偿、移民安置等，可以定量计算。但更多的指标，诸如对社会安定的影响，对四周环境的影响，对民众身体健康和寿命的影响，对地区发展的影响等，很难定量计算，更不能统一用货币形式表示，只能通过社会调查等手段进行定性分析。因此，水利建设项目社会评价采用定量分析与定性分析相结合的方法，并以定性分析评价为主。

（4）须重视社会调查、资料分析。社会评价的计算工作量相对较小，调查、分析工作量大。水利项目社会评价中所需的社会信息和资料，基本都需通过社会调查取得；对社会情况的了解和掌握程度，直接决定其分析判断结论的客观合理性。因此，要充分重视社会调查和对调查资料的分析研究，该工作方法也是水利建设项目社会评价的主要特点。

8.1.2　水利建设项目社会评价的目的和作用

水利建设项目社会评价的主要目的是消除或尽量减少因项目实施所产生的社会负面影响，使其内容和设计符合项目所在地区的宏观发展目标、实际情况和目标人口的具体发展需要，为项目地区的人口提供更广阔的发展机遇，提高项目实施的效果，并使项目能为区域社会发展目标，如减轻或消除贫困、促进社会性别平等、维护社会稳定等做出贡献，促进经济与社会的协调发展等，这就决定了水利建设项目的社会评价具有多重目的。

开发建设水利工程，尤其兴修大型水库，有利的一面是在防洪、治涝、灌溉、发电、供水、航运、养殖、旅游、环境改善等方面产生巨大效益，但同时在淹没耕地、村镇、基础设施、移民等方面要付出相当的代价，影响范围广、影响时间久，过程不可逆，加之我国人多耕地少，移民安置是十分重要的社会问题，因此，对其进行相关社会评价已然成为一种必需。其主要作用如下。

（1）有利于国民经济发展目标与社会发展目标协调一致、顺利实施。大型水利建设项目影响广泛，其实施和运行，直接关系到国民经济和社会发展目标是否协调、能否顺利实现。如果缺乏对拟建项目的社会评价，项目的社会、环境等问题未能在实施前得以解决，将会阻碍项目预期目标的实现。有些项目具有很好的经济效益，但可能造成严重的生态环境污染，损害当地居民的利益，并引起社会矛盾，将不利于项目的顺利实施；有些项目在少数民族地区建设，没有充分了解当地的风俗习惯，导致当地居民和有关部门的不配合。

我国历史上，有不少水库建设仅仅依据经济指标进行决策，几十年后，土地淹没补偿、移民安置等问题依然存在，导致移民生产生活水平下降、移民重返库区等情况屡次发生，不但影响工程运行和效益发挥，且存在一系列社会问题，影响到社会的和谐稳定。实践证明，对于那些前期开展了高质量社会评价工作的项目，可以实现建设项目与社会协调发展，促进社会进步和国民经济发展，实现以人为本的科学发展观。

(2) 有利于避免或减少项目建设、运营的社会风险，提高建设项目决策水平和投资效益。项目建设和运营的社会风险是指由于在项目评价阶段忽视社会评价工作，致使在项目的建设和运营过程中与当地社区发生种种矛盾，长期得不到解决，导致工期拖延、投资加大，经济效益低下，偏离当初拟定的项目预期目标。这要求评价人员在进行社会评价时要侧重于分析项目是否适合当地人群的文化生活需要，包括文化教育、卫生健康、宗教信仰、风俗习惯等。考察当地人群的需求状况，对项目的态度如何。广泛、深入、实际地分析，提出合理的针对性建议以减少项目的社会风险。

如果在前期工作中进行社会评价，则有利于选择经济效益、社会效益、环境效益兼顾的最佳方案，有利于全面提高建设项目的决策。只有消除了项目的不利影响，避免了社会风险，才能保证项目的顺利实施，持续发挥项目的投资效益。

(3) 有利于工程移民的妥善安置、促进地区发展和社会稳定。移民安置，涉及水库库区广大群众的切身利益，通常是大型水利建设项目的重头戏之一，直接影响工程能否顺利实施和工程建设成本等。若安置不当，可能造成移民的不满情绪，甚至发生上访、械斗等过激行为。通过社会评价，采取切实有效措施，为移民和安置区原有居民创造生存和发展的良好空间，既有利于项目顺利实施和效益充分发挥，也有利于促进地区发展，保持社会稳定。

(4) 有利于促进水利事业的进一步发展。当前，国际社会日益重视社会发展和环境问题，世界银行、亚洲开发银行等国际金融组织的贷款项目，均要求对建设项目进行社会评价。开展水利建设项目社会评价，有利于吸引、引导外资投向水利建设项目，有利于获取世界银行、亚洲开发银行等国际金融组织的贷款，促进我国水利事业的进一步发展。

8.1.3 水利建设项目社会评价的原则

对水利建设项目进行社会评价，须遵循以下主要原则。

(1) 贯彻国家有关方针、政策、法律、法规。水利建设项目是国民经济的基础设施和基础产业，其项目行为具有很强的政策性。因此，开展水利建设项目社会评价，必须遵循国家有关经济与社会发展的方针、政策、法律、法规，使其符合我国社会实际情况和发展目标，以促进水利建设事业健康发展。

(2) 以国家社会发展目标和流域水利规划为基础。我国社会发展目标是水利建设项目社会评价的基础，流域水利规划是水利建设项目社会评价的依据。水利建设项目社会评价的方法、指标体系及评价参数和准则，都应该与社会不断发展的目标、与流域水利规划目标相适应；评价结论和建议要有利于推进社会可持续发展。唯有如此，才能保证建设项目社会评价具有现实意义，为决策提供科学依据。

(3) 全面分析与重点突出相结合，并确保数据同一性。水利建设项目社会评价内容广泛，涉及防洪、治涝、灌溉、供水、航运、发电、环境保护、水土保持、水库渔业、旅游景观等各受益部门，涉及政治、社会、经济、文化、教育、卫生、旅游、文物古迹等各个方面，应在广泛调查研究的基础上，进行全面分析，找出重点问题、抓住主要矛盾进行深入研究，采用科学适用的评价指标体系进行方案比较。

无论定量还是定性分析，所采用的时空跨度和计算深度，只有保持在同一性的基础上，分析计算的数据和参数才具有可比性，才能保证社会评价成果可靠实用，才能保证所提出的对策和建议有利于推进社会事业的全面发展。

(4) 坚持公平、公正、独立。公平、公正、独立，是水利建设项目开展社会评价时必须具备的思想品质和科学态度，唯有如此，才能保证一切从实际出发，客观进行调查研究，使评价工作不受任何干扰，才能有利于项目决策更加符合广大受众的意愿和社会各方利益。

(5) 坚持公众参与和实事求是。大型水利建设项目往往涉及河流的上下游、左右岸、受益区与受损区，需要相关地区、有关部门的配合与协调。因此，在社会评价中必须坚持公众参与，从实际出发，实事求是，强调民主意识和按科学规律办事。这既有利于项目的顺利实施，又有利于项目运营期充分发挥其经济、社会和环境效益。

8.2 水利建设项目社会评价的内容

对于不同的项目，其目标、内容和所在地区的社会经济环境不同，项目影响群体不同，项目的社会影响和社会风险不同，社会评价的内容也有所差异。对具体项目，或项目的不同阶段，应根据具体情况选择恰当的内容进行评价。但从总体上看，水利建设项目社会评价主要包括社会效益影响分析、项目与所在地区的社会发展相适应性分析和社会风险分析三个方面的内容。

8.2.1 社会效益影响分析

水利建设项目通常影响广泛而深远，社会效益突出，其核心评价内容可分为项目对社会环境、社会经济、自然资源三个方面的影响。

8.2.1.1 社会环境影响

社会环境影响，是水利建设项目社会效益影响分析的重点，包括项目对人口发展、就业、社会安定与民族团结、文教卫生、体育保健等方面的影响。

(1) 人口发展。大中型水利项目的建设多使项目区原来的社会环境改变较大：有较多的人口迁入或迁出；对项目区人口文化水平、文化结构、道德修养和健康水平等产生影响；可能使原来的农业区变为工业区，使工业区得到更快的发展，或有新的产业出现，从而引起项目区人口职业结构变化，等等。因此，需分析评价对项目区人口发展变化，包括人口数量、质量、增长率、性别比例、文化结构、职业结构、家庭结构等方面的影响。

(2) 就业。水利项目的建设会带来短期就业、长期的直接和间接就业岗位，引起项目区就业率、失业率的变化，这些方面可根据情况分别进行分析。

(3) 社会安定与民族团结。水利项目影响的群体很广，有人受益、有人受损，还可能引发其他消极因素，对消极因素处理不当就形成了社会不稳定因素，这方面发生的影响应给以恰当评价，对存在的问题提出解决的建议。

1) 水旱灾害、用水矛盾的减除。河道整治、防洪治涝等水利项目提高了民众安全感；有些项目使河流上、下游或左、右岸的用水矛盾得以解决，从而对社会稳定起增强作用。

2) 对项目区风俗习惯、宗教信仰、民族关系的影响。项目改变民众生产方式或生活习惯引起的心理变化，可能形成不稳定因素。在少数民族区、多民族区、新的民族迁入区兴建的水利项目，需处理好民族关系、原居民与新居民关系，特别是处理信仰不同、风俗习惯不同或民族偏见而引发的问题。

(4) 文教卫生、体育保健。对项目区文教卫生及保健设施发展、人口文化水平、道德品质、健康水平（卫生习惯、地方病防治、病种减少、人口寿命）的提高等方面的影响进行分析。

(5) 其他社会影响。

1) 美化环境。水库、引水渠和其他水利枢纽形成的水域和绿化，对美化环境、提高人口健康水平、激励人民的生活生产热情起到作用。

2) 提高政府威信和国际声誉。大型水利项目造福一方，使人民走向富裕，对地区发展有重大贡献，能得到人民的赞誉，提高政府的威信。大型水利项目由于难度大，可能会利用很多新技术，并有新创造和新纪录，在国际上产生影响，赢得声誉，这也是可贵的贡献。

3) 其他。

(6) 社会负面影响。项目对社会环境产生的负面影响也是多种多样，常见的可能有：

1) 因项目建设，外来人口流入项目区带来的、或因项目发展产生的消极因素，如犯罪现象和类型的增多、纯朴民风受到干扰等。

2) 淹没区、滞洪行洪区及有关地区受损人口迁安、生活和生产处理不妥，引起民众不满，可能形成社会不安定因素。

3) 项目兴建后，上、下游，或左、右岸的用水关系处理不妥，造成了水利纠纷。

4) 移民迁入区的新、原居民的利害冲突；民族间风俗信仰各异形成的不和睦等。

5) 因项目而引起的其他负面社会影响。

8.2.1.2 社会经济影响

侧重于从宏观角度分析项目对地区、部门经济发展的影响，包括项目投运后对地区经济发展的影响，例如减少水旱灾害，提高土地利用价值，改善投资环境，增强经济实力等；对部门经济发展的影响主要包括对农林牧副渔业、能源和电力工业、交通运输业、旅游业等的发展影响。

(1) 对国家或流域经济发展目标的影响。特大型水利项目可能本身就是国民经济建设和社会发展计划中的重大项目，会对国民经济发展和流域经济发展有重大影响，应侧重于从宏观角度对项目的社会经济影响进行评价。如防洪项目的洪水标准、保护的洪泛区面积、重要城镇、人口、减灾程度等；灌溉项目增加的灌溉面积，增加的农业产值；水土保持项目治理的水土流失面积；水力发电增加的装机容量和年发电量及在电网中的地位等。项目对于改善经济结构和生产力布局，提高国民经济实力的作用，都要从国家总体、经济总量上来分析评价。

(2) 对项目区综合经济发展的影响。对项目区经济发展的影响是项目社会评价的主要内容之一，包括对项目区经济生产总值的总影响和人均影响，对项目区生产结构和各产业产值比例变化的影响，项目区土地利用调整和增值，水、旱等灾害的减少等影响。

(3) 对项目区部门经济发展的影响。

1) 农业。包括对项目区农业产值、结构的影响；农业用地在农、林、牧、副间分配的影响；对种植业结构调整，粮食作物、经济作物和饲料作物种植比例的影响；对种植业产值的影响；对林地面积增加、林业结构改变的影响；对林业产值的影响；对草地面积增长、牧业发展状况的影响；对牧业产值的影响；对副业、渔业发展的影响。

2) 工业。包括对项目区工业发展、新兴产业兴起、产业结构调整、投资环境改善、经济实力增强等方面的影响；对工业产值的影响。

受水利项目影响明显的工业还应进行单项分析评价，如灌溉项目促进粮食加工业、食品工业、纺织工业的发展；供水项目促进用水工业得到发展；水力发电项目促进能源工业发展。

3) 第三产业。评价项目对以下几个主要产业的影响，计算对其总产值、人均产值的影响：

①交通运输业。修建公路或铁路是许多水利项目的前期工作，水库淹没区道路改建也常遇到，也有些水利项目的综合利用中有航运任务，或本身就是水运交通运输项目，这些工作引起项目区交通运输业发展，会对交通运输业的社会经济效益有所促进。

②旅游业。水利项目形成水域或水景后，通常可进行水域旅游开发，促进项目区旅游业发展，对旅游经济有所促进。

③科学技术进步。由水利项目带动的项目区科学技术发展、知识密集型产业兴起、高新技术产业开发等经济影响。此外，大型水利建设项目往往涉及关键技术的科技攻关和新技术的推广应用，这对本行业的科技进步具有重要意义和促进作用，根据项目需求进行具体分析评价。

④对项目区的商业、建筑业、公共事业、邮电通信业及其他可能关联行业等的经济影响。

(4) 对项目区人民生活水平和生活质量的影响。

1) 人均收入提高。分区域、分阶层分析项目对提高人均收入的影响。

2) 生活现代化。应按城乡分别分析：

①居住条件提高，包括对质量较高的人均房屋面积的增加、农村楼房增加等的影响。

②生活条件改善，包括对户均电视机数、电话数、电脑数、其他电器数，每千人拥有汽车数、摩托车数；人均耗电量、耗水量等增加的影响。

③恩格尔系数降低。

3) 其他方面。与全国相比较，与有关省市相比较，与类似地区相比较，衡量其生活水平与质量的变化。

(5) 扶贫、脱贫的影响。对有、无项目，或项目前、后，生活在贫困线以下、温饱型、小康型、富裕型家庭的数量、所占比例及其变化进行分析，对各类家庭生活水平和质量进行具体描述。

(6) 项目社会经济效益分配的公平、公正性。

1) 公平公正原则。河流上、下游，左、右岸，受益区和受损区的利害关系和效益分配问题应是水利项目特别关注的问题。基于公平公正原则，项目的实施应秉承：项目区中某些人受益时，不损害其他人（包括区内外）的利益；不加重项目区已存在的不平等（包括社会、经济、政治和自然的不平等）。

2) 效益分配。首先要考虑项目收入在国家、地方、经营者、职工和其他受益者间的具体分配比例。各类受益者的收入包括：国家、地方的收入，包括税金、股息、红利等；项目单位的收入，包括公积金、公益金；经营者的收入，包括股息、红利、工资、奖金等；职工的收入，包括工资、奖金、股息、红利等；受益群众、单位的收入。由于水利项目受益情况多样，应结合具体情况，采取不同的方法估算。

(7) 项目的负经济效益。指项目造成的经济损失或付出的社会代价。

项目建设直接发生的负效益，包括工程和施工占地、滞洪、行洪占地造成的损失，设施迁建费，移民迁安造成的损失等。

项目投产后带来的负效益形式多样，其中有些损失表面看来不是经济问题，但其损失量可以货币化。包括项目区下游供水量减少或水质变坏的损失；洪、涝灾害转移到下游的损失；库区周边地下水位抬高，造成建筑物倒塌、耕地减产的损失；调水项目可能把外区疾病引入项目区；破坏生态环境等。

8.2.1.3 自然资源影响

水利项目多在自然资源丰富的山区，项目的建设可能对某些自然资源的开发利用有影响。

(1) 水资源的利用。分析评价水资源在项目开发目标间分配的合理性以及利用的充分性。

(2) 土地资源的合理利用。水利项目建设占用或淹没的部分土地，对其经济合理性和不可避免性进行分析评价。项目可能新造部分可利用土地，对这些土地在利用上的合理性和其实现的经济效益进行评价。

(3) 对矿藏资源利用的影响。有些水利项目的淹没区存在有开采价值的矿藏。若淹没对开采无影响，则不评价；若影响开采，则应分析被淹没在经济上的合理性和不可避免性；若采取保护措施，则需分析其经济技术合理性。

(4) 野生生物保护措施。对水利项目破坏野生动、植物生存条件而遭到的损失进行评价；若采取保护措施，对措施的有效性、经济性进行评价。

(5) 文物、古迹、旅游景点的保护。若文物、古迹、旅游景点遭到破坏，需分析其损失及其不可避免性；若采取保护措施，则需分析其有效性、经济性。

(6) 其他自然资源的利用和保护。水利项目的建设，增加了项目区可利用的水资源；被保护的洪泛区得以进一步开发，刺激新产业，过去未曾利用过的自然资源得以利用。评价对这些资源进行开发的经济和社会意义。

8.2.2 与社会发展相互适应性分析

水利建设项目与社会发展相互适应性分析，包括项目对国家、地区发展以及当地民众需求的适应性分析，还包括项目各方参与水平分析以及项目的可持续发展分析。

8.2.2.1 国家、地区发展适应性

分析项目目标与国家或地区发展目标的一致性；评价国家或地区在多大程度上需要开发本项目。

8.2.2.2 民众需求适应性

分析当地民众需求和项目实施结果的一致性；分析当地民众的文化教育程度和对项目新技术的可接受程度。水利建设项目往往涉及到非自愿移民等受损群众，他们为国家和多数人的长远利益而牺牲了自己的利益，对他们损失的土地、房屋等财产和迁移中的成本，是否都给予了合理补偿，并进行妥善安排，分析补偿措施的公正、公平性。

8.2.2.3 各方参与水平

在项目的规划、勘察设计、立项、施工准备及实施阶段，若得到有关各方的参与，可以改进项目的规划设计和施工建设。如果获得当地民众和相关方的支持与合作，可以保证项目顺利实施和充分发挥效益。因此，项目获得各方面的支持与合作，是实现项目预定目标的重要手段。

8.2.2.4 可持续发展

(1) 环境功能持续性。水利项目的建设和运行对环境都会产生影响，要特别重视水库淹没、土地征占和节约水资源和能源等问题，慎重评价移民安置区是否有足够环境容量来承载迁入人口。

(2) 经济增长持续性。大型水利项目规模大、投资多、建材用量大、工期长，要分析国民经济能否充分承受，没有产出的建设期内对国家或地区经济发展是否有不利影响，发挥效益后对国民经济持续增长有何促进作用等。

(3) 项目效果持续性。影响项目效果持续性的因素很多，例如：建设资金到位问题，人、财、物是否被挪用问题，工期延误问题，受损区和群众的补偿标准是否合理问题，移民的要求是否被充分考虑等问题。运行后，设计的合理性、工程建设质量及运行管理的科学与否等，事关项目能否持久稳定发挥效益。

8.2.3 社会风险分析

社会风险分析是对可能影响项目的各种社会因素进行识别和排序，选择影响面大、持续时间长，并容易导致较大矛盾的社会因素进行预测，分析可能出现这种风险的社会环境和条件，尤其要对可能诱发民族、宗教矛盾的项目进行社会风险分析，并提出防范措施。对于水利建设项目，可能的社会风险分析包括：

(1) 移民及受损群众对项目的反应与态度。如果他们的生活得不到有效保障或生活水平大幅降低，受损补偿又不尽合理，抵触情绪就会滋生，从而直接导致项目工期拖延，影响项目预期社会效益的实现。

(2) 相关地区对项目的支持或反对意见。提出协调措施，建立直接受益与直接受损地

区之间利益的协调机制。

(3) 是否涉及到少数民族问题，或宗教问题。需采取合适的措施，避免因此而引发社会不安定。

(4) 在国际河流或国际界河上建设水利项目，应分析引起国际纠纷的可能性，提出处理协调措施。

8.3 水利建设项目社会评价的步骤与方法

8.3.1 社会评价步骤

社会评价一般包括调查社会资料、识别社会因素、论证比选方案三个步骤。

8.3.1.1 调查社会资料

调查项目所在区的社会环境等方面的资料，包括项目所在地区和受影响社区的基本社会经济情况，以及项目影响时限内可能的变化；人口统计资料、基础设施与服务设施状况；当地的风俗习惯、人际关系；各利益相关者对项目的反应、要求与接受程度；各利益相关者参与项目活动的可能性，如项目所在地区干部群众对参与项目活动的态度和积极性，可能参与的形式和时间等。

社会调查可采用查阅历史文献、统计资料、问卷调查、现场访问与观察、开座谈会等多种调查方法。

8.3.1.2 识别社会因素

分析社会调查获得的资料，对项目涉及的各种社会因素进行分类，从中识别和选择影响项目实施和项目成功的主要社会因素，作为社会评价和对项目方案进行论证比选的重点。社会因素一般可分为如下三类。

(1) 影响人类生活和行为的因素。如对就业、收入分配、社区发展和城市建设、居民身心健康、文化教育事业、社区福利和社会保障等的影响因素。

(2) 影响社会环境变迁的因素。如对自然和生态环境、资源综合开发利用、能源节约、耕地和水资源等的影响因素，以及由此对社会环境的影响。

(3) 影响社会稳定与发展的因素。如对人们风俗习惯、宗教信仰、民族团结的影响，对社区组织结构和地方管理机构的影响，对国家安全和地区发展的影响等。

8.3.1.3 论证比选方案

对项目建设地点、技术方案和工程方案中涉及的主要社会因素进行定性、定量分析，比选推荐社会正面影响大、社会负面影响小的方案。主要内容如下。

(1) 确定评价目标与评价范围。根据水利项目建设的目的、功能以及国家和地区的社会发展战略，对与项目相关的各社会因素进行分析研究，找出项目对社会环境可能产生的影响，确定社会评价的目标，并分析主要目标和次要目标。分析的范围包括项目影响涉及的空间范围和时间范围。空间范围是指项目所在的社区、县市等。有的大型水利项目，影响区域可能涉及多个省市等较为广泛的地域。时间范围是指项目的寿命期或预测可能影响的年限。

(2) 选择评价指标。根据评价的目标，选择适当的评价指标，包括各种效益和影响的定性指标和定量指标。所选指标不宜过多，且要便于搜集数据和进行评定。

(3) 确定评价标准。在广泛调查研究和科学分析的基础上，收集项目本身及评价空间范围内社会、经济、环境等各方面的信息，并预测评价在项目建设阶段有无可能发生变化，然后确定评价的标准。

(4) 制定备选方案。根据项目的建设目标、不同的建设地点、不同的资金来源、不同的技术方案等，提出若干可供选择的方案，并采取访问、座谈、实地考察等方式，了解项目影响区域范围内地方政府与群众的意见，将这些意见纳入方案比较过程。

(5) 进行项目评价。根据调查和预测的资料，对每一个备选方案进行定量和定性评价。首先，对能够定量计算的指标，依据调查和预测资料进行测算，并根据评价标准判断其优劣；其次，对不能定量计算的社会因素进行定性分析，判断各种社会因素对项目的影响程度，揭示项目可能存在的社会风险；然后，分析判断各定性指标和定量指标对项目实施和社会发展目标的重要程度，对各指标进行排序并赋予一定的权重。对若干重要的指标，特别是不利影响的指标进行深入分析研究，制订减轻不利影响的措施，研究存在的社会风险的性质与重要程度，提出防控风险措施。

(6) 编制社会评价报告。将对所评价项目的调查、预测、分析、比较的过程和结论，以及方案中的重要问题和有争议的问题写成一定格式的书面报告。在提出方案优劣的基础上，得出项目是否可行的结论或建议，形成项目社会评价报告，作为项目决策依据之一。

8.3.2 水利建设项目社会评价方法

由于项目涉及的社会因素、社会影响和社会风险不可能用统一的指标、量纲和判据进行评价，因此社会评价应根据项目具体情况采用灵活的评价方法。水利建设项目社会评价，多采用定量与定性分析相结合的方法、项目有无对比分析法和多因素综合分析法等。

8.3.2.1 定量与定性分析相结合

水利建设项目的社会效益与影响比较广泛，因素众多且繁杂。有的社会因素可以采用一定的计算公式定量计算，如就业效益、收入分配效果等，而更多的社会因素则难以计量，更难以采用一定的量纲用统一的计算公式进行计算。因此，社会评价通常采用定量分析与定性分析相结合、指标评价与经验判断相结合的方法，能定量的尽量定量，不能定量则进行定性分析。在评价过程中，也可先定量分析，再通过定性分析进行补充说明。

(1) 定量分析方法。定量分析是通过一定的数学公式或模型，在调查分析得到的原始数据基础上，计算得出结果并结合一定的标准进行的分析评价。定量分析通常要有统一的量纲，一定的计算公式和判别标准。一般认为，用数据和公式说话比较客观科学，但是对于项目社会评价来说，对大量复杂社会因素进行定量计算显然难度很大，因此定量分析在社会评价中是一种辅助方法。

(2) 定性分析方法。定性分析主要采用文字描述为主的形式，详细说明相关情况、性质、程度、优劣，并据以做出判断或得出结论。与定量分析一样，定性分析也要确定分析比较的基础，尽量引用直接或间接数据，要在可比的基础上进行“有项目”与“无项目”的对比分析，以便更准确地说明问题的性质和影响程度。如分析项目对所在区文化教育的影响，就可以采用一些统计数据，如项目建设前后所在地区的小学生入学率、人均拥有的大学毕业生人数、大专院校科研人员人数、人均科技图书拥有量等进行定性分析。

根据水利建设项目的特点，在社会评价中宜采用“定量分析与定性分析相结合、指标参数与经验判断相结合”的方法。

8.3.2.2　有无对比分析法

有无对比分析，是指有项目情况与无项目情况的对比分析。

有项目情况，是指项目建设期和运营期所引起的各种社会、经济、环境等的变化情况。

无项目情况，是指项目开工前无项目时的社会、经济、环境情况，及其在项目开工后假设仍无项目时的社会、经济、环境可能发生的变化。可根据项目开工前的历史统计资料，采用判断预测法、趋势外推法、工程类比法等，预测这些数据的可能变化。

在同一时点比较的基础上，有项目情况减去无项目情况，即为建设项目引起的效益或影响变化。有无对比分析法是水利建设项目社会评价中常采用的分析评价方法。

8.3.2.3　多因素综合分析评价法

对社会效益和影响进行定量与定性分析后，有时还需要进行综合评价，确定项目的社会可行性，得出社会评价结论。多因素综合评价法主要包含矩阵分析总结法和多目标多层次模糊加权评价法。

(1) 矩阵分析总结法。矩阵分析总结法，是将社会评价的各项定量与定性分析指标按照其权重由大到小依次列入“水利建设项目社会评价综合表”中，如表 8.1 所示，在此基础上进行综合分析和总结评价。

表 8.1　水利建设项目社会评价综合表

序号	社会评价指标 (定量与定性指标)	分析评价结果	简要说明 (包括措施、补偿费用等)
1			
2			
⋮			
n			
总结评价			

将各定量、定性分析的单项评价结果列于矩阵表中，使各单项指标的评价情况一目了然。对矩阵中所列的各指标逐一进行分析，阐明每项指标的评价结果和它对整个项目社会可行性的影响程度。然后将一般可行且影响较小的指标逐步排除，重点考察和分析那些对项目影响大而且存在风险的问题，权衡利弊得失，研究说明对其的补偿措施情况。最后，进行分析和归纳，指出对项目社会可行性具有关键影响的决定性因素，提出规避社会风险的对策措施。该方法直观，能够突出主要矛盾，结论容易被决策者认同和接受。

(2) 多目标、多层次模糊加权评价法。综合利用水利工程，具有指标多、内容复杂、定量与定性指标相互交叉等特点，分析其社会可行性时通常要考虑项目的多个社会因素和目标的实现，并选用多目标决策分析评价方法，根据定量与定性分析指标的重要程度，进行指标隶属度和加权计算，得出综合评价的结论。其具体步骤如下：

1）建立多层次、多准则的评价指标体系。根据水利建设项目的具体情况，在目标层的统领下，首先划分出若干效果层，然后根据每一效果层具体涉及的内容，确定相应指标层，指标层可以包含一个或若干个层次。

在选择社会评价指标时，不同类型的项目会有所差别，社会效果和评价指标的设置和划分都不是绝对的，应根据水利项目的具体情况而定。

2）建立多目标、多层次模糊加权综合评价模型。由于对水利建设项目的社会效益及影响的判断往往带有一定模糊性，同时，许多定性指标的优劣仍要集专家经验进行判定，且某些定量指标仍存在边界的不确定性或划分界定的模糊性。因此，采用模糊决策理论对社会评价进行多目标多层次加权综合评价是比较合理、可行的，因为它集成众多定量、定性因素的同时，融入了专家的智慧与经验。

针对具体水利建设项目，首先在建立指标体系的基础上，确定各层次指标集，假设共分二层（分更多层次方法类似），给定备择对象集（需进行社会评价的项目数，可为一个或多个），包含 m 个备择对象；给定最底层指标集 $V=\{v_1, \cdots, v_l\}$，共 l 个单因素指标。按指标逻辑划分归类，设第一层效果指标集为 $V/p=\{V_1, \cdots, V_n\}$，且 $V_i \cap V_j=\phi$ $(i \neq j)$，$\bigcup_{i=1}^{n} V_i = V$，其中 $V_i=\{V_{i1}, \cdots, V_{ik}\}$，$i=1, 2, \cdots, n$。显然 V_i 含 k_i 个单因素指标，V 共有 $l=\sum_{i=1}^{n} k_i$ 个单因素指标。设 V_i 中第 k 个因素 V_{ik} 的单因素评价矩阵为 $R_{ik}=(r_{ik_1} r_{ik_2} \cdots r_{ik_m})$，$r_{ik_j}$ $(j=1, 2, \cdots, m)$ 表示 V_{ik} 对于第 j 个备择对象的隶属度，按序集成 R_{ik} 得 V_i 的总评价矩阵 $R_i=(R_{i1} R_{i2} \cdots R_{ik_i})^T$。设 V_i 中诸因素权向量为 $W_i=(w_{i1} w_{i2} \cdots w_{ik_i})$，$w_{ij} \in [0, 1]$，且 $\sum_{j=1}^{k_i} w_{ij}=1$，按单层次综合评价模型合成，即有：

$$W_i \cdot R_i = S_i (i=1,2,\cdots,n) \tag{8.1}$$

其中 $S_i=(s_{i_1} s_{i_2} \cdots s_{i_m})$，按序集成第二层（低层次）综合评价结果，形成第一层 V 的指标集评价矩阵 $R=(S_1 S_2 \cdots S_m)^T=(s_{ij})_{n \times m}$，同理，根据 V/p 划分中各效果指标 V_i 的权向量 $W=(w_1 w_2 \cdots w_n)$，$w_i \in [0, 1]$，且 $\sum_{i=1}^{n} w_i=1$，合成即有综合评价矩阵：

$$S^* = W \cdot R \tag{8.2}$$

将上述式（8.1）及式（8.2）融合，即有水利建设项目社会多目标多层次综合评价模型：

$$S^* = W \cdot R = W \cdot (W_1 R_1 W_2 R_2 \cdots W_n R_n)^T \tag{8.3}$$

其中 $S^*=(s_1^* s_2^* \cdots s_m^*)$ 为综合评价矩阵，s_i^* $(i=1, 2, \cdots, m)$ 为第 i 个水利建设项目的综合社会评价结论。若 $m=1$，即为对一个项目的综合社会评价。上述模型用框图形象示意见图 8.1。

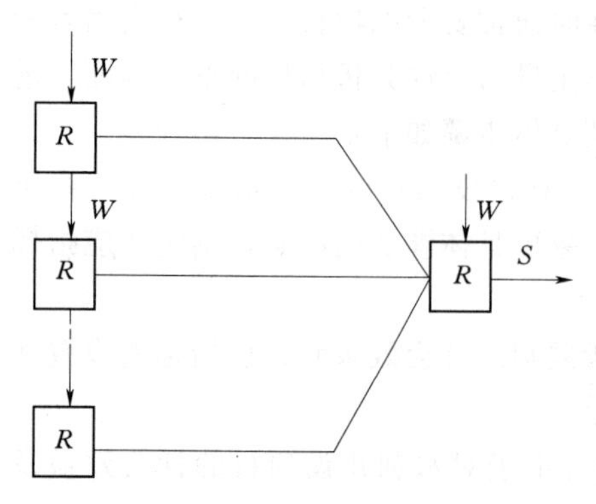

图 8.1　二层次多因素综合评价框图

由此可见，对于三层次指标体系而言，可对 V/p 再度划分，模型及方法类同。

式（8.3）既反映了水利建设项目社会效益、影响指标间的不同层次，又避免了因素过多时难以分配权重或淹没小权重的弊病，适用于水利建设项目的社会评价。

3）确定权重。由式（8.3）可知，为了对水利建设项目进行社会评价，需确定指标体系中各社会效果及各评价指标的权重。权重的确定，通常有层次分析法和德尔菲法。

层次分析法按表 8.2 所示的"1～9"比率标度表确定各社会效果及其各评价指标的相对重要程度，依次建立判断矩阵，通过一致性检验后，再采用层次分析法进行统计计算，求出各权重值。

表 8.2　　两两指标间的相对重要性征询意见表

标度	含　义
1	表示两因素（指标）相比，具有"同等"重要性
3	表示两因素（指标）相比，一个因素比另一个因素"稍微"重要
5	表示两因素（指标）相比，一个因素比另一个因素"明显"重要
7	表示两因素（指标）相比，一个因素比另一个因素"强烈"重要
9	表示两因素（指标）相比，一个因素比另一个因素"极端"重要
2，4，6，8	上述两相邻判断的中值

德尔菲法聘请若干名专家直接对评价体系中的各社会效果及各评价指标的权重进行评判打分。由于各专家所从事的专业不同、工作经验不同，往往给出不同的权重值，此时可取其平均值，调整满足归一准则即可使用。

实际工作中，通常将德尔菲法与层次分析法结合使用，即首先采用德尔菲法确定指标间的相对重要性，再采用层次分析法推求指标权重。

总之，上述方法都是主观性较强的人工赋权方法，但有一定模糊性。针对具体评价项目特征，根据条件可以选择使用。

4）推求各评价指标的评分值（隶属度）。对于各评价指标的评分值（隶属度），可根据统计资料或其他方法计算或评判其对社会效果的影响程度或根据其隶属程度而定。为便于比较，无论定量还是定性指标均用无量纲的相对值表示。

对于某些定性指标，也可以参照表 8.2 中"1～9"比率标度含义，进行隶属度评判。

5）确立评判标准。按式（8.3）计算出的是一个数值，其表达是含义是什么？对应什么样的描述性评价结论？需要建立相应的标准。

根据水利建设项目社会评价的特点，参考国内外有关建设项目评估经验，按水利建设项目社会目标的实现程度和项目所取得的社会效益和影响大小，将其社会影响评价分为完全成功、成功、部分成功、不成功、失败五个等级，并界定如下的标度值供参考使用：

①完全成功（$S^* \geqslant 0.9$）：项目的各项社会目标都已全面实现或超过；相对成本而言，项目取得巨大的社会效益和影响。

②成功（$0.9 > S^* \geqslant 0.7$）：项目的大部分社会目标已经实现；相对成本而言，项目达到了预期的社会效益和影响。

③部分成功（$0.7 > S^* \geqslant 0.5$）：项目实现了原定的部分社会目标；相对成本而言，项目只取得了一定的社会效益和影响。

④不成功（$0.5 > S^* \geqslant 0.3$）：项目实现的社会目标非常有限；相对成本而言，项目几乎没有产生什么社会效益和影响。

⑤失败（$S^* < 0.3$）：项目的社会目标是不现实的，无法实现；相对成本而言，项目亏损，甚至产生负面社会影响，将不得不终止。

6）社会综合评价及结论。由式（8.3）可计算出社会综合评价值，按照评判标准，确定其相应的评价等级和评价结论。

8.4 水利建设项目社会评价指标

水利建设项目社会评价指标体系，需反映水利项目在社会、经济、资源、环境等方面的效益和影响，体现水利项目特点。依据目前国家的相关技术经济政策，可将其划分属于除害兴利、扶贫脱贫、劳动就业、文教卫生事业、地区发展、淹没损失、移民安置、资源利用、生态环境、可持续发展等方面。

当某一水利建设项目进行社会评价时，应根据项目的特点及存在的关键问题，有针对性地选用指标，本着少而精、抓主要矛盾的原则，只要能说明项目的主要问题及其特点即可。选用指标时要注意有项目和无项目两种情况的对比分析，判断其有利或不利影响及其影响程度。现主要对一些可定量计算的指标描述于后，供参考选用。

8.4.1 防洪、治涝

评价防洪工程时，需了解防洪标准、保护的面积、人口和财产，当发生各频率洪水时可能造成的损失、应急防护措施等。评价治涝工程时，需了解治涝标准、涝区面积及治涝效益等。防洪、治涝工程的社会评价指标如下：

（1）工程防洪、治涝的能力，从多少年一遇提高到多少年一遇。

（2）项目保护人口和移民人口比=下游保护人口数/库区移民人数。

（3）项目保护耕地和淹没耕地比=下游保护耕地面积/库区淹没耕地面积。

（4）单位保护面积投资=总投资/保护面积，万元/km^2。

8.4.2 灌溉

我国人多耕地少，灌溉是提高产量的关键措施，社会评价可采用如下指标：

（1）人均增加灌溉面积=项目区新增灌溉面积/项目区农业人口总数，亩/人。

（2）人均增加粮食产量=项目区新增农业总粮食产量/项目区农业人口总数，kg/人。

（3）人均增加收入=项目区新增农业总收入/项目区农业人口总数，元/人。

(4) 单位新增灌溉面积投资=灌溉工程投资/新增灌溉面积，元/亩。

8.4.3 供水

城镇供水包括工业用水和生活用水两大部分。工业用水量一般用万元产值耗水量表示，随着物价上涨、节水工艺水平提高，该指标将不断降低。生活用水包括居民住宅用水，文教、卫生、机关、公共服务行业的用水，以及消防、绿化、环境卫生等公益用水。社会评价可采用如下指标：

(1) 单方供水量投资=供水工程投资/年供水量，元/m^3。

(2) 工业万元产值耗水量=工业总耗水量/工业总产值，m^3/万元。

(3) 人均日生活用水量=项目区日生活用水总量/城镇居民人口总数，L/（人·d)。

8.4.4 水力发电

需调查本地区在国民经济各发展阶段的需电量，电力系统对水力发电的供电要求等。社会评价可采用如下指标。

(1) 年人均用电量=项目影响区年供电量/项目影响区人口总数，kW·h/人。

(2) 单位装机容量投资=水电站总投资/水电站装机容量，元/kW。

(3) 单位供电量投资=水电站总投资/水电站年供电量，元/（kW·h)。

8.4.5 航运

内河航运在我国交通运输业中占据重要地位。兴建水利枢纽工程后，由于库水位抬高，水域增宽、流速变缓，增加了干、支流可通航里程，为发展库区航运提供了有利条件；水库下游河道由于枯水期调节流量及其水深有所增加，通航能力也相应得到提高。但另一方面，由于水工建筑物阻隔了河道，对航运也产生些不利影响，在此情况下，需修建船闸或升船机，以便上下游通航。社会评价可采用如下指标：

(1) 兴建水库后上下游干流及支流增加的通航里程，km。

(2) 干、支流航道增加的年运输能力，t/年。

8.4.6 环境保护、水土保持

水利工程的建设与运营，通常对环境都将产生一定影响，对水资源和库区在减少污染、保护生态等方面发挥正面或负面作用，可检测项目实施后水、空气、噪声等污染物的指标值，以是否符合国家、行业公布的相关环境标准作为评价标准。水土保持的社会效益主要表现在减轻山洪、泥石流灾害；减轻泥沙对河流、水库及其他水利设施的危害；保持水土和减少水、肥、土的流失，促进当地农、林、牧业的发展以及保护和改善生态环境等方面。

本项社会评价可采用如下指标：

(1) 水环境、大气、声环境、废渣等指标的变化。

(2) 森林覆盖率=森林面积/土地总面积×100%。

(3) 项目实施后对环境产生的影响。受众直观感受，定性评价。

（4）人均家庭收入增加值＝治理区家庭总收入增加值/治理区农业人口总数，元/人。

（5）人均粮食产量增加值＝治理区粮食总产量增加值/治理区农业人口总数，kg/人。

（6）减少水土流失面积指数＝项目减少水土流失面积/项目区土地总面积×100％。

（7）人均占有绿化面积＝绿化总面积/人口总数，亩/人。

8.4.7 扶贫、脱贫

（1）脱贫率＝项目区脱贫人口数/项目区扶贫人口总数×100％。

（2）扶贫区人均收入增长值＝因项目增加的总收入/扶贫人口总数，元/人。

8.4.8 劳动就业

兴修水利建设项目，可带来直接和间接的就业效果。根据就业效果的大小，可以衡量项目在就业方面对社会所作出的贡献。社会评价可采用如下指标：

（1）直接就业效果＝项目提供的直接就业人数/项目总投资，人/万元。

（2）间接就业效果＝相关部门新增就业人数/项目区相关部门新增投资，人/万元。

（3）新增就业率＝新增就业人数/项目区城镇劳动人口数×100％。

（4）新增转业率＝新增农转非就业人数/项目区农村农业劳动人口数×100％。

上述各式中：就业效果中的就业人数包括城镇失业人口的就业者和农转非就业者；就业率中的新增就业人数只包括城镇失业人口中的就业者。

8.4.9 分配效果

公平分配主要通过政府的税收、价格以及工资制度等政策来实现，目的是为了减少地区间经济发展不平衡，缩小贫富差距，提高广大人民的生活水平。社会评价可采用如下指标：

（1）国家收入分配效果＝国家从项目获得的利益分配额（税金、利润等）/项目国民收入总额×100％。

（2）地方收入分配效果＝地方从项目获得的利益分配额（当地工资收入、当地政府利税收入等）/项目国民收入总额×100％。

（3）投资者收入分配效果＝投资者从项目获得的利益分配额（利润、股息）/项目国民收入总额×100％。

（4）职工收入分配效果＝职工总收入/项目国民收入总额×100％。

8.4.10 促进文教、卫生事业发展

水利建设项目的综合开发，可以促进当地文化、教育和卫生事业的发展。社会评价可采用如下指标：

（1）学龄儿童入学率＝项目区学龄儿童学生人数/项目区学龄儿童总数×100％。

（2）每万人大专文化程度人数＝项目区大专文化程度人数/项目区人口总数，人/万人。

（3）每千人医疗卫生人数＝项目区医疗卫生人数/项目区人口总数，人/千人。

（4）每千人医疗床位数＝项目区医疗床位数/项目区人口总数，张/千人。

8.4.11　水库淹没损失

修建水库，一方面产生了巨大经济效益，另一方面也带来了较大的淹没损失，因此必须作好淹没处理和移民安置规划。社会评价可采用如下指标：

（1）单位库容淹没耕地＝淹没耕地面积/总库容，亩/亿 m^3。

（2）单位库容移民人数＝移民总人数/总库容，人/亿 m^3。

8.4.12　移民安置

移民安置，通常都是水利工程建设必须慎重面对的课题，以往有不少严重的教训。为了妥善安置移民生产、生活，以求长治久安，我国目前采取开发性的移民方针。移民安置是水利建设项目社会评价的重点之一，可采用如下指标：

（1）移民人均安置投资＝移民总投资/移民总人数，元/人。

（2）移民安置前后人均产粮增长率＝（安置后人均产粮－安置前人均产粮）/安置前人均产粮×100％。

（3）移民安置前后人均年纯收入增长率＝（安置后人均年纯收入－安置前人均年纯收入）/安置前人均年纯收入×100％。

（4）移民安置完成率＝已安置移民人数/应安置移民人数×100％。

8.4.13　资源开发利用

（1）水量资源利用率增量＝（有项目水量资源利用率－无项目水量资源利用率）×100％。

（2）水能资源利用率增量＝（有项目水能资源利用率－无项目水能资源利用率）×100％。

（3）水资源节约指标。

（4）节约或新增土地数量。

（5）其他自然资源节约的数量。

8.4.14　可持续性影响

评价项目实施给地区、行业发展带来的可持续性影响，对节约能源、环境功能、项目具体效果等作出的持续贡献，可考虑在如下几方面进行评价：

（1）项目对国家（地区）经济与社会发展的可持续影响，促进当地及流域经济发展所带来的政策扶持、吸引投资等方面的可持续影响。

（2）项目实施对能源节约的持续贡献和作用，比如航运节约燃料能源消耗，水电节约煤电能源消耗。

（3）项目对交通运输可持续发展的影响，促进国家（地区）综合运输发展。

8.4.15　互适性指标

（1）群众参与率＝项目区参与项目活动的人数/项目目区人口总数×100％。

（2）妇女参与率＝项目区参与项目活动的妇女人数/项目目区妇女人口数×100％。

（3）项目支持率＝项目区支持项目的人口数/项目目区人口总数×100％。

（4）项目满足地方需求（灌溉、供水、水土保持）的程度（以百分数表示）。

（5）受损群众的补偿程度。

习　题

1. 为什么水利建设项目必须进行社会评价？其主要作用在哪几个方面？水利建设项目社会评价的原则是什么？水利建设项目社会评价有何特点？水利建设项目社会评价主要内容有哪几个方面？

2. 解释水利建设项目与社会发展相互适应性分析，并说明包括哪几方面内容。

3. 根据多目标、多层次分析综合评价法，搜集相关资料，试建立三峡水利枢纽工程的社会综合评价模型（指标体系及评价模型）。

第9章　水利建设项目后评价

作为水利建设项目前期工作的重要组成部分，可行性研究和项目评价起到一定的作用。但可行性研究和项目评价是在项目建设前进行的，其判断、预测是否正确，项目的实际效果究竟如何，这都需要在项目竣工投产后根据实际数据资料进行再评价来检验和总结，这种再评价就是项目后评价，是项目建设的最后程序，其目的是总结经验，吸取教训，以便提高项目的决策水平和投资效益。

9.1　概　　述

9.1.1　项目后评价的概念及特点

项目后评价是指对已建成项目的目的、执行过程、效益、作用和影响所进行的系统、客观的分析和总结，即根据项目的实际成果和效益，检查项目预期的目标是否达到，项目是否合理有效，项目的主要效益指标是否实现；通过分析评价，找出成败的原因，总结经验教训；并通过及时有效的信息反馈，为未来新项目的决策和提高、完善投资决策管理水平提出建议；同时也为项目运营中出现的问题提出改进建议，从而达到提高投资效益的目的。

项目后评价的性质、特点与项目前评价不同。前评价是在项目决策前，在调查研究和技术经济论证的基础上，分析项目的技术正确性、财务可行性和经济合理性，为项目决策提供可靠依据；后评价则是在项目竣工投产并运营一段时间后对项目进行的回顾性评价、经验教训总结，同时提出进一步提高效益的建议，通常具有如下特点。

（1）现实性。后评价是分析研究项目从规划设计、立项决策、施工建设直到生产运行的全过程实际情况，因而要求在项目竣工、并运营一段时间以后进行。其所依据的数据是已经发生的实际数据或者根据现实情况重新预测的数据。

（2）全面分析、重点突出。后评价既要研究项目的投资和建设过程，还要分析效益和生产运行过程；既要深入分析项目的成败得失，总结项目的经验教训，又要提出进一步提高项目效益的意见和建议。

后评价既要全面分析项目的投入和产出，总结经验教训，又要突出重点，针对项目存在的核心问题，提出有效的改进措施和建议。

（3）公正、独立性。后评价是分析已建成工程的现状，发现问题，研究对策，并探索未来的发展方向，要求后评价人员具有较高的业务水平和职业素养，具有不偏不倚的公正态度，独立工作。项目的利益相关者和前期咨询评估人员通常不宜参加后评价工作。

（4）反馈性。后评价的成果应及时反馈给相关部门，如投资决策部门、设计施工单位、项目咨询评估机构等，使他们能够及时了解情况，吸取经验教训，改进和提高今后工作的质量。

9.1.2 项目后评价的目的与作用

根据后评价的概念及特点可知，项目后评价的目的与作用主要有以下几点。

（1）为政府制定投资计划、政策提供依据。通过项目后评价能够发现宏观投资管理中的不足，从而使政府能及时修正某些不适应经济发展的技术经济政策，修订某些已过时的指标参数。同时，政府还可以根据后评价所反馈的信息，合理确定投资规模和投资流向，协调各产业、各部门之间及其内部的各种比例关系，并运用法律的、经济的、行政的手段，促进水利建设事业的良性循环。

（2）提高项目决策科学化水平。项目前评价所作的预测是否准确，需要后评价来检验。通过建立完善的项目后评价制度和科学的方法体系，一方面可以增强前评价人员的责任感，促使评价人员努力做好前评价工作，提高项目预测的准确性；另一方面可以通过项目后评价的反馈信息，及时纠正项目决策中存在的问题，从而提高未来项目决策的科学化水平。

（3）总结项目管理的经验教训，提高项目管理水平。水利建设项目管理是十分复杂的活动，它涉及政府主管部门、业主、设计、施工、监理、制造、物资供应、银行等许多部门，只有这些部门密切合作，项目才能顺利进行。如何协调各部门之间的关系，各方面应采取什么样的协作形式等都尚在不断探索的过程中。项目后评价通过对已建成项目实际情况的分析研究，总结项目管理经验，指导未来项目管理活动，从而可以提高项目管理水平。

（4）诊断项目运营管理状况，提出改进的建议方案。项目后评价是在项目运营阶段进行的，因而可以分析和研究项目投产初期和达产时期的实际情况，比较实际情况与预测情况的偏离程度，探索产生偏差的原因，提出有效措施，促使项目运营状态正常化，充分发挥其经济、社会效益。

9.1.3 项目后评价的种类

一般而言，从项目开工之后，即项目投资开始发生以后，由监督部门所进行的各种评价，都属于项目后评价的范畴，这种评价可以延伸至项目的寿命期末。因此，根据评价时点，项目后评价可细分为跟踪评价、完成评价、影响评价。

9.1.3.1 跟踪评价

跟踪评价也称中间评价或实施过程评价，它是指在项目开工以后到项目竣工以前任何一个时点所进行的评价。这种由独立机构进行的评价之主要目的是，检查评价项目实施状况（包括进度、质量、费用等）；评价项目在建设过程中的重大变更（如项目的产品市场发生变化、概算调整、重大方案变化等）及其对项目效益的作用和影响；诊断项目发生的重大困难和问题，寻求对策和出路等。

9.1.3.2 完成评价

完成评价又称总结评价或终期评价，它是在项目投资结束，各项工程建设竣工，项目的生产效果已初步显现时进行的一次较为全面的评价。完成评价是对项目建设全过程的总结和对项目效益实现程度的评判，其内容主要包括项目选定的准确性及其经验、教训的分析，项目目标的制定是否适当，项目采用的技术是否适用，项目组织机构和管理是否有效，项目市场分析是否充分、全面，项目财务和经济分析是否符合实际，项目产生的社会影响，预期目标的实现情况，预期目标的有效程度等等。

9.1.3.3　影响评价

影响评价又称事后评价，它是指在项目效益得到正常发挥后（一般投资完成 5～10 年后）直到项目报废为止的整个运营阶段中任何一个时点，对项目所产生影响进行的评价。影响评价侧重于对项目长期目标的评价，通过调查项目的实际运营状况，衡量项目的实际投资效益，评价项目的发展趋势和对社会、经济及环境的影响；发现项目运营过程中在经营和管理方面的问题，提出改进措施，充分发挥项目的潜力。

9.1.4　项目后评价的基本内容

项目后评价主要包括对项目目标、过程、经济效益、影响和可持续性五个方面的评价。通过五方面评价，综合分析项目是否达到预期目标，总结其经验教训，提出结论性意见和建议，以便进一步提高企业经济效益，并供今后同类项目借鉴。

9.1.4.1　目标评价

评定项目立项时所预定目标的实现程度，要对照原定目标所需完成的主要指标，根据项目实际完成情况，评定项目目标的实现程度。如果项目的预定目标未全面实现，需分析未能实现的原因，并提出补救措施。目标评价的另一项任务，是对项目原定目标的正确性、合理性及实践性进行分析评价。有些项目原定的目标不明确，或不符合实际情况，项目实施过程中可能会发生重大变化，如政策性变化或市场变化等，项目后评价要给予重新分析和评价。

9.1.4.2　过程评价

项目的过程评价应对立项评估或可行性研究时所预计的情况与实际执行情况进行比较和分析，找出差别，分析原因。过程评价主要包括：一是项目的立项决策评价，即立项条件和决策依据是否正确，决策程序是否符合规定等；二是勘测设计评价，即地质勘测的深度、勘测工作对设计与施工的满足程度，设计方案的比较选择和优化情况、技术上的先进性和可行性、经济上的合理性等；三是施工阶段评价，即施工准备、招标投标、工程进度、工程造价、工程质量、工程监理以及合同执行情况等；四是生产运营评价，即生产和销售情况、原材料、燃料供应情况、资源综合利用情况、生产能力的利用、财务收支和盈亏情况等。通过过程评价，还要查明项目成功及失败的原因。

9.1.4.3　经济效益评价

经济效益评价主要包括：一是企业财务效益评价，即以项目投产运营后的实际财务成本为基础，按照国家规定的财税制度和价格体系，计算实际达到的财务评价指标，如财务内部收益率、财务净现值、投资回收期、贷款偿还期、投资利税率等，与项目规划设计指标相比较，分析财务效益实现程度，以及出现差异的原因；二是国民经济效益评价，即从国家整体角度，采用影子价格和影子工资，分析计算项目对国民经济的净贡献，其评价指标可采用经济内部收益率、经济净现值等；三是投资使用情况评价，即评价投资是否及时到位和使用是否合理等，分析决算与概算的差异、变化原因及其合理性。在计算上述效益评价指标时，应认真执行《建设项目经济评价方法与参数》（第三版）的规定。

9.1.4.4 影响评价

影响评价主要包括：①经济影响评价，即分析评价项目对国家、地方的宏观经济影响，对地方（或部门）经济发展的影响，对国民经济结构的影响，对提高宏观经济效益的影响，以及对国民经济长远发展的影响等；②科学技术进步影响评价，即分析评价项目采用的工艺技术或引进的技术装备的先进性及其与国内外同类技术装备的比较，对本部门、本地区技术进步的作用和潜在效益等；③环境影响评价，即评价项目对环境质量、资源节约与利用、生态平衡及环境管理的影响等；④社会影响评价，即评价项目对社会文化、教育、卫生的影响，对社会就业、扶贫、公平分配、社区生产与生活、社区与群众参与、社区组织机构发展、妇女、民族团结、风俗习惯、宗教信仰等的影响。

9.1.4.5 持续性评价

对项目是否能持续发挥投资效益、企业的发展潜力和挖潜改造的前景等，进行分析评价，做出判断，提出项目持续发挥效益必须具备的内部、外部条件和需要采取的措施。持续性评价应分析的因素包括：一是项目本身的，如项目管理、财务、技术、环境保护、人员素质；二是项目外部的，如政治、经济、社会、环境生态、地方参与程度等因素。

9.2 水利建设项目后评价的主要内容及指标

建设项目后评价大体分为两类。

一类是全过程评价，即从项目的立项决策、勘测设计等前期工作开始，到项目建成投产运营若干年后的全过程评价。

另一类是阶段性评价或专项评价，可分为规划设计、立项决策和建设必要性评价、施工监理评价、运行管理评价、经济后评价、防洪后评价、灌溉后评价、发电后评价、环境生态后评价、移民安置后评价等。

我国目前推行的后评价主要是全过程后评价，在某些特定要求下，也进行过阶段性或专项后评价。

水利是国民经济的基础设施和基础产业，具有特殊性，它对社会和环境的影响十分巨大，内容十分广泛，包含防洪、治涝、灌溉、城镇供水、水域旅游、环境生态、发电、水土保持、航运等。防洪、治涝、水土保持等水利项目属于社会公益性项目，其本身财务收益很少，但社会效益很大；水力发电和城镇供水等水利项目的社会效益很大，也有不少财务收益；有些水利项目是多目标综合利用水利枢纽，在后评价时首先需要进行投资分摊计算。

根据水利行业特点，建议水利建设项目后评价主要内容包括：规划、设计和立项决策后评价、工程建设与管理后评价、经济效益后评价、移民安置后评价、环境影响后评价、社会影响后评价和综合后评价等，具体使用时可以根据项目特征进行取舍、分拆或合并进行评价。

9.2.1　规划、设计和立项决策后评价

决策是指人们为达到一定目标，从各种可能的方案中进行选择和确定。正确的决策，将为人们带来巨大的经济效益和社会效益；而错误的决策，将会导致政治、经济和社会等各方面的巨大损失，甚至造成难以弥补的严重后果。由此可见，科学决策对于政治、社会、经济等各个方面都有着非常重要的意义。

规划设计和立项决策对项目建设的成功与否具有决定性意义，决策和规划设计的失误，可能是最大的失误。因此，在水利建设项目后评价中的规划设计和立项决策后评价是十分重要的，应包括能全面反应开发任务、建设方案、建设规模、经济效益与社会效益以及工程量、投资等主要指标。

水利建设项目规划设计所包括的内容很多，有工程建设任务、水文参数和地质条件、工程规模、主要建筑物型式和总体布置、各水工建筑物设计、机电设备和金属结构的安装、施工组织设计、水库淹没、移民迁建、环境保护、工程管理和经济评价等。

水利建设项目尤其是大型水利工程项目，由于国民经济形势的变化或其他原因，工程建设一段时间后有可能出现修改设计和多次决策的问题。因此规划设计和立项决策后评价，不仅应包括开工前的规划设计和立项决策，还要包括对修改设计和重新决策的评价，全面总结经验教训。

9.2.1.1　规划、设计后评价

根据施工建设和实际运行资料，对照原规划设计方案的主要指标，进行比较分析和复核，找出产生差距的原因，总结经验教训，提出改进规划设计方案的建议。这主要包括以下几个方面。

(1) 工程任务复核与分析。根据工程建设以来国民经济和社会发展情况，复核论证原工程建设的必要性、工程建设的主要任务和综合利用的主次顺序、工程开工建设时间等是否合适，若有变化，原因何在。

(2) 水文资料复核与分析。这主要分析水文资料变化对原设计方案中工程效益和工程安全的影响。

(3) 地质条件复核与分析。这主要分析原设计中采用的地质、地震参数是否合适，对工程安全有无影响。若发现有影响工程安全的新的地震参数或地质问题，应提出对策和建议。

(4) 工程选址、选线合理性分析。需对工程坝址选择或渠道、堤防线路选择的合理性进行分析与评价。

(5) 工程规模复核与分析。这主要分析原设计方案所选定工程规模的合理性，现在是否能满足实际要求，原设计选定的工程规模偏大还是偏小，必要时提出修改意见或建议。

(6) 工程等级和设计标准的分析与复核。

(7) 主要建筑物型式和总体布置方案的分析与评价等。

9.2.1.2　立项决策后评价

水利建设项目立项决策后评价，主要包括以下内容。

(1) 立项条件和决策依据是否正确。工程建设必须立项，按国家发展与改革委员会规

定，项目建议书被批准后就称为立项。立项条件和决策后评价，主要检查决策所依据的资料是否完整可靠，是否符合国家有关政策；立项所主要依据的文献是否包括国家和相关地区的国民经济和社会发展规划，是否包括流域规划和地区水利发展规划等文件。

（2）决策程序是否符合要求。在对项目调查了解的基础上，对项目的决策程序是否符合要求应作出评价。

9.2.1.3 结论和建议

在全面分析与评价的基础上，应对规划设计和立项决策的合理性和正确性作出综合评价结论和建议。

（1）从工程建成后的效益发挥情况及其对地区社会经济发展影响看，对工程建设任务、工程规模、开工建设时间以及对工程规划设计和立项决策的宏观整体正确性作出评价。

（2）从工程投入运行后的实际效果看，对工程规划设计方案的技术先进性、财务可行性和经济合理性作出评价。

（3）根据实际工程量、工期、投资和工程效益与设计预测值的偏离程度，对规划设计方案的工作深度作出评价。

（4）根据对工程规划设计后评价中发现的问题，提出意见或建议，改进和完善规划设计方案，力求使工程更好地发挥效益，并走上可持续发展之路。

9.2.2 工程建设与管理后评价

工程建设是指工程自开工到竣工验收整个时段，是工程财力、物力、人力集中投放和固定资产逐步形成的时期，对工程能否安全运行和发挥效益起着关键作用。工程建设后评价的目的，在于分析问题，总结经验，以利今后在工程建设中进一步提高组织管理及施工技术水平。其主要评价指标包括实际建设工期（建设项目从开工之日起至竣工之日止所实际经历的有效日历天数，是反映项目实际建设速度的指标，工期长短对项目投资效益的影响极大）、实际工期偏离率（反映实际建设工期与原先安排的计划工期的偏离程度）、实际投资总额（项目竣工验收后重新核定的实际完成投资总额）、实际投资总额偏离率（反映实际投资总额与项目前评价中预期投资总额的偏离程度）。

工程建设后评价主要分为施工准备后评价、施工后评价和竣工验收后评价三个部分，侧重调查研究实际施工情况和竣工验收报告是否符合施工组织设计要求，实际施工过程有无改进和不足之处，工程质量有无问题，总结经验教训、提出合理化建议。

9.2.2.1 施工准备后评价

施工准备是建设项目施工前的基础工作，施工准备工作充分与否，直接影响到项目建设能否按期完成、能否有较好的工程质量和较低的工程投资。其后评价内容包括开工条件、施工组织机构、施工组织设计等。

（1）开工条件。开工条件是否具备，手续是否齐全，施工现场的“四通一平”、占地补偿和大型临时设备、主要物资供应等项工作是否已经完成，项目提前或推迟开工的原因以及对整个项目施工的影响等。

（2）施工组织机构。施工建设管理机构是否完善，施工组织方式是否合理，施工、监理和设备采购是否进行招标、投标，其公平、公正和公开性如何，所签订的施工承包合同是否完善等。

(3) 施工组织设计。施工组织设计文件的编制是否满足业主对工程的要求，施工现场总体布置、施工方案、保证工程质量和施工安全的技术组织等措施是否合理等。

9.2.2.2 施工后评价

施工后评价包括施工中的重大变更、施工进度控制、施工投资控制和施工质量控制等内容。

(1) 施工中的重大变更。施工中的重大变更包括工程项目范围的变更、重大的设计变更以及重大的施工方案变更等，应评述变更的原因及其对建设工期和投资的影响。

(2) 施工进度控制。单项工程实际开工、竣工日期以及工程实际进度与计划进度对比有何差别，提前或推迟的原因和补救措施，对工程总工期变化的情况及其影响进行分析。

(3) 施工投资控制。工程建设资金来源、到位和使用控制等情况及其对工程建设的影响，施工中各项设备购置、物资消耗定额、实际完成工程投资、施工成本等与计划存在的差别及其原因。

(4) 施工质量控制。实际工程质量指标与设计或合同文件中的规定存在的差异及其发生的原因，工程质量能否保证项目投产后正常运行，曾发生工程质量事故的原因，处理情况及其造成的损失等。

9.2.2.3 竣工验收后评价

竣工验收是项目施工建设周期的最后一道程序，也是工程项目即将投入运营的标志，其目的是全面核查工程的完成数量和施工质量，能否保证工程投入正常运行。

竣工验收后评价需评价竣工验收的程序和组织机构是否符合国家有关规定，竣工验收是否遵循规定的验收标准，各项技术资料是否齐全，工程招标投标等有关合同实际执行情况，收尾工程和遗留问题的处理情况，各阶段单项工程的验收结果，竣工决算投资超支或节余的原因分析等。

9.2.2.4 工程管理

着重研究历年调度运用和经营管理情况，从中发现问题，提出改进办法和措施，并在水工建筑物运行工况和监测数据分析的基础上，分析建筑物的稳定安全性，是否存在工程质量问题。最后对整个水利工程提出后评价结论和建议。其主要评价指标包括：

(1) 工程质量复核合格率，达到规定的合格标准的单位工程个数占复核的单位工程总个数的百分比。

(2) 运行工况合格率，运行工况合格的单位工程个数占复核的单位工程总个数的百分比。

(3) 安全复核率，后评价安全复核时，按断面、结构、渗流、抗震、防洪等核算结果，均能满足安全要求的工程个数占复核的工程总个数的百分比。

9.2.2.5 结论和建议

(1) 后评价结论。根据对工程建设与管理各分项的评价意见，综合扼要地提出对项目的工程建设与管理后评价意见，作为整个项目后评价意见的一部分。

(2) 建议。结合对工程建设与管理有关问题的分析研究，提出工程成功或失败的经验教训，同时针对工程建设与管理中存在的主要问题，就如何改进提出建议，供有关部门参考。

9.2.3 经济效益后评价

9.2.3.1 财务后评价

水利工程后评价中，财务评价是整个后评价的重点。计算时，工程投资应包括主体工程投资和配套工程投资，采用经决算的实际工程投资，对综合利用水利工程还应进行投资分摊。财务后评价的财务收入和财务支出均采用历年实际数字，并考虑物价指数进行调整，其参数和计算方法应以《建设项目经济评价方法与参数》（第三版）和 SL 72—94《水利建设项目经济评价规范》为依据。其主要评价指标包括：

（1）工程投资及其偏离率。可按实际工程投资与概算投资之差占概算投资的百分率计算，是衡量项目工程投资预测水平的指标。

（2）实际工程效益及其偏离率。

（3）实际财务评价指标及其偏离率，主要针对财务净现值、财务内部收益率、借款偿还期、投资回收期等核心指标。

9.2.3.2 国民经济后评价

国民经济评价和财务评价相同，也应以《建设项目经济评价方法与参数》（第三版）和相关规范为依据，把财务评价中的实际投资和实际年运行费换算为影子投资和影子年运行费，效益也应按影子价格进行调整，并应注意采用与财务评价相同的价格水平年。其主要评价指标包括经济净现值及其偏离率、经济内部收益率及其偏离率、经济效益费用比及其偏离率。

9.2.4 社会及环保后评价

9.2.4.1 移民安置

按照工程初步设计阶段批准的移民安置规划，把目前已实施的移民安置情况和移民安置规划进行对比，从中找出问题，提出对策和建议。其主要评价指标包括移民安置完成率（移民村庄、搬迁人口、生活生产用地、房屋建筑等实际完成数占计划总数量的比率）、移民生产生活条件达标率（移民居住环境、住房条件、划拨的耕地、发展生产的措施、资金拨付及实际投资等达到规定指标的比率）。

9.2.4.2 社会影响

复核项目对社会环境、社会经济的影响以及与社会相互适应性分析，并与前评价进行对比，从中发现问题，提出对策和结论性建议。其主要评价指标包括：社会就业效果、效益分配效果，以及项目满足社会需求程度，包括项目满足社会需求的百分数、受损群众的补偿程度等。

9.2.4.3 环境影响

按照工程初步设计阶段批准的环境保护设计及环境监测站网布置，把目前情况作对比，发现问题，提出评价结论和建议。其主要评价指标包括气候、水文、水质、水温、土壤、陆生物、水生物、水土流失、农业生态、人群健康、文物景观等要素的变化。

9.2.4.4 水土保持

对项目区水土流失特征进行调查，同时评价建设和运行过程中的水土保持执行情况，包括检查评价水土保持方案编制、水土保持措施执行、水土保持监测措施执行等情况，提出评价结论，指出存在的问题并给出相应建议。

9.2.5 综合后评价

根据以上各部分的深入调研和评价结论，提出工程的综合后评价成果，也可以建立指标体系和综合评价数学模型，采用 8.3.2.3 节所述的“多目标、多层次模糊加权评价法”对项目进行综合定量评价，以便与其他投资项目进行横向比较。

9.3 水利建设项目后评价的方法与程序

9.3.1 水利建设项目后评价的方法

水利建设项目后评价的方法主要指调查搜集资料的方法和分析研究的工作方法，其中既有定量对比方法，也含有定性分析方法。

9.3.1.1 调查搜集资料

调查搜集资料的方法很多，如利用现有资料，到现场进行观察，进行个别访谈，召开专题调查会，问卷调查、抽样调查等。一般根据后评价的具体要求和搜集资料的难易程度，选用适宜的方法。有时采用多种方法对同一内容进行调查分析，相互验证，以提高调查成果的可信度，具体作法如下。

(1) 利用现有资料。根据现有的有关经济、技术、社会及环境等资料，摘取其中对后评价有用的信息与有关的内容。

(2) 现场观察。后评价人员亲临项目现场，直接观察，从而发现存在的问题。

(3) 访谈。通过对移民、业主、决策部门等有关人员进行访谈，可以直接了解访谈对象的观点、态度、意见、情绪等方面的信息，从而获得有价值的资料。

(4) 专题调查会。针对后评价过程中发现的重大问题，邀请有关人员参加专题调查会，共同研讨，揭示矛盾，在调查会上从不同角度分析产生问题的原因，相互补充，从而获得从其他途径很难得到的信息。

(5) 问卷调查。要求被调查者按事先设计的书面意见征询表中的问题和格式回答所有同样的问题，由此取得的问卷调查结果易于统计分析，便于定量对比。在水利建设项目社会影响后评价和环境影响后评价中常采用此种方法。

(6) 抽样调查。当需要调查的面广，调查对象数量多，为节约时间和费用时可采用此法。例如在调查水库移民安置效果等问题时，就可采用抽样调查法。

9.3.1.2 分析研究

常用的后评价分析研究的方法有定量分析方法、定性分析方法、有无项目对比分析方法和综合评价方法等。

(1) 定量分析方法。在投资、效益、就业、文教、卫生、水量、水质等方面的问题，凡是能够采用定量数字或定量指标分析的方法，统称定量分析法。采用此法可找出项目实际效果与预测效果的差距，便于总结经验和教训。

(2) 定性分析方法。水利工程的社会影响、环境影响比较广泛，关系比较复杂，需进行定性分析，但定性分析也要在可比的基础上进行实际效果与预计效果的对比分析。

(3) 有无项目对比分析方法。很多大型水利建设项目建成后的效果，不仅仅是项目本身的作用，可能还有项目以外其他多种因素的影响，诸如体制改革、经济政策、价格政策等因素的影响，因此简单的前后对比不能得出真正的项目效果的评价结论。应采用有无项目对比分析方法，对有项目情况与假设无项目情况两者之间进行比较和分析。

(4) 综合评价方法。有无项目对比分析常常和定量分析、定性分析结合在一起进行综合分析评价，这样可以得出比较全面、满意的效果。

9.3.2　水利建设项目后评价的程序

水利建设项目后评价的程序，一般可分为提出问题、筹划准备、深入调查和搜集资料、选择后评价指标、进行后评价工作和编制后评价报告等。

9.3.2.1　提出问题

首先要明确后评价的任务、具体对象、目的与要求，然后提出参加后评价的单位，可以是国家计划部门、水利主管部门，也可以是工程管理单位。

9.3.2.2　筹划准备

项目后评价的提出单位，可以委托工程咨询公司或其他有资格的单位进行后评价，也可以自己组织实施。接受任务单位应组织一个相对独立的后评价小组，成员以后评价专家为主，积极进行筹备工作，制定较为详尽的后评价工作计划，其中包括组织机构的建立、人员配备、后评价内容、后评价方法、后评价指标，以及时间进度计划和工作经费预算等，报请上级有关部门批准后即可开始进行后评价工作。

9.3.2.3　深入调查和搜集资料

翔实的基本资料是进行项目后评价的基础，因此对基本资料的调查、搜集、整理、综合分析和合理性检查，是做好后评价工作的重要环节。这些资料主要包括以下方面。

(1) 工程规划设计资料。如项目建议书、工程设计任务书、可行性研究报告、初步设计报告等，其中包括工程的主要设计方案和设计实物工程量、工程投资、工程成本、工程效益、社会和环境影响等资料，以及工程国民经济评价和财务评价成果等。

(2) 工程施工建设和竣工资料。如工程竣工验收报告及有关合同文件等，其中包括实际建成的工程方案和施工方法，实际完成的工程量和投资额以及施工建设总结性材料等。

(3) 项目运行管理资料。如管理体制、机构设置、人员编制职责等资料；各年的实际年运行费及成本计算等资料；历年的实际效益包括逐年发电量、减免的洪涝灾害损失、城镇供水量、实际灌溉用水量和灌溉面积以及实际财务收入、历年上缴税金和利润等资料；投入运行后工程运行工况和工程质量、工程安全复核以及运行管理中经验教训等总结资料。

(4) 社会经济和社会环境资料。如移民搬迁安置、移民生产生活调查报告、环境监测报告以及项目对社会经济发展等研究报告。

(5) 与本行业有关的资料。如国内外同类已建、在建和拟建项目的投资、年运行费(经营成本)、各种工程量及单价和经济效益、社会影响、环境影响等资料。

(6) 国家经济政策和其他有关的技术经济资料。如国家金融、物价、投资和税收政策;国家、省、地、县的年度国民经济和社会发展报告、年度财政执行报告以及有关统计年鉴和水利年鉴等资料。

9.3.2.4　选择后评价指标

选择后评价指标是后评价工作中关键的一步,要根据工程规划、设计、建设和运行管理状况,针对工程特点,结合工程本身存在的问题以及工程对所在地区经济、社会和环境的影响,选择合适的评价指标。

9.3.2.5　分析评价

根据调查资料,对工程进行定量与定性分析评价,一般按下列程序进行。

(1) 对调查资料和数据的完整性和准确性进行检验,并依据核实后的资料数据进行分析研究。

(2) 计算各项经济、技术、社会及环境评价指标,对比工程实际效果和原规划设计意图,对比后评价实际值与前评价预测值,找出存在的问题,总结经验教训。

(3) 对难于定量的效益与影响应进行定性分析,揭示工程存在的经济、社会和环境问题,提出减轻或消除不利影响的措施和建议。

(4) 进行综合分析评价,采用有无对比分析方法或多目标综合分析评价方法得出后评价结论,提出今后的改进措施和建议。

9.3.2.6　编制建设项目后评价报告

将上述调查分析和评价成果,写成书面报告,提交委托单位和上级有关部门。

习　　题

1. 什么是项目后评价?项目后评价具有什么作用?

2. 水利建设项目后评价的主要内容有哪些?可选用哪些评价方法?

3. 根据评价时点的不同,项目后评价分为几类?各类后评价分别包括哪些方面的主要内容?

第10章　经济效益后评价

经济效益后评价是项目后评价中的核心部分，包括财务效益后评价和国民经济效益后评价。

10.1　财务效益后评价

财务效益后评价包括盈利能力分析、清偿能力分析和敏感性分析。其主要目的在于比较实际财务状况与预期状况的偏离程度，分析产生偏差的原因，探寻有效的改进措施。因此，若项目实际的盈利与还贷能力很差，则应研究其财务增效方案以改善财务运营环境，使之充分发挥效益。

10.1.1　盈利能力分析

后评价阶段的盈利能力分析主要是对比后评价指标与前评估预测指标、行业基准值等的差异，用以评价项目效益的好坏，主要指标是财务内部收益率和财务净现值。其分析步骤如下。

（1）收集项目后评价所需的基础资料。所需的基础资料包括项目财务报表或会计账目、国家或地区的消费指数、行业产品物价指数等。

（2）确定评价基准年。项目后评价中可能涉及项目建设开工时间、项目建设完工时间、后评价时点和项目分析期终点等时间点。后评价中可选择后评价时点或建设完工时间作为基准年。

（3）计算净现金流量。根据实际的财务报表数据计算净现金流量，编制项目现金流量表。后评价以实际发生的数据为依据，应特别注意以下问题。

1）财务后评价中，对已发生的财务现金流量采用实际值，对评价时点以后的现金流量仍需做出新的预测。

2）在后评价中只将实际收到的作为现金流入，对应收而实际未收到的债权和非货币资金都不计入现金流入。同样，只将实际已支出的作为现金流出，对应付而实际未付的债务资金不计入现金流出。因此，必要时应对实际财务数据进行调整。

（4）财务内部收益率和财务净现值的计算。实际的财务数据均含有物价通货膨胀的因素，为保证前后评价的一致性和可比性，后评价中宜扣除财务数据中的物价上涨因素。实际工作中，财务现金流量表中涉及的数据多，影响因素也多，一般不可能对每个数据进行单独换算，常用的做法是将净现金流量数据用行业或当地统计部门公布的物价指数换算成基准年的不变价格数据后再计算相应的评价指标。由于水利建设项目建设期和运行期较长，换算与不换算的差异会较大。

若选择后评价时点为基准年，则采用后评价时点的物价为 100%，换算后评价时点以前的现金流量。若选择建设完工时间为基准年，项目开工时点到建设完工时点的数据在建设期物价变化系数低于 2%～3%时，可直接引用财务报表的数据。建设完工时点到后评价时点的数据则应以建设完工时点的物价为 100%，按所确定的物价指数进行换算。后评价时点以后的数据则以该时点为不变价往后推算。

【例 10.1】 某水电建设项目施工期 4 年，运行期 20 年，目前已投入运行 3 年，需开展项目财务效益后评价。根据其财务报表并结合预测得到其净现金流量见表 10.1。项目所在地统计部门公布的各年物价指数见表 10.1。分别选择后评价时点或建设完工时点为基准年，换算其财务效益后评价应采用的净现金流量。

表 10.1　　项目净现金流量表和各年物价指数汇总表

时期	项目	净现金流量（万元）	当年物价指数（%）
建设期	第 1 年	−10000	100
	第 2 年	−15000	108
	第 3 年	−12000	117
	第 4 年	−8000	122
运行期	第 1 年	10000	127
	第 2 年	15000	142
	第 3 年	18000	170
	第 4 年	18000	170
	⋮	…	…
	第 20 年	18000	170

解：（1）以后评价时点——运行期第 3 年为基准年。若以后评价时点—运行期第 3 年为基准年，则第 3 年～第 20 年的物价换算系数均为 100%，仅需对建设期及运行期第 1 年～第 2 年的物价进行换算。以建设期第 3 年为例，计算其物价换算系数和净现金流量换算值。

建设期第 3 年物价换算系数＝建设期第 3 年物价指数/基准年物价指数＝117/170＝69%。

建设期第 3 年净现金流量换算值＝建设期第 3 年净现金流量/物价换算系数＝−12000/69%＝−17400。

依此类推，分别计算各年的物价换算系数和净现金流量换算值，见表 10.2。

（2）以建设完工时间——建设期第 4 年为基准年。若以建设完工时间——建设期第 4 年为基准年，则基准年物价指数为 117%。施工期可不必换算，即物价换算系数采用 100%，生产期第 1 年至后评价时点的现金流量需换算。以后评价时点为例，计算其物价换算系数和净现金流量换算值。

后评价时点物价换算系数＝后评价时点物价指数/基准年物价指数＝170/117＝145%。

后评价时点净现金流量换算值＝后评价时点净现金流量/物价换算系数＝18000/145%

＝12400。

依此类推，分别计算各年的物价换算系数和净现金流量换算值，后评价时点以后的数据则以该时点为不变价往后推算，见表 10.2。

表 10.2　　　　物价换算系数计算和净现金流量换算成果表

时期 \ 项目		净现金流量（万元）	当年物价指数（%）	以后评价时点为基准年		以完工时间为基准年	
				物价换算系数（%）	换算后的净现金流量（万元）	物价换算系数（%）	换算后的净现金流量（万元）
建设期	第 1 年	－10000	100	59	－16900	100	－10000
	第 2 年	－15000	108	64	－23400	100	－15000
	第 3 年	－12000	117	69	－17400	100	－12000
	第 4 年	－8000	122	72	－16900	100	－8000
运行期	第 1 年	10000	127	75	13300	109	9200
	第 2 年	15000	142	84	17800	121	12400
	后评价时点	18000	170	100	18000	145	12400
	第 4 年	18000	170	100	18000	145	12400
	⋮	…	…	…	…	…	…
	第 20 年	18000	170	100	18000	145	12400

10.1.2　清偿能力分析

后评价阶段的清偿能力分析主要考察项目在财务上的可持续性，主要的指标有资产负债率和借款偿还期。长期借款本金偿还的资金主要来源于税后利润、折旧和摊销费等，这些数据应根据后评价时点的实际值并辅以适当的预测加以确定。长期借款的利息已计入总成本费用，应注意避免重复计算。

10.1.3　敏感性分析

后评价阶段敏感性分析主要评价项目的可持续性，其方法和前评估完全相同，但其敏感性因素不同。后评价的项目投资及施工工期已确定，其敏感性因素一般只有销售收入和成本。

10.2　国民经济效益后评价

国民经济效益后评价以实际的数据结合最新预测数据，从国家或地区的整体角度考察项目的综合效益，并与前评估结论相比较，以评价项目的决策合理性以及项目自身发展的可持续性。后评价时点以前各年实际的效益和费用采用社会折现率、影子价格、影子汇率、影子工资等参数计算并核算，而后评价时点以后的效益和费用仍采用预测值。

国民经济效益后评价的方法和财务效益后评价的方法相同，其主要分析步骤如下。

10.2.1 资料收集与数据调整

实际工作中，国民经济效益后评价一般在财务后评价的基础上对数据进行调整。国民经济后评价中，税金、国内贷款利息、补贴等转移支付不计入费用和效益。因此，在财务效益后评价数据的基础上应首先剔除转移支付项目，如所得税、增值税及附加、国内借款利息、进口设备关税等。

10.2.2 确定评价基准年

和财务效益后评价一样，国民经济效益后评价中可选择后评价时点或建设完工时间作为基准年。

10.2.3 国民经济效益和费用的计算

国民经济效益可采用主要产出物的价值或最优等效替代工程年费用表示，其计算均应采用影子价格或参考国际市场价格调整。应注意，国民经济效益后评价中应计入项目的间接效益，如项目所带来的环境影响、促进地区经济发展等。国民经济费用计算时也应包括间接费用，并采用影子价格进行计算。

为保证前评估和后评价的可比性，国民经济效益后评价的效益和费用计算时也应剔除通货膨胀的影响，其采用的物价变化指数应参考世界银行或国家货币基金组织公布的物价指数。

10.2.4 编制经济效益流量表，计算评价指标

国民经济效益后评价的主要评价指标有经济内部收益率和经济净现值。

10.3 财务效益后评价实例

某航电枢纽工程由左岸挡水坝段、船闸、主副厂房、三孔冲砂闸、十三孔泄洪闸及右岸土石坝组成，具航运、发电、防洪、环保和旅游等综合利用功能。总装机容量108MW，设计年发电量5.084亿kW·h。船闸有效尺度为120m×16m×3m（有效长×宽×门槛水深），四级船闸设计年通航能力375万t，渠化航道37km。

该枢纽工程于2002年11月开工建设，2007年1月第三台机组试运行，2008年7月15日达到设计蓄水高程。后评价时点选择为2010年。

10.3.1 基础资料收集

10.3.1.1 固定资产投资及资金筹措

该枢纽工程初设概算投资106988.52万元。建设期间，适逢国家移民安置费用等政策调整，致使其水库淹没补偿费用与建造成本大幅增加，实际工程投资114000万元，其中资本金46500万元，占总投资的40%；总投资的60%源于借款，具体还款计划见表10.3。流动资金108万元全部使用资本金，于2007年投入使用。

表 10.3　　某航电枢纽借款还款计划表　　单位：万元

还款时间	还款金额	还款时间	还款金额
2008 年	3000	2015 年	5000
2009 年	6000	2016 年	5000
2010 年	5000	2017 年	7000
2011 年	5000	2018 年	6600
2012 年	5000	2019 年	6600
2013 年	5000	2020 年	3300
2014 年	5000		

10.3.1.2 年发电效益

该站库区会淹没某电力公司的两座电站，根据相关协议规定，其正常运行后需每年补偿其电量 3708.3 万 kW・h，补偿电量电价按 0.0303 元/（kW・h）的固定价格计算。

枢纽 2008 年 7 月 15 日达到设计蓄水高程后投入正常运行，其 2008 年和 2009 年的实际发电量及上网电价（含税价）见表 10.4。

表 10.4　　枢纽实际年发电量及上网电价统计表

名　称	2008 年	2009 年
有效电量（万 kW・h）	30327	43212
补偿电量（kW・h）	1831.4	3708.3
上网电价 [元/（kW・h)]	0.2538	0.2689

10.3.1.3 总成本费用

总成本费用包括折旧费、工资及福利费、材料费、利息支出等，见表 10.5。

表 10.5　　年总成本费用汇总表　　单位：元

序号	项　目	2008 年	2009 年
1	生产成本	43342903.79	49709629.63
1.1	工资	2713218.22	3149252.00
1.2	工资附加费	263766.34	426503.23
1.3	材料费	1674295.84	2484714.04
1.4	修理费	964080.44	3150808.81
1.5	库区基金	—	1646080.00
1.6	水资源费	150000.00	743300.00
1.7	折旧费	36022862.22	36029637.84
1.8	试验、分析费	17120.00	205218.00
1.9	其他	1537560.73	1856403.22
2	管理费用	3511590.08	4210409.46

续表

序号	项　目	2008年	2009年
2.1	工资及附加费	1435918.05	1119865.00
2.2	办公费、差旅费	155895.81	148443.86
2.3	折旧费	459726.76	453139.42
2.4	两险一金	222988.22	148079.67
2.5	业务招待费	136571.00	253859.80
2.6	印花税、房产税、土地使用税	207158.99	224911.99
2.7	维修材料费（含小车费用）	485219.94	424383.24
2.8	其他管理费用	408111.31	1437726.48
3	财务费用	48197180.22	39332186.04
3.1	利息支出	48286324.21	39398414.44
3.2	利息收入	92602.89	69086.35
3.3	其他财务费用	3458.90	2857.95
4	销售费用	187501.00	111209.00

10.3.1.4　税金

增值税：电力产品增值税17%。

销售税金附加：包括城市维护建设税、教育费附加和省地方教育费附加，以增值税税额为基础征收，分别为5%、3%和1%。

所得税：根据西部大开发的税收优惠政策，自电站开始盈利后，前两年免征所得税，后三年减半征收。据此，该枢纽工程2006～2007年免征所得税，2008～2010年所得税率为7.5%，2011年及以后采用新税法规定的所得税率25%。

10.3.2　财务效益后评价

本次评价基准年采用建设完工时间，即2008年。因该地区物价变化较为平稳，其物价变化指数低于2%，本次分析不考虑通货膨胀影响。

2008年及2009年采用实际的发电量、上网电价、总成本费用等数据。因电站所处流域径流洪枯不均，特别是平枯期径流较小，实际年发电量达不到设计值，综合同流域枢纽多年平均发电量情况，2010年及以后采用设计发电量的85%，即43630万kW·h，2010年及以后上网电价采用2009年的实际电价。财务后评价所需的财务报表同前评估，详见第5章。

10.3.2.1　清偿能力分析

清偿能力分析表明，该站无力按期偿还贷款本息，且2008～2011年尚不能按期付息，其本息偿还需延至2024年。

10.3.2.2　盈利能力分析

盈利能力分析表明，该枢纽工程自2008年7月正式投运以来一直处亏损状态，预计至2012年才开始逐渐盈补年度亏损，此时投资利润率仅3.68%；2018年开始真正盈利，投资利税率6.10%；投资回收期20年，财务内部收益率5.08%。后评价财务效益指标均低于原设计值，见表10.6。

表10.6　　某枢纽主要财务效益指标对比表

序号	项　目	单位	原设计	后评价	备　注
1	盈利能力指标				
1.1	投资利润率	%	4.74	3.68	
1.2	投资利税率	%	6.8	6.10	
1.3	资本金利润率	%	11.84	9.80	
1.4	全部投资财务内部收益率	%	8.07	5.08	所得税后
1.5	全部投资财务净现值	万元	460	−28870.15	所得税后，基准收益率
1.6	投资回收期	年	15	19.5	
2	清偿能力指标				
2.1	借款偿还期	年	16.3	17	
2.2	资产负债率	%	60	59	最大值

综上可见，该航电枢纽工程盈利能力差，将长期处于亏损状态，财务运营环境急待改善，分析其原因主要如下。

(1) 该枢纽工程概算投资106988.52万元。因国家移民安置费用等政策调整、新建交通桥等原因，实际工程投资达114000万元，增幅达6.6%。

(2) 该枢纽工程原设计平均出厂电价为0.287元/(kW·h)(不含税价)，根据2009年发电情况，实际上网电价仅0.2689元/(kW·h)(含税价)，且实际年发电量仅能达到原设计值的85%，因此导致实际年发电收入锐减。

(3) 增加省地方教育费附加1%等。

10.3.2.3　敏感性分析

该枢纽工程预期运行30年，期间发电量、电价、经营成本等诸多因素的变化都将引起其财务效益的增减，本次侧重分析发电收入及经营成本变化对其财务效益的影响。发电收入及经营成本分别增、减10%及其最不利组合方案对其财务效益指标的影响见表10.7。从中可以看出，发电收入对枢纽财务效益影响显著，经营成本波动的财务敏感程度不高。

表10.7　　财务因子敏感性分析成果表

项　目	全部投资内部收益率(%)	财务净现值(万元)
基本方案	5.08	−28909.90
发电收入增加10%	5.59	−24155.99
发电收入减少10%	4.34	−35754.05
经营成本增加10%	4.99	−29817.07
经营成本减少10%	5.18	−27961.75
发电收入减少10%，经营成本增加10%	5.17	−28097.53

目前，该枢纽财务盈利与还贷能力很差，抗风险能力低，基本不具备财务运营持续性和企业扩大再生产能力，电站自身缺乏建筑物维修与机电设备更新的财务支撑能力，财务运营环境急待改善。因员工增加、物价上涨、维修费增加等原因，电站的经营成本将逐年上涨，若实际电量再有减小趋势，则其财务状况更为严峻。所以，应及时研究财务增效方案以改善财务运营环境，增强企业经营活力，促进其可持续发展。

10.3.3 财务增效方案研究

目前，航电枢纽工程的国家财政性资金投入比例多采用水电项目统一标准，一般只占项目总投资的30%～40%，其余资金由项目业主通过银行贷款筹集。航电枢纽项目属公益性投资项目，兼顾交通、防洪、灌溉、供水等综合要求，单位千瓦投资及年运行费明显较同类水电工程偏高，仍采用与水电项目同样的资金比例无疑是造成其财务效益较差的主要因素。鉴于发电量受天然来水约束，人为可控性较差，经营成本在总成本费用中所占比重很低，研究其财务增效机制宜主要从争取电价补贴和调整资本金比例入手。

10.3.3.1 电价补贴

争取政府给予适当的电价补贴，改善财务运营环境，以保证投资者的利益，是企业增效的可行途径之一。

在保持其他条件不变的情况下，改变该站无法按期偿还贷款的现状，则需上网电价增加10%，达到0.2958元/（kW·h），即需电价补贴0.0538元/（kW·h）。若要将其财务内部收益率提高至目前的行业基准收益率8%，则需上网电价增加42%，达到0.3818元/（kW·h），即需电价补贴0.1477元/（kW·h），见表10.8。就目前电力市场而言，该电价偏高，因此，应在争取电价补贴的同时，积极寻求有效的融资途径，增加资本金注入。

表10.8 电价补贴方案计算成果表

序号	项目	单位	电价0.2958元/（kW·h）	电价0.3818元/（kW·h）
1	投资利润率	%	4.19	6.92
2	投资利税率	%	7.16	10.75
3	资本金利润率	%	11.15	18.42
4	全部投资财务内部收益率	%	5.59	8.0
5	全部投资财务净现值	万元	−24155.99	0

注 表中电价为含税价。

10.3.3.2 电价补贴+资本金比例调整

贷款比例对财务效益的影响不容忽视，增加资本金注入是减轻其还贷压力的有效途径。目前该枢纽贷款6.75亿元，占总投资的60%，若将其中的1.75亿转化资本金，即降低贷款比例至44%，则可直接实现扭亏，若要达到8%基准收益率，则需上网电价增加42%，即达到0.3817元/（kW·h），见表10.9。提高资本金比例对减小实现扭亏的电价上调比例的作用明显，但对提高内部收益率的作用不明显。

表 10.9　　　　　　　　电价补贴+投资结构调整方案计算成果表

序号	项　　目	单位	电价 0.2689 元/(kW·h)	电价 0.3817 元/(kW·h)
1	投资利润率	%	3.68	7.07
2	投资利税率	%	6.10	10.98
3	资本金利润率	%	6.96	13.37
4	全部投资财务内部收益率	%	4.80	8.00
5	全部投资财务净现值	万元	−31643.05	0

注　表中电价为含税价。

综合上述，盘活该站资产，改善其财务运营环境，宜争取电价补贴和增加资本金注入并举，同时积极开展流域梯级电站水库优化联调工作，实现发电效益最大化。

习　　题

1. 经济效益后评价和前评估的内容、评价方法和评价步骤有何异同点？

2. 经济后评价中是否应考虑物价上涨因素？应如何考虑？

3. 经济后评价敏感性分析中的不确定性因素有哪些？各不确定性因素的敏感程度如何？

4. 若财务后评价显示某水电枢纽财务盈利与还贷能力很差，财务运营环境急待改善，可考虑采取哪些财务增效方案？

第11章　水利建设项目经济分析实例

11.1　水力发电工程经济分析

水力发电工程通过建筑物集中天然水流的落差形成水头，汇集、调节天然来水量，经水轮机与发电机的联合运转，将集中的水能转换为电能。

水力发电工程包括水电站、抽水蓄能电站和潮汐电站。水电站利用天然河流、湖泊等水源发电。抽水蓄能电站利用电网中负荷低谷时多余的电力，将低处下水库的水抽到高处上水库存蓄，待电网负荷高峰时放水发电，尾水至下水库，从而满足电网调峰等电力负荷的需要。潮汐电站利用海潮涨落所形成的潮汐能发电。

按照对天然水流的利用方式和调节能力的不同，水电站又可以分为径流式水电站和蓄水式水电站。径流式水电站没有水库或水库库容很小，对天然水量无调节能力或调节能力很小。蓄水式水电站一般有一定容量的水库库容，水库的调节能力有月、季、年等多种。

11.1.1　水力发电工程经济分析的特点及内容

11.1.1.1　水力发电工程经济分析的特点

水电是可再生的清洁能源，污染小，且取之不尽，用之不竭，但相对火电而言，水电站受自然条件限制一般远离负荷中心，其输变电工程费用相对火电较高，因此水电工程经济分析通常与电力系统统筹考虑。

许多水电工程，特别是大中型水电工程一般具有发电、防洪、灌溉、航运、旅游等综合利用功能。在经济分析时，首先应对其投资及效益进行合理分摊，才能保证评价结论的客观性和合理性。

水电工程有些效益和费用难以定量计算，特别是一些间接效益，如项目建成后对环境气候条件的改善、对高耗能企业发展的促进、对地区经济发展的推动、对地区文化生活水平与质量的提升等。对这一类无法定量的影响应做定性分析，并结合定量分析成果做综合评价，供决策参考。

水电工程兴建可以促进地方经济发展，可以提高防洪标准减少洪灾损失，具有良好的经济效益和社会效益，同时也可能带来一些不利影响，如库区淹没造成大量移民，对库区农业发展、环境保护和生态平衡也可能造成不利影响。因此，水电工程经济评价既要准确计算其综合利用效益，也要具体分析可能造成的不利影响，在此基础上采用定量与定性相结合的方式进行综合比较和分析，才能做出科学的评价。

在满足同等电力、电量条件下，按其供电范围的能源情况，水电站的最优等效替代工程可选择火电站、核电站等。实际工作中，多选用火电站作为水电站的最优等效替代工程。

11.1.1.2 水力发电工程经济分析的内容

水力发电工程经济分析的主要内容是根据经济发展需要，拟定技术上可行的各种方案，进行投资、年运行费、效益等经济分析计算，并综合考虑其他因素，确定最优开发方案及其相应的技术经济参数和有关指标。水电项目的取舍以国民经济评价为主，但财务评价是项目决策的重要依据。对大中型项目或特别重要的水电项目还应补充以下分析内容：

（1）补充单位动能投资指标、主要工程量、水库淹没占地指标等评价指标，与同类工程建设项目对比，分析其经济合理性。单位动能投资指标包括单位千瓦投资、单位电量投资等；主要工程量包括土石方开挖量、混凝土浇筑量、水泥用量、钢材用量等；水库淹没占地指标包括单位库容淹没耕地面积、迁徙人口等。

（2）分析建设项目对促进国家、地区经济发展的作用。大型水电工程的建设可以为地区经济发展提供廉价电力、良好的交通条件等，从而吸引大批企业特别是高耗能企业的投产或增产，是促进地方经济发展的重要因素。

（3）分析国家及地区经济对投资规模的承受能力。大型水电工程在带来显著经济效益和社会效益的同时，其所需的投资也非常巨大，这就需要分析国家及地区经济对其投资规模的承受能力，分析其建设规模是否和国家、地区经济发展相协调。

11.1.2 水力发电工程费用与效益计算

11.1.2.1 水力发电工程投资

水电工程总投资指从勘测、设计、施工至建成达到设计规模所投入的全部经济支出，需按投资筹措计划分期投入。

水电工程建设投资包括永久性建筑工程、机电设备购置与安装、临时性工程、建设占地及淹没补偿等费用。一般地，永久性建筑工程占32%～45%；机电设备购置和安装费占18%～25%；临时工程投资占15%～20%；库区移民安置费和水库淹没损失补偿费以及其他费用共占10%～35%。

水电工程建设期一般既不还本也不付息，借款利息按年内均衡发生，采用复利计算。

流动资金一般根据电站装机规模大小按比例估算。流动资金随电站投产投入使用，利息计入发电成本，本金在计算期末一次回收。

11.1.2.2 水力发电工程总成本费用

水力发电工程总成本费用主要包括折旧费、修理费、保险费、职工工资、职工福利及劳保、材料费、其他费用、库区维护费、水资源费、摊销费及利息支出。生产期内固定资产投资借款和流动资金借款的利息计入总成本费用。经营成本指不包括折旧费、摊销费和利息支出的全部费用。

（1）电站折旧费一般按电站固定资产价值的2.5%～3.33%提取。

（2）电站修理及保险费一般按电站固定资产价值的1.25%～1.75%提取。

（3）职工工资按职工人数乘以年人均工资计算。

（4）职工福利费按工资总额的14%计，住房公积金按工资总额的10%计，劳保统筹费按工资总额的 17%计。

(5) 电站材料费定额取每千瓦 5 元。

(6) 电站其他费用定额取每千瓦 24 元。

(7) 库区维护基金按厂供电量每千瓦小时提取 0.006~0.008 元。

(8) 水资源费按厂供电量每千瓦小时提取 0.005 元。

11.1.2.3 水电站的国民经济效益计算

水电建设项目国民经济评价中，可以用最优等效替代工程年费用和影子电费收入两种方法计算其国民经济效益。

(1) 以最优等效替代方案的影子费用作为水电站的国民经济效益。

水电站的最优等效替代方案一般选择同等程度满足电力系统需要的具有调峰、调频能力的火电站。如果修建某水电站，则可不修建其替代火电站，所节省的替代火电站的影子费用（包括投资与运行费）即是修建水电站的国民经济效益。

运用这种方法时，需特别注意由于火电站的厂用电较多，为了向电力系统供应同等的电力和电量，替代电站的发电出力和年发电量应分别选择为水电站出力和年发电量的 1.1 倍和 1.06 倍。按此关系结合拟建水电站的装机容量和年发电量，换算出替代电站的装机容量和年发电量，则可计算其年费用，如式（11.1）所示：

水电站国民经济年效益＝最优等效替代工程年费用

＝火电站建设投资年回收值＋固定年费用＋年燃料费　(11.1)

火电站建设投资中除包括土建工程费用、设备购置及安装费用外，还必须考虑煤矿、铁路、输变电工程及环境保护投资等相关费用。一般地，火电站本身的费用较水电站低，仅占 50%~60%，但考虑煤矿、环境投资等费用后，两者投资基本相当，如火电站的消烟、去尘、脱硫等环保设施投资一般能达到其本身投资的 25%。

火电站的固定年运行费包括大修理费、材料费、维修费、燃料费、职工工资、职工福利及劳保、水费及管理费等。燃料费属可变成本，应按式（11.2）计算：

燃料费＝年发电量×单位发电量的标准煤耗×折合标准煤的到厂煤价　(11.2)

(2) 用影子电价计算水电站的国民经济效益。

水电站国民经济年效益也可采用电站年上网电量和影子电价计算而得，如式（11.3）所示。这种方法符合一般的计算规律，比较容易理解，但不同类电量影子电价的确定非常困难，这也制约了该方法在实际工作中的应用。若采用该方法，则应根据《建设项目经济评价方法与参数》（第三版）中的有关规定，结合电力系统和电站的具体条件，分析确定影子电价。

水电站国民经济年效益＝水电站年上网电量×影子电价　(11.3)

11.1.2.4 水电站的财务效益计算

水电站的财务效益主要是发电销售收入，即按不同电价出售电量所得的总收入，也可能包括旅游、航运等其他综合利用工程中所获得的实际收入。水电站发电销售收入一般按式（11.4）计算，上网电量按式（11.5）计算。

发电销售收入＝上网电量×上网电价　(11.4)

上网电量＝有效电量×(1－厂用电率)(1－配套输变电损失率)　(11.5)

有效电量是指根据系统电力电量平衡得出的电网可以利用的水电站多年平均年发电量；上网电价一般按丰水期、平水期、枯水期、高峰时段、正常时段、低谷时段分期分段计价。目前，我国各地区电站上网电价差异较大，但其确定多综合考虑发电单位成本、单位税金、合理单位利润等因素。

11.1.3 分析实例

11.1.3.1 基础资料

某引水式电站，装机容量 12.9 万 kW，保证出力 2.86 万 kW，多年平均年发电量 6.323 亿 kW·h，工程建设期 4 年，经营期采用 30 年，建成后供电四川电网。

根据投资概算，按 2003 年第二季度价格水平，该水电站工程静态总投资为 77690 万元，分年度投资计划如表 11.1 所示。工程总投资的 80%采用贷款，贷款年利率为 5.76%，其余采用资本金，资本金回报率为 8%。

表 11.1　　固定资产分年投资表

项目＼时期	1	2	3	4	合计
固定资产投资（万元）	17388	23639	27609	9054	77690

11.1.3.2 国民经济评价

（1）国民经济评价费用计算。国民经济评价投资费用包括工程固定资产投资、流动资金和年运行费。

1）固定资产投资。国民经济评价中的固定资产投资应在概算投资的基础上扣除属于国民经济内部转移和支出的税、费。由此，该电站经济评价投资为 71705 万元，分年投资计划如表 11.2 所示。

表 11.2　　经济评价投资费用表　　单位：万元

项目＼时期	1	2	3	4	合计
经济评价投资	16219	21685	25365	8435	71705

2）年运行费。年运行费包括折旧费、职工工资及福利、大修理和保险费、库区维护费及后期扶持基金、其他费用等，不计利息，逐项计算可得工程投产的前 10 年为 1797 万元，以后为 1481 万元，如表 11.3 所示。

3）流动资金。流动资金按 10 元/kW 计算，共 129 万元。流动资金随机组投产投入使用，不计利息，本金在计算期末一次回收。

（2）国民经济评价效益计算。根据电站实际情况，以能够同等程度满足电力系统电力、电量需要的替代方案的费用作为该水电站的发电效益，计算国民经济评价指标。

该电站多年平均年发电量 6.323 亿 kW·h，其中枯水期 12 至次年 4 月电量 1.222 亿 kW·h，平水期 5 月和 11 月电量 0.9311 亿 kW·h，丰水期 6～10 月电量为 4.1697 亿 kW·h。根据电量平衡结果，设计水平年电站枯水期、平水期电量均可被系统吸纳，丰水期有部分弃水，年平均可被系统吸纳的电量为 51658 万 kW·h，电站有效电量系数为 0.817。

表 11.3　　经济现金流量表　　单位：万元

序号	项目	1	2	3	4	5	6	7	8	9	10	11	12	13	14	15	16	17～34
1	现金流入	0	0	24155	24155	5762	6013	6282	6282	6282	6282	6282	6282	6282	6282	6282	6282	6282
1.1	替代电站投资	0	0	24155	24155	0	0	0	0	0	0	0	0	0	0	0	0	0
1.2	燃料费	0	0	0	0	3588	3839	4108	4108	4108	4108	4108	4108	4108	4108	4108	4108	4108
1.3	运行费	0	0	0	0	2174	2174	2174	2174	2174	2174	2174	2174	2174	2174	2174	2174	2174
1.4	回收流动资金	0	0	0	0	0	0	0	0	0	0	0	0	0	0	0	0	0
2	现金流出	16219	21685	25365	8564	1797	1797	1797	1797	1797	1797	1797	1797	1797	1797	1481	1481	1481
2.1	工程投资	16219	21685	25365	8435	0	0	0	0	0	0	0	0	0	0	0	0	0
2.2	流动资金	0	0	0	129	0	0	0	0	0	0	0	0	0	0	0	0	0
2.3	经营成本	0	0	0	0	1797	1797	1797	1797	1797	1797	1797	1797	1797	1797	1481	1481	1481
2.3.1	大修费及保险费	0	0	0	0	896	896	896	896	896	896	896	896	896	896	896	896	896
2.3.2	工资及福利费	0	0	0	0	147	147	147	147	147	147	147	147	147	147	147	147	147
2.3.3	材料费	0	0	0	0	65	65	65	65	65	65	65	65	65	65	65	65	65
2.3.4	库区维护费及后期扶持基金	0	0	0	0	379	379	379	379	379	379	379	379	379	379	63	63	63
2.3.5	其他费用	0	0	0	0	310	310	310	310	310	310	310	310	310	310	310	310	310
3	净现金流量	−16219	−21685	−1210	15591	3965	4216	4485	4485	4485	4485	4485	4485	4485	4485	4801	4801	4801

1）替代火电站投资。按替代容量系数1.07，该水电站建成后，可替代火电装机容量13.8万kW。按燃煤（脱硫）机组补充单位千瓦投资3500元/kW计算，替代火电投资48310万元。替代电站工期考虑2年。

2）固定年运行费。替代电站的经营成本按投资的4.5%计，每年可替代火电运行费2174万元。

3）燃料费。按有效电量计算，并考虑1.05的替代电量系数，可替代火电电量54122万kW·h。按火电标准煤耗330g/(kW·h)，标煤价格采用230元/t计算，每年可替代火电煤耗费用4108万元。

综合上述，该电站国民经济年效益为：

电站国民经济年效益＝48310×（A/P，8%，32）＋2174＋4108＝10506.7（万元）

（3）国民经济评价指标计算。以替代火电费用作为该水电站工程的效益，其本身的投资、经营成本作为费用，编制国民经济评价报表如表11.3所示。

1）经济净现值。根据经济现金流量表，采用社会折现率8%，按式（5.20）计算其经济净现值为14534万元，表明其通过国民经济评价。

2）经济内部收益率。根据经济现金流量表，按式（5.19）采用试算法计算其经济内部收益率为12.12%，大于社会折现率8%，国民经济评价结论可行。

（4）敏感性分析。根据规范要求，敏感性分析主要考虑工程投资和电量等因素变化对其经济指标的影响，计算结果如表11.4所示。从表中可以看出，各方案经济内部收益率均大于8%的社会折现率，经济净现值均大于零，说明本工程在经济上是可行的，且具有一定的抗风险能力。

表11.4　国民经济敏感性分析表

项　目	经济内部收益率（%）	经济净现值（万元）	项　目	经济内部收益率（%）	经济净现值（万元）
基本方案	12.12	14534	有效电量－10%	11.32	11395
工程投资＋10%	10.13	8539	有效电量－20%	10.48	8256

11.1.3.3 财务评价

（1）投资计划与资金筹措。固定资产静态投资直接采用概算相关成果，如表11.1所示。建设期利息按年内均衡发生考虑，采用式（2.31）计算，建设期利息计入固定资产价值。经计算建设期利息8022.8万元，工程总投资85712.8万元。

工程总投资的80%采用贷款，贷款年利率为5.76%，其余采用资本金，资本金回报率为8%。

流动资金按10元/kW计算，共129万元。其中，30%使用资本金，70%从银行贷款，贷款年利率为5.31%。流动资金随机组投产投入使用，利息计入发电成本，本金在计算期末一次回收。

（2）总成本费用。总成本费用包括折旧费、职工工资及福利、大修理和保险费、库区维护费及后期扶持基金、其他费和计入成本的利息支出等。

表 11.5　　　　　　　　　　总成本费用估算表

单位：万元

序号	项　目	5	6	7	8	9	10	11	12	13	14	15	16	17	18	19	20	21	22	23	24	25～34
	厂供电量（万 kW·h）	43464	46507	49762	49762	49762	49762	49762	49762	49762	49762	49762	49762	49762	49762	49762	49762	49762	49762	49762	49762	49762
1	生产成本	8752	8623	8494	8346	8197	8042	7881	7713	7538	7355	6917	6708	6492	6266	6030	5785	5530	5264	4987	4699	4499
1.1	折旧费	2857	2857	2857	2857	2857	2857	2857	2857	2857	2857	2857	2857	2857	2857	2857	2857	2857	2857	2857	2857	2857
1.2	修理费及保险费	1071	1071	1071	1071	1071	1071	1071	1071	1071	1071	1071	1071	1071	1071	1071	1071	1071	1071	1071	1071	1071
1.3	工资及福利费等	147	147	147	147	147	147	147	147	147	147	147	147	147	147	147	147	147	147	147	147	147
1.4	材料费	65	65	65	65	65	65	65	65	65	65	65	65	65	65	65	65	65	65	65	65	65
1.5	库区维护及扶持基金	261	279	299	299	299	299	299	299	299	299	50	50	50	50	50	50	50	50	50	50	50
1.6	抽水电费	0	0	0	0	0	0	0	0	0	0	0	0	0	0	0	0	0	0	0	0	0
1.7	摊销费	0	0	0	0	0	0	0	0	0	0	0	0	0	0	0	0	0	0	0	0	0
1.8	利息支出	4042	3894	3746	3598	3449	3294	3133	2965	2790	2607	2417	2209	1992	1766	1531	1286	1031	765	488	199	0
1.9	其他费用	310	310	310	310	310	310	310	310	310	310	310	310	310	310	310	310	310	310	310	310	310
2	专用配套输变电成本	0	0	0	0	0	0	0	0	0	0	0	0	0	0	0	0	0	0	0	0	0
2.1	折旧费	0	0	0	0	0	0	0	0	0	0	0	0	0	0	0	0	0	0	0	0	0
2.2	利息支出	0	0	0	0	0	0	0	0	0	0	0	0	0	0	0	0	0	0	0	0	0
2.3	经营成本	0	0	0	0	0	0	0	0	0	0	0	0	0	0	0	0	0	0	0	0	0
3	总成本费用	8752	8623	8494	8346	8197	8042	7881	7713	7538	7355	6917	6708	6492	6266	6030	5785	5530	5264	4987	4699	4499
	其中：经营成本	1853	1872	1891	1891	1891	1891	1891	1891	1891	1891	1642	1642	1642	1642	1642	1642	1642	1642	1642	1642	1642

1）折旧费按固定资产投资的3.33%计。

2）电站定员105人，人均年工资10000元，职工福利费、养老保险和住房公积金等按工资总额的40%计。

3）修理费及保险费按固定资产投资的1.25%计。

4）库区维护费和库区移民后期扶持基金分别按厂供电量0.001元/(kW·h)和0.005元/(kW·h)计，库区移民后期扶持基金投产后提取10年。

5）材料费取5元/kW。

6）其他费按24元/kW计。

总成本费用构成详见表11.5。

(3) 税金。税金包括增值税、销售税金附加和所得税。销售税金附加包括城市维护建设费和教育附加税。财务指标计算中未计入增值税，仅以其应纳税额作为计算销售税金附加的基础。增值税税率按17%计，城市维护建设税和教育费附加分别按增值税额的5%和3%计征。

根据西部大开发的有关规定，工程投产前两年免征所得税，以后按15%计征。

(4) 发电销售收入。根据《四川省扩大试行丰枯、峰谷电价暂行办法》，枯水期电价在平水期电价基础上上浮50%，丰水期电价在平水期电价基础上下浮25%；高峰时段电价在正常时段电价基础上上浮33.5%，低谷时段电价在正常时段电价基础上下浮50%。以平水期正常时段电价作为基础电价，则相应的丰、枯期和峰、谷时段电价折算系数如表11.6所示。

表11.6　分时分期电价比值表

项　目	丰水期(6～10月)	平水期(5月、11月)	枯水期(12月～次年4月)	项　目	丰水期(6～10月)	平水期(5月、11月)	枯水期(12月～次年4月)
高峰时段	1.001	1.335	2.003	低谷时段	0.375	0.500	0.750
正常时段	0.750	1.000	1.500				

按上述折算系数，将各月不同时段的电量折算至平水期、平时段的年平均可比电量为49862万kW·h，如表11.7所示。

表11.7　可比电量计算表

月份	丰水年			平水年			枯水年		
	有效出力(万kW)	折算系数	可比出力(万kW)	有效出力(万kW)	折算系数	可比出力(万kW)	有效出力(万kW)	折算系数	可比出力(万kW)
1	3.91	1.471	5.75	3.59	1.481	5.32	3.02	1.504	4.54
2	3.2	1.493	4.78	3.07	1.500	4.61	2.52	1.532	3.86
3	2.91	1.517	4.42	2.86	1.517	4.34	2.36	1.538	3.63
4	2.97	1.672	4.97	3.3	1.639	5.41	2.81	1.586	4.46
5	6.36	0.975	6.20	7.09	0.968	6.87	6.51	0.959	6.24

续表

月份	丰水年			平水年			枯水年		
	有效出力（万 kW）	折算系数	可比出力（万 kW）	有效出力（万 kW）	折算系数	可比出力（万 kW）	有效出力（万 kW）	折算系数	可比出力（万 kW）
6	9.7	0.730	7.08	8.7	0.733	6.38	8.4	0.736	6.18
7	8.5	0.741	6.30	8.6	0.741	6.37	8.9	0.737	6.56
8	7.5	0.728	5.46	7.5	0.728	5.46	8.5	0.722	6.14
9	7.2	0.730	5.26	7.2	0.730	5.25	8.1	0.739	5.99
10	8.4	0.723	6.07	6.9	0.728	5.03	8.1	0.731	5.92
11	8.33	0.973	8.11	5.94	1.012	6.01	5.37	0.988	5.30
12	5.55	1.477	8.20	4.51	1.504	6.78	3.87	1.469	5.69
年电量	54407		52988	50560		49506	49976		47093

按全部投资财务内部收益率 8%控制，测算的经营期平均出厂电价不含增值税为 0.209 元/(kW·h)，含增值税后为 0.245 元/(kW·h)。

根据可比电量，按厂用电率 0.2%，出厂电价 0.209 元/(kW·h) 即可计算该电站的财务效益。

(5) 清偿能力分析。

1) 借款偿还期。采用全部未分配利润和折旧的 90%进行还本付息计算，电站在工程建成后的 20 年还清贷款本息，还贷期为 24 年。还本付息计算见表 11.8。

2) 资产负债分析。工程仅在建设期负债率较高，高峰值为 80%，随着机组投产发电，资产负债率很快下降，在机组全部投产后的第 14 年即开工后的第 18 年降到 50%以下；开工后的第 24 年，还清固定资产借款本息，资产负债率下降到 0.2%。资产负债计算见表 11.9。

(6) 盈利能力分析。

发电销售收入扣除总成本费用和销售税金附加后即为利润，再扣除应交所得税后为税后利润。

税后利润提取 10%的法定盈余公积金和 5%的公益金后，剩余部分为可分配利润；再扣除分配给投资者的应付利润后为未分配利润。收入、税金和利润如表 11.10 所示。

计算结果表明，项目从第 5 年开始出现资金盈余，计算期内累计盈余资金 79419 万元，资金来源及运用见表 11.11。全部投资现金流量表见表 11.12，资本金现金流量表见表 11.13。

该电站主要财务指标见表 11.14。从表中可以看出该电站在机组全部投产后的 10 年即可收回全部投资，全部投资财务内部收益率所得税前 8.51%，所得税后为 8.03%，资本金财务内部收益率为 10.91%，投资利润率为 4.71%，投资利税率为 4.88%，资本金利润率为 24.29%，说明在现行贷款利率下，工程具有较强的盈利能力，财务评价是可行的。

表 11.8　　借款还本付息表　　单位：万元

序号	项　目	1	2	3	4	5	6	7	8	9	10	11	12
1	借款及还本付息												
1.1	年初借款本息累计	0	14311	34591	59307	70175	67603	65032	62461	59879	57189	54388	51470
1.2	建设期利息	0	401	1770	4398	8023	0	0	0	0	0	0	0
1.3	本年借款	13910	18911	22087	7243	0	0	0	0	0	0	0	0
1.4	本年应计利息	401	1369	2629	3625	4042	3894	3746	3598	3449	3294	3133	2965
1.5	本年还本付息	0	0	0	0	6613	6465	6317	6180	6139	6096	6051	6004
2	偿还借款的资金来源	0	0	0	0	0	0	0	0	0	0	0	0
2.1	还贷利润	0	0	0	0	0	0	0	11	118	230	347	468
2.2	还贷折旧	0	0	0	0	2571	2571	2571	2571	2571	2571	2571	2571
2.3	摊销	0	0	0	0	0	0	0	0	0	0	0	0
2.4	计入成本的利息支出	0	0	0	0	4042	3894	3746	3598	3449	3294	3133	2965
2.5	短期贷款	0	0	0	0	0	0	0	0	0	0	0	0
	合计	0	0	0	0	6613	6465	6317	6180	6139	6096	6051	6004

序号	项　目	13	14	15	16	17	18	19	20	21	22	23	24
1	借款及还本付息												
1.1	年初借款本息累计	48430	45264	41967	38352	34587	30665	26580	22325	17893	13276	8468	3459
1.2	建设期利息	0	0	0	0	0	0	0	0	0	0	0	0
1.3	本年借款	0	0	0	0	0	0	0	0	0	0	0	0
1.4	本年应计利息	2790	2607	2417	2209	1992	1766	1531	1286	1031	765	488	199
1.5	本年还本付息	5956	5905	6032	5974	5914	5851	5786	5718	5647	5573	5497	3658
2	偿还借款的资金来源												
2.1	还贷利润	595	726	1043	1194	1350	1514	1684	1861	2045	2237	2437	887
2.2	还贷折旧	2571	2571	2571	2571	2571	2571	2571	2571	2571	2571	2571	2571
2.3	摊销	0	0	0	0	0	0	0	0	0	0	0	0
2.4	计入成本的利息支出	2790	2607	2417	2209	1992	1766	1531	1286	1031	765	488	199
2.5	短期贷款	0	0	0	0	0	0	0	0	0	0	0	0
	合计	5956	5905	6032	5974	5914	5851	5786	5718	5647	5573	5497	3658

表11.9 资产负债表 单位：万元

序号	项目	1	2	3	4	5	6	7	8	9	10	11	12	13	14	15	16	17
1	资产	17789	42797	73034	85803	83263	80836	78490	76162	73854	71565	69297	67050	64826	62625	60479	58361	56270
1.1	流动资产总值	0	0	0	—39	407	838	1348	1878	2427	2995	3584	4194	4827	5483	6194	6933	7699
1.1.1	流动资产	0	0	0	0	129	129	129	129	129	129	129	129	129	129	129	129	129
1.1.2	累计盈余资金	0	0	0	—39	278	709	1219	1749	2298	2866	3455	4065	4698	5354	6065	6804	7570
1.2	在建工程	17789	42797	73034	85842	0	0	0	0	0	0	0	0	0	0	0	0	0
1.3	固定资产净值	0	0	0	0	82856	79999	77142	74284	71427	68570	65713	62856	59999	57142	54285	51428	48571
1.4	无形及递延资产净值																	
2	负债及所有者权益	17789	42797	73034	85803	83263	80836	78490	76162	73854	71565	69297	67050	64826	62625	60479	58361	56270
2.1	流动负债总额	0	0	0	90	90	90	90	90	90	90	90	90	90	90	90	90	90
2.2	长期借款	14311	34591	59307	70175	67603	65032	62461	59879	57189	54388	51470	48430	45264	41967	38352	34587	30665
	负债小计	14311	34591	59307	70265	67694	65122	62551	59969	57279	54478	51560	48521	45355	42057	38442	34677	30755
2.3	所有者权益	3478	8205	13727	15538	15569	15714	15939	16194	16575	17087	17737	18530	19471	20568	22037	23684	25514
2.3.1	资本金	3478	8205	13727	15538	15538	15538	15538	15538	15538	15538	15538	15538	15538	15538	15538	15538	15538
2.3.2	资本公积金	0	0	0	0	0	0	0	0	0	0	0	0	0	0	0	0	0
2.3.3	累计盈余公积金与公益金	0	0	0	0	31	176	401	645	908	1190	1494	1818	2165	2535	2961	3414	3894
2.3.4	累计未分配利润	0	0	0	0	0	0	0	11	129	359	705	1174	1768	2494	3538	4731	6082

续表

序号	项目	18	19	20	21	22	23	24	25	26	27	28	29	30	31	32	33	34
1	资产	54207	52175	50174	48206	46271	44372	44268	47792	51316	54840	58364	61888	65413	68937	72461	75985	79509
1.1	流动资产总值	8494	9319	10175	11063	11986	12944	15697	22078	28459	34841	41222	47603	53984	60365	66747	73128	79509
1.1.1	流动资产	129	129	129	129	129	129	129	129	129	129	129	129	129	129	129	129	90
1.1.2	累计盈余资金	8365	9190	10046	10934	11857	12815	15568	21949	28330	34712	41093	47474	53855	60236	66618	72999	79419
1.2	在建工程	0	0	0	0	0	0	0	0	0	0	0	0	0	0	0	0	0
1.3	固定资产净值	45714	42856	39999	37142	34285	31428	28571	25714	22857	20000	17143	14285	11428	8571	5714	2857	0
1.4	无形及递延资产净值																	
2	负债及所有者权益	54207	52175	50174	48206	46271	44372	44268	47792	51316	54840	58364	61888	65413	68937	72461	75985	79509
2.1	流动负债总额	90	90	90	90	90	90	90	90	90	90	90	90	90	90	90	90	90
2.2	长期借款	26580	22325	17893	13276	8468	3459	0	0	0	0	0	0	0	0	0	0	0
	负债小计	26670	22415	17983	13366	8558	3549	90	90	90	90	90	90	90	90	90	90	90
2.3	所有者权益	27537	29760	32191	34839	37713	40823	44178	47702	51226	54750	58274	61798	65322	68846	72371	75895	79419
2.3.1	资本金	15538	15538	15538	15538	15538	15538	15538	15538	15538	15538	15538	15538	15538	15538	15538	15538	15538
2.3.2	资本公积金	0	0	0	0	0	0	0	0	0	0	0	0	0	0	0	0	0
2.3.3	累计盈余公积金与公益金	4404	4943	5513	6116	6753	7425	8134	8868	9603	10337	11071	11805	12540	13274	14008	14743	15477
2.3.4	累计未分配利润	7596	9279	11140	13185	15422	17860	20506	23295	26085	28875	31665	34455	37244	40034	42824	45614	48404

表 11.10　　损益表　　单位：万元

序号	项目	5	6	7	8	9	10	11	12	13	14	15	16	17	18	19	20	21	22	23	24	25～34
	上网电量（万kW·h）	43464	46507	49762	49762	49762	49762	49762	49762	49762	49762	49762	49762	49762	49762	49762	49762	49762	49762	49762	49762	49762
	上网电价［元/(kW·h)］	0.209	0.209	0.209	0.209	0.209	0.209	0.209	0.209	0.209	0.209	0.209	0.209	0.209	0.209	0.209	0.209	0.209	0.209	0.209	0.209	0.209
1	发电销售收入	9084	9720	10400	10400	10400	10400	10400	10400	10400	10400	10400	10400	10400	10400	10400	10400	10400	10400	10400	10400	10400
1.1	电量销售收入	9084	9720	10400	10400	10400	10400	10400	10400	10400	10400	10400	10400	10400	10400	10400	10400	10400	10400	10400	10400	10400
1.2	容量销售收入	0	0	0	0	0	0	0	0	0	0	0	0	0	0	0	0	0	0	0	0	0
2	销售税金附加	124	132	141	141	141	141	141	141	141	141	141	141	141	141	141	141	141	141	141	141	141
2.1	城市维护建设税	77	83	88	88	88	88	88	88	88	88	88	88	88	88	88	88	88	88	88	88	88
2.2	教育费附加	46	50	53	53	53	53	53	53	53	53	53	53	53	53	53	53	53	53	53	53	53
3	总成本费用	8752	8623	8494	8346	8197	8042	7881	7713	7538	7355	6917	6708	6492	6266	6030	5785	5530	5264	4987	4699	4499
4	利润总额	208	965	1765	1913	2062	2217	2378	2546	2721	2903	3342	3550	3767	3993	4228	4474	4729	4995	5272	5560	5759
5	所得税	0	0	265	287	309	332	357	382	408	436	501	533	565	599	634	671	709	749	791	834	864
6	税后利润	208	965	1500	1626	1752	1884	2021	2164	2313	2468	2841	3018	3202	3394	3594	3803	4020	4246	4481	4726	4896
7	盈余公积金	21	97	150	163	175	188	202	216	231	247	284	302	320	339	359	380	402	425	448	473	490
8	公益金	10	48	75	81	88	94	101	108	116	123	142	151	160	170	180	190	201	212	224	236	245
9	可供分配利润	177	820	1275	1382	1490	1601	1718	1839	1966	2098	2415	2565	2722	2885	3055	3232	3417	3609	3809	4017	4161
10	应付利润	177	820	1275	1371	1371	1371	1371	1371	1371	1371	1371	1371	1371	1371	1371	1371	1371	1371	1371	1371	1371
11	未分配利润	0	0	0	11	118	230	347	468	595	726	1043	1194	1350	1514	1684	1861	2045	2237	2437	2646	2790
	盈余公积金与公益金	31	145	225	244	263	283	303	325	347	370	426	453	480	509	539	570	603	637	672	709	734

表 11.11　　资金来源与运用表　　单位：万元

序号	项目	1	2	3	4	5	6	7	8	9	10	11	12	13	14	15	16	17
	装机容量（万 kW）	0.0	0.0	0.0	0.0	12.9	12.9	12.9	12.9	12.9	12.9	12.9	12.9	12.9	12.9	12.9	12.9	12.9
1	资金来源	17789	25008	30238	12769	3065	3822	4622	4770	4919	5074	5235	5403	5578	5761	6199	6407	6624
1.1	利润总额	0	0	0	0	208	965	1765	1913	2062	2217	2378	2546	2721	2903	3342	3550	3767
1.2	折旧费	0	0	0	0	2857	2857	2857	2857	2857	2857	2857	2857	2857	2857	2857	2857	2857
1.3	摊销费	0	0	0	0	0	0	0	0	0	0	0	0	0	0	0	0	0
1.4	长期借款	14311	20280	24716	10868	0	0	0	0	0	0	0	0	0	0	0	0	0
1.5	流动资金借款	0	0	0	90	0	0	0	0	0	0	0	0	0	0	0	0	0
1.6	其他短期借款	0	0	0	0	0	0	0	0	0	0	0	0	0	0	0	0	0
1.7	资本金	3478	4728	5522	1811	0	0	0	0	0	0	0	0	0	0	0	0	0
1.8	其他	0	0	0	0	0	0	0	0	0	0	0	0	0	0	0	0	0
1.9	回收固定资产余值	0	0	0	0	0	0	0	0	0	0	0	0	0	0	0	0	0
1.10	回收流动资金	0	0	0	0	0	0	0	0	0	0	0	0	0	0	0	0	0
2	资金运用	17789	25008	30238	12808	2748	3392	4111	4240	4370	4505	4646	4793	4946	5105	5487	5669	5858
2.1	固定资产投资	17388	23639	27609	9054	0	0	0	0	0	0	0	0	0	0	0	0	0
2.2	建设期利息	401	1369	2629	3625	0	0	0	0	0	0	0	0	0	0	0	0	0
2.3	流动资金	0	0	0	129	0	0	0	0	0	0	0	0	0	0	0	0	0
2.4	所得税	0	0	0	0	0	0	265	287	309	332	357	382	408	436	501	533	565
2.5	应付利润	0	0	0	0	177	820	1275	1371	1371	1371	1371	1371	1371	1371	1371	1371	1371
2.6	长期借款本金偿还	0	0	0	0	2571	2571	2571	2582	2690	2801	2918	3039	3166	3298	3615	3765	3922
2.7	流动资金本金偿还	0	0	0	0	0	0	0	0	0	0	0	0	0	0	0	0	0
2.8	其他短期借款本金偿还	0	0	0	0	0	0	0	0	0	0	0	0	0	0	0	0	0
3	盈余资金	0	0	0	−39	317	430	511	530	549	568	589	610	633	656	712	738	766
4	累计盈余资金	0	0	0	−39	278	709	1219	1749	2298	2866	3455	4065	4698	5354	6065	6804	7570

续表

序号	项　　目	18	19	20	21	22	23	24	25	26	27	28	29	30	31	32	33	34
	装机容量（万 kW）	12.9	12.9	12.9	12.9	12.9	12.9	12.9	12.9	12.9	12.9	12.9	12.9	12.9	12.9	12.9	12.9	12.9
1	资金来源	6850	7086	7331	7586	7852	8129	8417	8617	8617	8617	8617	8617	8617	8617	8617	8617	8746
1.1	利润总额	3993	4228	4474	4729	4995	5272	5560	5759	5759	5759	5759	5759	5759	5759	5759	5759	5759
1.2	折旧费	2857	2857	2857	2857	2857	2857	2857	2857	2857	2857	2857	2857	2857	2857	2857	2857	2857
1.3	摊销费	0	0	0	0	0	0	0	0	0	0	0	0	0	0	0	0	0
1.4	长期借款	0	0	0	0	0	0	0	0	0	0	0	0	0	0	0	0	0
1.5	流动资金借款	0	0	0	0	0	0	0	0	0	0	0	0	0	0	0	0	0
1.6	其他短期借款	0	0	0	0	0	0	0	0	0	0	0	0	0	0	0	0	0
1.7	资本金	0	0	0	0	0	0	0	0	0	0	0	0	0	0	0	0	0
1.8	其他	0	0	0	0	0	0	0	0	0	0	0	0	0	0	0	0	0
1.9	回收固定资产余值	0	0	0	0	0	0	0	0	0	0	0	0	0	0	0	0	0
1.10	回收流动资金	0	0	0	0	0	0	0	0	0	0	0	0	0	0	0	0	129
2	资金运用	6055	6261	6475	6697	6929	7171	5664	2235	2235	2235	2235	2235	2235	2235	2235	2235	2326
2.1	固定资产投资	0	0	0	0	0	0	0	0	0	0	0	0	0	0	0	0	0
2.2	建设期利息	0	0	0	0	0	0	0	0	0	0	0	0	0	0	0	0	0
2.3	流动资金	0	0	0	0	0	0	0	0	0	0	0	0	0	0	0	0	0
2.4	所得税	599	634	671	709	749	791	834	864	864	864	864	864	864	864	864	864	864
2.5	应付利润	1371	1371	1371	1371	1371	1371	1371	1371	1371	1371	1371	1371	1371	1371	1371	1371	1371
2.6	长期借款本金偿还	4085	4255	4432	4617	4809	5009	3459	0	0	0	0	0	0	0	0	0	0
2.7	流动资金本金偿还	0	0	0	0	0	0	0	0	0	0	0	0	0	0	0	0	90
2.8	其他短期借款本金偿还	0	0	0	0	0	0	0	0	0	0	0	0	0	0	0	0	0
3	盈余资金	795	825	856	889	923	958	2753	6381	6381	6381	6381	6381	6381	6381	6381	6381	6420
4	累计盈余资金	8365	9190	10046	10934	11857	12815	15568	21949	28330	34712	41093	47474	53855	60236	66618	72999	79419

表 11.12　　现金流量表（全部投资）　　单位：万元

序号	项　目	1	2	3	4	5	6	7	8	9	10	11	12	13	14	15	16	17
	装机容量（万kW）	0.0	0.0	0.0	0.0	12.9	12.9	12.9	12.9	12.9	12.9	12.9	12.9	12.9	12.9	12.9	12.9	12.9
1	现金流入	0	0	0	0	9084	9720	10400	10400	10400	10400	10400	10400	10400	10400	10400	10400	10400
1.1	发电销售收入	0	0	0	0	9084	9720	10400	10400	10400	10400	10400	10400	10400	10400	10400	10400	10400
1.2	回收固定资产余值	0	0	0	0	0	0	0	0	0	0	0	0	0	0	0	0	0
1.3	回收流动资金	0	0	0	0	0	0	0	0	0	0	0	0	0	0	0	0	0
2	现金流出	17388	23639	27609	9183	1977	2004	2297	2319	2342	2365	2389	2414	2441	2468	2285	2316	2349
2.1	固定资产投资	17388	23639	27609	9054	0	0	0	0	0	0	0	0	0	0	0	0	0
2.2	流动资金	0	0	0	129	0	0	0	0	0	0	0	0	0	0	0	0	0
2.3	经营成本	0	0	0	0	1853	1872	1891	1891	1891	1891	1891	1891	1891	1891	1642	1642	1642
2.4	销售税金附加	0	0	0	0	124	132	141	141	141	141	141	141	141	141	141	141	141
2.5	所得税	0	0	0	0	0	0	265	287	309	332	357	382	408	436	501	533	565
3	净现金流量	−17388	−23639	−27609	−9183	7107	7716	8103	8081	8058	8035	8011	7986	7960	7932	8115	8084	8051
4	累计净现金流量	−17388	−41027	−68636	−77819	−70712	−62996	−54893	−46812	−38753	−30718	−22707	−14721	−6762	1171	9286	17370	25421
5	所得税前净现金流量	−17388	−23639	−27609	−9183	7107	7716	8368	8368	8368	8368	8368	8368	8368	8368	8617	8617	8617
6	所得税前累计净现金流量	−17388	−41027	−68636	−77819	−70712	−62996	−54628	−46260	−37892	−29525	−21157	−12789	−4422	3946	12563	21179	29796

续表

序号	项 目	18	19	20	21	22	23	24	25	26	27	28	29	30	31	32	33	34
	装机容量（万kW）	12.9	12.9	12.9	12.9	12.9	12.9	12.9	12.9	12.9	12.9	12.9	12.9	12.9	12.9	12.9	12.9	12.9
1	现金流入	10400	10400	10400	10400	10400	10400	10400	10400	10400	10400	10400	10400	10400	10400	10400	10400	10529
1.1	发电销售收入	10400	10400	10400	10400	10400	10400	10400	10400	10400	10400	10400	10400	10400	10400	10400	10400	10400
1.2	回收固定资产余值	0	0	0	0	0	0	0	0	0	0	0	0	0	0	0	0	0
1.3	回收流动资金	0	0	0	0	0	0	0	0	0	0	0	0	0	0	0	0	129
2	现金流出	2383	2418	2455	2493	2533	2574	2618	2648	2648	2648	2648	2648	2648	2648	2648	2648	2648
2.1	固定资产投资	0	0	0	0	0	0	0	0	0	0	0	0	0	0	0	0	0
2.2	流动资金	0	0	0	0	0	0	0	0	0	0	0	0	0	0	0	0	0
2.3	经营成本	1642	1642	1642	1642	1642	1642	1642	1642	1642	1642	1642	1642	1642	1642	1642	1642	1642
2.4	销售税金附加	141	141	141	141	141	141	141	141	141	141	141	141	141	141	141	141	141
2.5	所得税	599	634	671	709	749	791	834	864	864	864	864	864	864	864	864	864	864
3	净现金流量	8018	7982	7946	7907	7867	7826	7783	7753	7753	7753	7753	7753	7753	7753	7753	7753	7882
4	累计净现金流量	33439	41421	49367	57274	65141	72967	80749	88502	96255	104007	111760	119513	127265	135018	142770	150523	158405
5	所得税前净现金流量	8617	8617	8617	8617	8617	8617	8617	8617	8617	8617	8617	8617	8617	8617	8617	8617	8746
6	所得税前累计净现金流量	38412	47029	55645	64262	72879	81495	90112	98728	107345	115961	124578	133194	141811	150427	159044	167661	176406

表 11.13 现金流量表（资本金） 单位：万元

序号	项　目	1	2	3	4	5	6	7	8	9	10	11	12	13	14	15	16	17
	装机容量（万kW）	0.0	0.0	0.0	0.0	12.9	12.9	12.9	12.9	12.9	12.9	12.9	12.9	12.9	12.9	12.9	12.9	12.9
1	现金流入	0	0	0	0	9084	9720	10400	10400	10400	10400	10400	10400	10400	10400	10400	10400	10400
1.1	发电销售收入	0	0	0	0	9084	9720	10400	10400	10400	10400	10400	10400	10400	10400	10400	10400	10400
1.2	回收固定资产余值	0	0	0	0	0	0	0	0	0	0	0	0	0	0	0	0	0
1.3	回收流动资金	0	0	0	0	0	0	0	0	0	0	0	0	0	0	0	0	0
2	现金流出	3478	4728	5522	1811	8590	8469	8614	8499	8480	8461	8440	8419	8396	8373	8317	8290	8263
2.1	资本金	3478	4728	5522	1811	0	0	0	0	0	0	0	0	0	0	0	0	0
2.2	借款本金偿还	0	0	0	0	2571	2571	2571	2582	2690	2801	2918	3039	3166	3298	3615	3765	3922
2.3	借款利息支付	0	0	0	0	4042	3894	3746	3598	3449	3294	3133	2965	2790	2607	2417	2209	1992
2.4	经营成本	0	0	0	0	1853	1872	1891	1891	1891	1891	1891	1891	1891	1891	1642	1642	1642
2.5	销售税金附加	0	0	0	0	124	132	141	141	141	141	141	141	141	141	141	141	141
2.6	所得税	0	0	0	0	0	0	265	287	309	332	357	382	408	436	501	533	565
3	净现金流量	−3478	−4728	−5522	−1811	494	1251	1786	1901	1920	1940	1960	1982	2004	2027	2083	2110	2137
	累计净现金流量	−3478	−8205	−13727	−15538	−15044	−13793	−12008	−10107	−8187	−6247	−4287	−2305	−301	1726	3810	5919	8057

续表

序号	项　目	18	19	20	21	22	23	24	25	26	27	28	29	30	31	32	33	34
	装机容量（万kW）	12.9	12.9	12.9	12.9	12.9	12.9	12.9	12.9	12.9	12.9	12.9	12.9	12.9	12.9	12.9	12.9	12.9
1	现金流入	10400	10400	10400	10400	10400	10400	10400	10400	10400	10400	10400	10400	10400	10400	10400	10400	10529
1.1	发电销售收入	10400	10400	10400	10400	10400	10400	10400	10400	10400	10400	10400	10400	10400	10400	10400	10400	10400
1.2	回收固定资产余值	0	0	0	0	0	0	0	0	0	0	0	0	0	0	0	0	0
1.3	回收流动资金	0	0	0	0	0	0	0	0	0	0	0	0	0	0	0	0	129
2	现金流出	8234	8204	8173	8140	8106	8071	6276	2648	2648	2648	2648	2648	2648	2648	2648	2648	2648
2.1	资本金	0	0	0	0	0	0	0	0	0	0	0	0	0	0	0	0	0
2.2	借款本金偿还	4085	4255	4432	4617	4809	5009	3459	0	0	0	0	0	0	0	0	0	0
2.3	借款利息支付	1766	1531	1286	1031	765	488	199	0	0	0	0	0	0	0	0	0	0
2.4	经营成本	1642	1642	1642	1642	1642	1642	1642	1642	1642	1642	1642	1642	1642	1642	1642	1642	1642
2.5	销售税金附加	141	141	141	141	141	141	141	141	141	141	141	141	141	141	141	141	141
2.6	所得税	599	634	671	709	749	791	834	864	864	864	864	864	864	864	864	864	864
3	净现金流量	2166	2196	2227	2260	2294	2329	4125	7753	7753	7753	7753	7753	7753	7753	7753	7753	7882
	累计净现金流量	10223	12419	14647	16907	19201	21530	25655	33407	41160	48913	56665	64418	72170	79923	87676	95428	103310

表 11.14　　　　财务指标汇总表

序　号	项　　目	单　位	指　标
1	总投资	万元	85842
1.1	固定资产投资	万元	77690
1.2	建设期利息	万元	8023
1.3	流动资金	万元	129
2	出厂电价（不含增值税）	元/(kW・h)	0.209
3	发电销售收入总额	万元	310011
4	总成本费用总额	万元	184613
5	销售税金附加总额	万元	4216
6	发电利润总额	万元	121182
7	盈利能力指标		
7.1	投资利润率	%	4.71
7.2	投资利税率	%	4.88
7.3	资本金利润率	%	24.29
7.4	全部投资财务内部收益率（所得税前）	%	8.51
7.5	全部投资财务内部收益率（所得税后）	%	8.03
7.6	资本金财务内部收益率	%	10.91
7.7	投资回收期（所得税后）	年	13.85
8	清偿能力指标		
8.1	借款偿还期	年	24
8.2	资产负债率（高峰值）	%	80

（7）敏感性分析。根据规范要求，敏感性分析主要考虑工程投资和电量等因素变化对出厂电价的影响，计算结果见表 11.15。计算结果表明，上述因素变化对电站出厂电价均产生一定的影响，投资增加和电量减少均使电价增加。在计算方案内，出厂电价在 0.209～0.253 元/(kW・h)，均小于四川电网新建电站平均上网电价，说明本电站具有一定的抗风险能力。

表 11.15　　　　财务评价敏感性分析表

项　　目	出厂电价[元/(kW・h)]	财务内部收益率（%）	项　　目	出厂电价[元/(kW・h)]	财务内部收益率（%）
基本方案	0.209	8.00	电量－10%	0.222	8.00
投资＋10%	0.218	8.00	投资＋10%、电量－10%	0.243	8.00
投资＋15%	0.228	8.00	投资＋15%、电量－10%	0.253	8.00

11.1.3.4　综合评价

（1）该水电站装机容量 12.9 万 kW，多年平均年发电量 6.32 亿 kW・h，工程静态总投资 77690 万元，单位千瓦投资 6022 元，单位电能投资 1.23 元。

（2）本工程经济内部收益率 12.12%，大于社会折现率 8%，经济净现值为 14534 万元，在经济上是合理的。

(3) 按全部投资的财务内部收益率 8%测算的该电站经营期平均出厂电价为 0.209 元/(kW·h)，低于四川电网目前新建水电的平均上网电价，具有一定的市场竞争力。

(4) 工程投资回收期为 14.0 年，投资利润率为 4.71%，投资利税率为 4.88%，资本金利润率为 24.29%，资本金财务内部收益率为 10.91%，具有一定的盈利能力。

综上所述，该水电站在经济上是合理的，财务上是可行的，且具有较好的社会效益，它的兴建对促进地区经济发展，将起到积极的作用。

11.2　防洪工程经济分析

我国历来就是洪灾频发的国家，长江中下游平原、黄淮平原、松辽平原和珠江三角洲等都是洪灾较严重地区，也是防洪治洪的重点地区。河流洪水泛滥淹没广大平原和城市、山洪暴发冲毁和淹没土地村镇和矿山、洪水引发泥石流冲毁田地以及冰凌灾害等均属于洪水灾害的范畴。洪水灾害是按一定几率出现的自然灾害，虽然不能完全控制或消除洪灾，但可以通过工程措施或其他综合治理措施，防止或减轻洪灾损失。

防洪措施指人类防止或减轻洪水灾害损失的方法，包括工程措施和非工程措施，如图 11.1 所示。实际工作中的防洪措施常常是工程措施和非工程措施的组合。

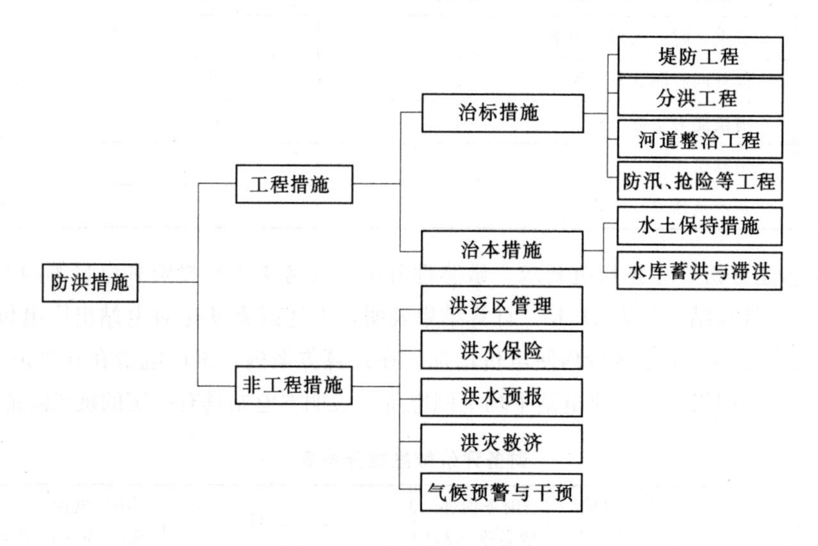

图 11.1　防洪措施分类图

11.2.1　防洪工程经济分析的特点及内容

11.2.1.1　防洪工程效益的特点

防洪工程经济效益是指兴建防洪工程后减免的洪灾损失，区别于其他水利工程有以下特点：

(1) 防洪工程的作用是除害而不是兴利，不是直接创造财富而是减免损失，因此防洪工程效益主要体现为间接效益，即将工程兴建后减少的受灾机会和减免的洪灾损失视为其效益。

（2）洪灾是几率性灾害，防洪工程效益也有其随机性。当一般年份无洪水或洪水较小时，防洪工程效益无法体现；若遭遇大洪水则防洪工程效益非常显著。防洪工程效益在年际之间变化很大，因此防洪工程效益多采用多年平均值。

（3）防洪工程效益计算较为复杂，应全面考虑有形效益和无形效益。洪灾损失有直接损失和间接损失。直接损失指洪水直接淹没造成的损失，如农作物减产、设施破坏、企业停工停业等带来的损失等；间接损失是由直接损失带来的间接影响所造成的损失，如停电造成工矿企业的停产、停运等。有些洪灾损失可以用货币计量，如房屋、工厂、建筑物等破坏、农作物减产、企业减产等损失，这些损失的减免可折算为有形效益，而有些洪灾损失是无法或不便用货币计量的，如洪水灾害导致的人身伤亡或精神痛苦、水源污染、疾病传播等，这些损失的减免则带来无形效益。

（4）防洪工程效益具有可变性。随国民经济的发展，防洪保护区的财产和产值均逐年递增，因此计算防洪工程效益应考虑其随时间的增长率。

（5）有些防洪工程有一定的负效益，如专门为防洪修建水库所导致的大量田地和城镇的淹没、防御特大洪水的分洪区等。

（6）防洪工程属于公益性项目，没有产品，主要为社会提供防洪安全服务，其效益主要是社会效益，而其运行管理单位一般没有防洪财务收入。因此，作为非盈利性的防洪工程项目不进行财务分析，只进行国民经济评价。

11.2.1.2 防洪工程经济分析的内容

防洪的目的是用一定的工程措施防止或减少洪水灾害。对一条河流或一个区域而言，防止或减少洪灾的措施，常常有很多可供选择的可行方案。它们的投资、淹没占地、防洪能力、综合效益以及对环境的影响不尽相同。在一定的条件下，需要比较分析不同方案的经济合理性。

防洪工程经济评价只包括国民经济评价，主要对技术上可行的各种措施方案及其规模进行投资、年运行费、效益等的经济分析计算，并综合考虑其他因素，确定最优防洪工程方案及其相应的技术经济参数和有关指标。不同的防洪标准，不同的工程规模，不同的技术参数，均可视为经济分析计算中的不同方案。防洪工程经济评价的步骤如下：

（1）根据国民经济发展需要，结合防洪保护区的经济价值和自然条件，拟定技术上可行的各种方案，并确定相应的工程指标。

（2）计算各种防洪方案的投资和年运行费，综合利用水利工程应首先进行投资和年运行费的合理分摊。

（3）调查分析并计算各防洪方案的经济效益。

（4）分析计算各方案的主要经济效果指标及其他辅助指标，在经济分析和综合评价的基础上，确定最优的可行方案。

11.2.2 防洪工程费用与效益计算

11.2.2.1 防洪工程投资

防洪工程投资主要指主体工程、配套工程、移民安置以及环境保护等所需的投资，不同的防洪措施其投资构成略有差异。如堤防工程以土方开挖与填筑、耕地补偿等为主，而水库防洪工程以混凝土浇筑、移民占地补偿等投资为主。

因其出现频率较低且持续时间短，分洪滞洪工程淹没耕地和迁移居民所需的投资一般不列入建设投资，常以洪灾损失考虑。

11.2.2.2　防洪工程年运行费

防洪工程年运行费包括岁修费、大修理费、防汛费、维护费、工资及福利费、燃料及动力费等，其中以前三项为主。一般岁修费和大修理费按防洪工程固定资产价值的0.5%～1.0%和0.3%～0.5%计算。防汛费是防洪工程的一项特有费用，与防洪水位、工程标准、防汛措施等许多因素有关，一般随防洪工程标准的提高而减少。

11.2.2.3　防洪工程效益计算

防洪工程效益指防洪工程兴建前后所减免的洪灾损失。正确计算防洪工程效益的实质是合理计算洪灾损失。洪灾损失大小与淹没的范围、淹没的深度、历时和淹没的对象等多因素有关，因此在进行计算之前首先应全面收集或计算获取这些基本资料。目前，洪灾损失最常用的方法主要是频率曲线法，其主要计算步骤如下：

（1）收集历史典型洪水资料，通过水文水利计算，求出防洪工程兴建前后河道、分蓄洪区、淹没区的水位和流量，确定其相应的淹没范围、耕地面积、人口以及淹没对象的数量。

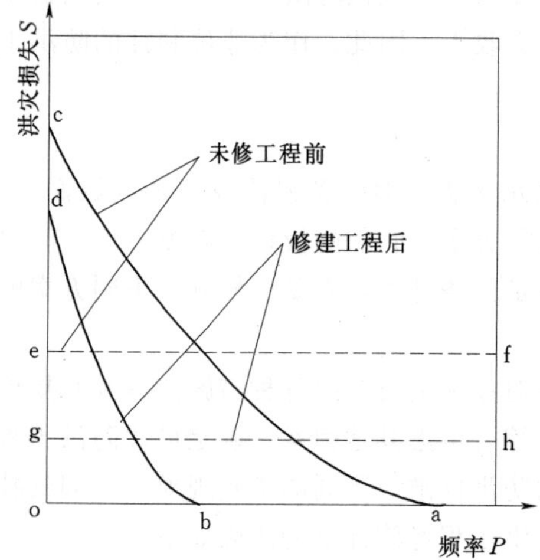

图 11.2　洪灾损失频率曲线图

（2）通过本地区或类似地区多次历史洪灾损失的调查，分析确定合理的亩综合损失率指标，即洪灾损失率，按计算的淹没范围确定洪灾损失值。

（3）洪灾损失与洪水大小有关，而洪水大小通常用洪水频率表示。分别计算防洪工程兴建前，即“无工程”和防洪工程兴建后，即“有工程”各种频率洪水作用下的洪灾损失，并绘制如图 11.2 所示的洪灾损失频率曲线。

（4）多年平均洪灾损失值实质是洪灾损失频率曲线中，各曲线与两坐标轴所包围的面积，可按式（11.6）计算。

$$S_0 = \sum_{P=0}^{1}(P_{i+1} - P_i)(S_i + S_{i+1})/2$$

$$= \sum_{P=0}^{1}\Delta P\,\overline{S} \qquad (11.6)$$

式中　P_i、P_{i+1}——两相邻频率；

S_i、S_{i+1}——两相邻频率的洪灾损失；

ΔP——频率差；

$\overline{S}$——平均经济损失，$\overline{S}=(S_i+S_{i+1})/2$。

（5）防洪工程兴建前后的多年平均洪灾损失值的差值即为所求的防洪工程效益。

【例 11.1】 某防洪工程兴建前后遭遇各种不同频率洪水时的损失值如表 11.16 所示，

试计算该防洪工程的防洪效益。

表 11.16　　防洪工程兴建前后不同频率洪水损失值

频率	无水库情况损失	有水库后损失	频率	无水库情况损失	有水库后损失
0.34	0	0	0.01	17645	6712
0.20	4580	0	0.001	21096	16897
0.10	7871	0	0.0001	22827	21096
0.05	12414	2693			

解： 按式（11.6）分别计算防洪工程新建前后的多年平均洪灾损失值，如表 11.17 所示。

表 11.17　　防洪效益计算成果表　　单位：万元

洪水频率	ΔP	建库前的洪灾损失			建库后的洪灾损失		
		各频率洪灾损失值	平均损失 $(S_1+S_2)/2$	$\Delta P\times(S_1+S_2)/2$	各频率洪灾损失值	平均损失 $(S_1+S_2)/2$	$\Delta P\times(S_1+S_2)/2$
0.34		0			0		
	0.14		2290	320.6		0	0
0.2		4580			0		
	0.1		6225.5	622.55		0	0
0.1		7871			0		
	0.05		10142.5	507.13		1346.5	67.33
0.05		12414			2693		
	0.04		15029.5	601.18		4702.5	188.10
0.01		17645			6712		
	0.009		19370.5	174.33		11804.5	106.24
0.001		21096			16897		
	0.0009		21961.5	19.77		18996.5	17.10
0.0001		22827			21096		
合计		2245.56			378.77		

由表 11.17，防洪工程效益＝2245.56－378.77＝1866.79（万元）。

若对计算精度要求不高的话，也可采用相对简单的年序系列法计算防洪工程效益，即从历史资料中选择一段洪水灾害资料比较齐全的实际年系列，逐年计算洪灾损失，取其平均值作为年平均洪灾损失。这种方法受计算时段的选择影响非常大，计算结果往往不如频率曲线法准确。

若不考虑国民经济的增长，则每年的防洪工程效益应是相等的。但随着国民经济的发展，单位面积的淹没损失率应是逐年递增的，因此防洪工程效益的计算宜考虑国民经济增长率。若年平均防洪效益为 b_0，国民经济年增长率为 j，则考虑国民经济增长率后年防洪效益也逐年递增，可按式（11.7）计算。

$$b_t = b_0(1+j)^t \tag{11.7}$$

式中　b_t——第 t 年的防洪工程效益期望值；

t——年序号，$t=1，2，\cdots，n$；其中 n 即为经济寿命，年。

11.2.3　分析实例

某综合利用工程具发电、防洪和航运功能，总投资为 10 亿元，工程投资每年年初投入，年投资计划如表 11.18 所示，年运行费用 2560 万元，建设期 5 年，2005 年开始取得效益，经济寿命期 50 年。以 2000 年初的生产水平为基础，水库建成前后多年平均损失调查及计算成果见表 11.19，国民经济发展的年增长率为 3%。

表 11.18　某综合利用工程年投资计划表

年份	2000	2001	2002	2003	2004
投资额（万元）	11000	19000	20000	24000	26000

表 11.19　水库兴建前后不同洪水频率的洪灾损失值

洪水频率	0.34	0.2	0.1	0.05	0.01	0.001	0.0001
建库前损失	0	4700	8200	12000	17000	19500	24000
建库后损失			0	2000	5000	14500	22500

11.2.3.1　防洪工程国民经济评价

防洪工程效益主要是社会效益，不进行财务分析，只进行国民经济评价。

（1）防洪工程费用计算。该工程属于综合利用水利工程，必须采用投资分摊的方法确定防洪工程费用，结合该工程具体情况，经广泛收集资料和计算后确定可分投资 4.0 亿元，可分年运行费用 1660 万元，各受益部门相关信息如表 11.20 所示。

表 11.20　各受益部分基础资料表　　单位：万元

项　目	防洪	航运	发电
可分投资	8000	10500	21500
最优替代工程年费用	920	1560	2060
可分年费用	400	700	560

按剩余效益法分摊投资和年费用，计算成果如表 11.21 所示。从表中可知，防洪工程分摊工程投资 18800 万元，分摊年费用 562 万元。根据该工程的分年度投资计划，确定防洪工程的分年度投资如表 11.22 所示。

表 11.21　投资分摊计算成果表　　单位：万元

项　目	防洪	航运	发电	合计
最优替代工程年费用	920	1560	2060	3540
可分年运行费用	400	700	560	1660
剩余效益	520	860	1500	2880
分摊比例	0.18	0.30	0.52	1
剩余投资分摊	10800	18000	31200	60000

续表

项　　目	防洪	航运	发电	合计
可分投资	8000	10500	21500	40000
分摊投资	18800	28500	52700	100000
剩余年运行费用分摊	162	270	468	900
分摊年运行费用	562	970	1028	2560

表 11.22　　防洪工程年投资计划表

年份	2000	2001	2002	2003	2004
投资额（万元）	2068	3572	3760	4512	4888

（2）防洪工程效益计算。按式（11.6）分别计算防洪工程新建前后的多年平均洪灾损失值，如表 11.23 所示。

表 11.23　　洪灾损失计算成果表

洪水频率	ΔP	建库前的洪灾损失			建库后的洪灾损失		
		各频率洪灾损失值	平均损失 S	ΔPS	各频率洪灾损失值	平均损失 S	ΔPS
0.34		0					
	0.14		2350	329			
0.2		4700					
	0.1		6450	645			
0.1		8200			0		
	0.05		10100	505		1000	50
0.05		12000			2000		
	0.04		14500	580		3500	140
0.01		17000			5000		
	0.009		18250	164		9750	88
0.001		19500			14500		
	0.0009		21750	20		18500	17
0.0001		24000			22500		
合计			2243			295	

由表 11.23，则可确定相应于 2000 年年初生产水平的防洪工程效益为 1948 万元。而实际是从 2005 年开始取得防洪效益，则考虑国民经济增长影响，2005 年初的防洪经济效益 b_0 按式（11.7）计算得：

$$b_0=1948\times(1+j)^5=1948\times(1+3\%)^5=2258\text{（万元）}$$

则以后各年的防洪工程效益 b_t 应为 $2258(1+3\%)^t$，其中 2005 年的 $t=1$，2006 年的 $t=2$，以此类推。

（3）国民经济评价指标计算。

1）经济净现值。经济净现值计算中，采用社会折现率 8%，以 2005 年初为计算基准点。

投资现值 $=2068\times(1+8\%)^5+3572\times(1+8\%)^4+3760\times(1+8\%)^3+4512\times(1+8\%)^2+4888\times(1+8\%)^1=23176.59$（万元）

年费用现值 $=562\times(P/A,8\%,50)=562\times12.233=6874.95$（万元）

考虑国民经济增长，则防洪工程效益是等比序列，按式（11.8）则可计算其效益净现值

$$B=\sum_{t=1}^{n}b_0(1+j)^t(1+i)^{-t}=b_0\frac{1+j}{1+i}+b_0\frac{(1+j)^2}{(1+i)^2}+\cdots+b_0\frac{(1+j)^n}{(1+i)^n}$$
$$=\frac{1+j}{i-j}\left[\frac{(1+i)^n-(1+j)^n}{(1+i)^n}\right]b_0 \tag{11.8}$$

经计算，效益净现值 $B=42171.76$ 万元。

则，经济净现值＝42171.76－23176.59－6874.95＝12120.22 万元，经济净现值大于零，则国民经济评价可行。

2）经济益本比。

$$经济益本比=\frac{效益现值}{费用现值}=\frac{42171.76}{23176.59+6874.95}=1.40$$

经济益本比大于 1，说明方案在经济上是可行的。

3）内部收益率。按式（5.19）采用试算法计算其经济内部收益率为 10.52%，大于社会折现率 8%，国民经济评价结论可行。

11.2.3.2　防洪工程敏感性分析

敏感性分析主要考虑投资增加和效益减少两个不确定因素变化，主要考虑投资增加 10%、投资增加 15%、效益减少 10%及其组合共三个方案，计算成果如表 11.24 所示。

表 11.24　敏感性分析表

分析方案	费用现值（万元）	效益现值（万元）	经济净现值（万元）	经济内部收益率
基本方案	30051.54	42171.76	12120.22	10.52%
投资＋10%	32369.20	42171.76	11071.55	9.90%
投资＋15%	33528.03	42171.76	9912.72	9.61%
效益－10%	30051.54	37954.59	7906.05	9.69%
投资＋10%、效益－10%	32369.20	37954.59	5585.39	9.12%
投资＋15%、效益－10%	33528.03	37954.59	4426.56	8.85%

从表 11.24 中可以看出，各方案经济净现值均大于零且内部收益率大于社会折现率，表明本工程在经济上是可行的，且具有一定的抗风险能力。

11.3　灌溉工程经济分析

灌溉工程按不同的分类方法可分为不同的类型。按照水源类型可分为地表水灌溉工程和地下水灌溉工程；按照水源取水方式可分为无坝引水工程、低坝引水工程、抽水取水工

程和水库取水工程；按照用水方式又可分为自流灌溉工程和提水灌溉等工程。

灌溉工程类型的选择取决于水源的水文地理、农业生产条件及科学技术发展水平等方面，常见的形式有：

（1）灌区附近水源丰富，河流水位、流量均能满足灌溉要求时，多选择适宜地点作为取水口，修建进水闸引水自流灌溉。

（2）河流水量丰富，灌区位置较高，河流水位不能满足灌溉要求时，可选择修筑较长的引水渠以取得水头的自流灌溉、建低坝或水闸抬高水位的自流灌溉或修建提灌站等不同方案。修建引水工程可能较艰巨，建低坝或水闸增加了拦河闸坝工程但可缩短引水干渠，而建提灌站则增加了机电设备投资及其年运行费。针对具体工程，应在对比分析的基础上进行方案优选。

（3）河流的水位及流量均不能满足灌溉要求时，必须选址修建水库实现径流调节，以解决来水和用水之间的矛盾。这种方法通常投资较大，水库淹没损失也较大。

对某一灌区，可综合各种取水方式，形成“蓄、引、提”相结合的灌溉系统。

11.3.1 灌溉工程经济分析的特点及内容

灌溉工程经济评价在分析灌溉工程各可行方案效益、投资、年运行费等因素的基础上，综合考虑政治、社会、环境等非经济因素，确定灌溉工程的最优方案。

灌溉工程直接为农业增产服务，其经济效益主要体现在工程兴建前后的农、林、牧产品产量和质量的提高以及产值的增加。其效益包括项目向农林牧等提供灌溉用水获得的效益和节水设施可节省的水量用于扩大灌溉面积或用于提供城镇用水等可获得的效益。

受农、林、牧生产自身的特点影响，灌溉工程经济分析较复杂，应特别注意以下问题。

（1）灌溉工程投资不但要考虑主体工程投资和年运行费，还应考虑配套工程投资和年运行费，同时包括集体与群众所提供的材料和劳务支出。对综合利用水利工程，还应进行合理的投资分摊。

（2）农、林、牧产品产量与质量的提高是水利和农业措施共同作用的综合效应，其效益应在水利部门与农业等其他部门之间进行合理的分摊。

（3）灌溉效益年度间差异较大，不能用某一代表年来估算效益。农作物对灌溉水量和时间的要求直接受气候等因素变化的影响，干旱年份的农业灌溉增产显著，灌溉效益大，而丰水多雨年份，则可能没有灌溉效益。因此，估算灌溉效益时必须选用包括各种不同典型水文年的长序列代表时段，一般在15年以上，以其多年平均值作为灌溉年效益。

11.3.2 灌溉工程费用与效益计算

11.3.2.1 灌溉工程投资

灌溉工程投资包括渠道、渠系建筑物和设备、各级固定渠道以及田间工程等全部工程费用。在可研阶段，常用扩大指标进行投资估算。

按资金来源分类，灌溉工程投资包括国家及地方的基本建设投资、农田水利事业补助费、群众自筹资金和劳务投资。

按工程项目分类，灌溉工程投资则包括斗渠口以上部分全部费用、斗渠口以下配套工程的全部费用、土地平整费用和工程占地补偿费。一般地，国家及地方的基建投资只包括斗渠口以上部分全部费用，而其他三部分费用则多来源于农田水利事业补助费、群众自筹资金和劳务投资。若灌区开发涉及旱作物改为水稻则土地平整费用相对较高，若仅涉及适应畦灌、沟灌需要的地形平整则费用较低。工程占地补偿费多按面积计算其所需费用赔偿。

11.3.2.2　灌溉工程年运行费

灌溉工程年运行费主要包括大修费、经营管理费和燃料动力费等。

(1) 大修费一般以投资的百分数计算，土建工程为 0.5%～1.0%，机电设备为 3%～5%，金属结构为 2%～3%。

(2) 经营管理费包括建筑和设备的经常性维修费、工资、行政管理费以及灌区作物的种子、肥料费等，一般多按投资的百分比取值。

(3) 燃料动力费的取值受灌溉用水量、扬程的高低等因素影响，当灌区采用提水灌溉或喷灌时，应计入该费用。

11.3.2.3　灌溉工程经济效益

灌溉工程经济效益指工程兴建前后增加的农、林、牧产品的产值，其核心是如何将增产效益在水利和农业之间合理分摊。目前灌溉工程经济效益的主要计算方法有分摊系数法和扣除农业生产费用法。扣除农业生产费用法将农业技术措施所增加的生产费用（包括种子、肥料、植保、管理等所需的费用）从农业增产的产值中扣除后的农业增产净产值作为灌溉工程效益。这种方法在美国、印度等国家运用较为广泛。本书着重介绍我国常用的分摊系数法。

分摊系数法首先计算灌溉工程兴建后的农业增产效益，再按分摊系数 ε 分摊灌溉工程效益，其计算公式如式（11.9）所示。

$$B=\varepsilon\left[\sum_{i=1}^{n}A_i(Y_i-Y_{0i})V_i+\sum_{i=1}^{n}A_i(X_i-X_{0i})P_i\right] \tag{11.9}$$

式中　B——灌溉工程及措施分摊的多年平均年灌溉效益，元；

A_i——第 i 种作物的种植面积，亩；

Y_i、Y_{0i}——兴建灌溉工程前后第 i 种农作物单位面积的多年平均产量，kg/亩；

X_i、X_{0i}——兴建灌溉工程前后第 i 种农副产品单位面积的多年平均产量，kg/亩；

V_i——第 i 种农作物的价格，元/kg；

P_i——第 i 种农副产品的价格，元/kg；

ε——灌溉效益分摊系数。

灌溉效益分摊系数的合理确定是分摊系数法的关键，可采用历史资料统计分析、试验资料统计分析等多种方法确定，其确定公式如式（11.10）和式（11.11）所示。

灌溉工程效益分摊系数　$$\varepsilon_{水}=\frac{Y_{水}-Y_{前}}{(Y_{水}-Y_{前})+(Y_{农}-Y_{前})} \tag{11.10}$$

农业措施的效益分摊系数　$$\varepsilon_{农}=\frac{Y_{农}-Y_{前}}{(Y_{水}-Y_{前})+(Y_{农}-Y_{前})} \tag{11.11}$$

式中　$Y_{前}$——基本旱地农业技术措施和无灌溉工程条件下的单位面积产量，kg/亩；

$Y_{\text{水}}$——基本旱地农业技术措施和充分灌溉工程条件下的单位面积产量，kg/亩；

$Y_{\text{农}}$——最佳农业技术措施和无灌溉工程条件下的单位面积产量，kg/亩。

在确定灌溉工程效益分摊系数时，应尽可能选用与当地情况相近的试验研究数据。一般地，灌溉效益分摊系数大致在 0.2～0.6 之间，丰、平水年和农业生产水平较高的地区取较低值，反之取较高值。

11.3.3 分析实例

某综合利用水利工程具有发电和灌溉两项主要功能，共用工程和灌区专用工程历年投资情况见表 11.25，灌区的投资分摊系数为 0.57。灌区灌溉保证率为 80%，2003 年部分面积受益，2011 年全部达到设计标准。经调查，灌区的增产指标、灌溉工程的效益分摊系数和灌区多年的灌溉面积受益情况见表 11.26 和表 11.27。年运行费按 0.9 元/亩计，粮食的平均价格按 0.376 元/kg 计算。

表 11.25　　共用工程和灌区专用工程历年投资情况表

年份	共用部分投资（万元）			灌区部分投资（万元）						
	国家投资	地方投资	合计	渠首枢纽	支渠以上国家投资	支渠以上地方投资	支渠以下投资	土地平整费用	工程占地补偿费	合计
1996	700	98	798							
1997	1360	198	1558							
1998	1200	182	1382	200						200
1999	1050	182	1232	125	450	368				943
2000	420	80	500		1040	850				1890
2001	150	42	192		730	597	600	500	100	2527
2002	150	14	164		525	429	600	500	180	2234
2003	159	33	192		550	450	560	400	100	2060
2004	278	39	317		600	491	600	300	49	2040
2005	160	22	182		500	409	310	250		1469
2006	176	39	215		600	491	300	200		1591
2007	71	10	81		310	253	30	40		633
2008	100	14	114				30	40		70
2009							100	50		150
2010							102	37		139
合计	5974	953	6927	325	5305	4338	3232	2317	429	15946

表 11.26　　灌区增产指标和灌溉工程的效益分摊系数表

项　　目	占灌溉面积百分比（%）	规划的增产指标（kg/亩）	灌溉工程的效益分摊系数
旱地改水田	60	238	0.5
灌区开发前后均为水田	15	150	0.33
灌区开发前后均为旱地	25	120	0.2

表 10.27　　灌区多年的灌溉面积受益情况　　单位：亩

项目 \ 年份	2003	2004	2005	2006	2007	2008	2009	2010	2011
水稻灌溉面积	58	78	87	98	99	99	101	103	107
旱作灌溉面积	19	26	28	33	33	34	34	35	36
全灌区总灌溉面积	77	104	115	131	132	133	136	138	143

11.3.3.1　灌溉工程投资计算

灌溉工程投资包括水库共用部分的分摊投资和灌区工程专用投资。灌区专用投资包括渠首枢纽、支渠以上国家投资及地方投资、支渠以下投资、土地平整费和工程占地补偿费。按 0.57 的分摊系数分摊共用部分投资，则 1996～2010 年各年灌溉部门应承担的投资见表 11.28。

表 11.28　　灌区其他投资计算表　　单位：万元

年份	灌区分摊投资	渠首枢纽	支渠以上国家投资	支渠以上地方投资	支渠以下投资	土地平整费用	工程占地补偿费	灌区总投资
1996	455							455
1997	888							888
1998	788	200						988
1999	702	125	450	368				1645
2000	285		1040	850				2175
2001	109		730	597	600	500	100	2636
2002	93		525	429	600	500	180	2327
2003	109		550	450	560	400	100	2169
2004	181		600	491	600	300	49	2221
2005	104		500	409	310	250		1573
2006	123		600	491	300	200		1714
2007	46		310	253	30	40		679
2008	65				30	40		135
2009					100	50		150
2010					102	37		139
合计	3948	325	5305	4338	3232	2317	429	19894

11.3.3.2　灌溉工程年运行费计算

灌区从 2003 年开始受益，2011 年达到设计标准，灌区年运行费按 0.9 元/亩计算，计算成果见表 11.29。

表 11.29　　灌溉部门各年年运行费

项目 \ 年份	2003	2004	2005	2006	2007	2008	2009	2010	2011
全灌区总灌溉面积（万亩）	77	104	115	131	132	133	136	138	143
运行费（万元）	69.3	93.6	103.5	117.9	118.8	119.7	122.4	124.2	128.7

11.3.3.3 灌溉工程国民经济效益计算

根据表 11.26 计算全灌区粮食增产率的加权平均值为 195kg/亩，全灌区加权平均灌溉效益分摊系数为 0.4。则将旱地增产折算为粮食，按粮食平均价格 0.376 元/kg 计算其灌溉效益如表 11.30 所示。

表 11.30　各年灌溉效益计算成果表

项目 \ 年份	2003	2004	2005	2006	2007	2008	2009	2010	2011
水稻灌溉面积（万亩）	58	78	87	98	99	99	101	103	107
旱作灌溉面积（万亩）	19	26	28	33	33	34	34	35	36
全灌区总灌溉面积（万亩）	77	104	115	131	132	133	136	138	143
全灌区粮食增产量（万 kg）	15015	20280	22425	22545	25740	25935	26520	26910	27885
水利因素增产量（万 kg）	6006	8112	8970	10218	10296	10374	10608	10764	11154
水利因素增产值（万元）	2258.3	3050.1	3372.7	3842.0	3871.3	3900.6	3988.6	4047.3	4193.9

11.3.3.4 经济评价指标计算

灌溉工程在计算期内历年的投资、年运行费和年效益汇总见表 11.31。从 1996～2045 年为计算期，其中 1996～2008 年为水库建设期，1999～2010 年为灌区建设期，2003～2010 年为灌区投产期，2011～2045 年为灌溉工程生产期，工程全部投入正常运。以开工的 1996 年作为基准年，以该年初为基准点，计算期 $n=50$ 年，社会折现率取 $i_s=8\%$，计算经济净现值 *ENPV* 及经济内部收益率 *EIRR*，对该工程进行国民经济评价。

表 11.31　灌溉工程历年投资、年运行费和效益汇总表　单位：万元

年份	水库分摊投资	灌区投资	灌区总投资	灌区年运行费	灌区年效益
1996	455		455		
1997	888		888		
1998	788	200	988		
1999	702	943	1645		
2000	285	1890	2175		
2001	109	2527	2636		
2002	93	2234	2327		
2003	109	2060	2169	69.3	2258.3
2004	181	2040	2221	93.6	3050.1
2005	104	1469	1573	103.5	3372.7
2006	123	1591	1714	117.9	3842.0
2007	46	633	679	118.8	3871.3
2008	65	70	135	119.7	3900.6
2009		150	150	122.4	3988.6
2010		139	139	124.2	4047.3
2011				128.7	4193.9
⋮				…	…
2045				128.7	4193.9

(1) 经济净现值 $ENPV$。

投资现值 I_p 计算如下：

$$I_p = \sum_{1996}^{2010} \text{年总投资} \times (1 + \text{年折现率})^{1995-n}$$

$$= 455 \times (1 + 8\%)^{-1} + 888 \times (1 + 8\%)^{-2} + \cdots + 139 \times (1 + 8\%)^{-15}$$

$$= 11836.27(\text{万元})$$

年运行费现值 U_p 计算如下：

$$U_p = \sum_{2003}^{2045} \text{年运行费} \times (1 + \text{年折现率})^{1995-n}$$

$$= 69.3 \times (1 + 8\%)^{-8} + 93.6 \times (1 + 8\%)^{-9} + \cdots + 128.7 \times (1 + 8\%)^{-50}$$

$$= 827.63(\text{万元})$$

效益现值 B_p 计算如下：

$$B_p = \sum_{2003}^{2045} \text{年效益值} \times (1 + \text{年折现率})^{1995-n}$$

$$= 2258.3 \times (1 + 8\%)^{-8} + 3050.1 \times (1 + 8\%)^{-9} + \cdots + 4193.9 \times (1 + 8\%)^{-50}$$

$$= 26969.63(\text{万元})$$

则经济净现值 $ENPV = B_p - U_p - I_p = 26969.63 - 827.63 - 11836.27 = 14305.73$ (万元)

(2) 经济内部收益率 $EIRR$。

经济内部收益率采用试算的方法，即找到使 $ENPV = B_p - U_p - I_p = 0$ 的折现率，即为所求的经济内部收益率 $EIRR$。

经试算，该工程 $EIRR = 16.15\%$。

11.3.3.5　分析评价

本工程的经济净现值 14305.73 万元，大于零，且经济内部收益率 16.15%，大于社会折现率 8%。因此，该工程在经济上是可行的。

11.4　治涝工程经济分析

涝渍灾害包括涝灾、渍灾和土壤盐碱化等。涝灾指因暴雨造成农田表面积水过深，淹没时间过长而造成的农作物减产或失收。若内涝积水时间过长，地下水位过高或地面积水时间过长则会使土壤中的水分接近或达到饱和时间的超过作物生长期所能忍耐的限度，从而抑制作物生长造成渍灾。涝灾发生的同时会引起地下水位上升而使地下水矿化程度高的北方地区发生土壤盐碱化。

治涝工程措施主要有排水工程、干沟及承泄区整治和降低地下水位。当暴雨产生多余的地面水和地下水时，应通过排水网和出口枢纽排泄到容泄区内，从而减少淹水时间及淹水深度，不使农作物受涝。涝灾后应及时降低地下水位以避免农作物受渍，条件允许时尚应发展井灌、井排、井渠结合控制地下水位。

治涝工程经济分析是对治涝规划区拟定技术可行方案和治涝措施、选择合理治涝标准和工程规模，进行投资、年运行费、效益等经济分析计算，并综合考虑其他因素，确定最优治涝工程方案。

11.4.1 治涝工程经济分析的特点及内容

治涝工程具有除害的性质，其效益主要表现在涝、渍灾害的减免程度上。因此治涝工程效益是工程修建后减免的涝、渍灾害损失。

多数情况下，涝、渍灾害损失主要是农业减产或失收，特别严重时可能出现房屋倒塌、工程或财产损毁、企业停产或停工等损失和救灾、抢险所支出的相关费用等。治涝工程效益的大小，与涝区的自然条件、生产水平关系甚大。自然条件好、生产水平高的地区，受灾时损失亦大，治涝工程效益就大；反之，原来条件比较差的地区，治涝后的效益也不明显。

治涝工程经济分析的主要步骤如下：

(1) 结合当地具体条件和治涝任务，拟定技术上可行的可比方案，并确定相应工程指标。

(2) 调查收集雨情、水情、灾情等相关基本资料，分析致涝原因，选择合理的治涝标准。

(3) 在合理确定各方案投资、年运行费、效益等指标的基础，分析计算各方案主要评价指标及其辅助指标。

(4) 对各方案进行分析和综合评价，确定经济上合理可行的方案措施。

治涝工程经济分析时应特别注意以下几个问题：

(1) 涝灾的大小，与暴雨发生的季节、雨量、强度、积涝水深、积涝历时、作物耐淹能力等许多因素有关。治涝经济分析时，应首先在实地调查和试验研究的基础上获取上述基本资料，再根据不同地区的涝灾成因、排水措施等具体条件，选择比较合理的计算分析方法。

(2) 规划治涝工程时，应统筹考虑除涝、排渍、治碱、防旱等问题，只有综合治理，才能获得较大的综合效益。

(3) 分析时应注意各方案的可比性，应遵循国家相关政策和规定，同时保证采用的基本资料、计算原则、分析深度等方面的一致性。

11.4.2 治涝工程费用与效益计算

11.4.2.1 治涝工程投资

治涝工程投资是指治涝工程自前期工作开始至建成达到设计标准时所投入的全部费用，包括主体工程投资和配套工程投资。主体工程属于国家基建工程，包括输水渠、容泄区以及相关的工程设施和建筑物等，其资金多来源于国家及地方投资。配套工程包括各级排水沟渠及田间配套工程，其资金多来源于包括集体集资和群众投入。群众投入的现金、器材、物资、占地和劳务等均应进入工程投资。

11.4.2.2　治涝工程运行费

治涝工程运行费是指治涝工程项目建成正式运营后在正常运行期间每年需要支出的各种经常性费用，包括燃料费、材料费、人员工资、排涝费、维修费、大修费、行政管理费及综合利用枢纽中排涝功能应分摊的年运行费部分等。

11.4.2.3　治涝（渍）工程效益

治涝（渍）工程效益包括除涝、治渍、治碱等部分效益，可以用实物量或货币量来表达。

治碱、治渍效益指降低地下水位而使其适宜农作物生长时，所产生的增产效益。治渍、治碱效益估算应首先拟定可行的治渍、治碱方案分区控制地下水埋深，再计算各方案的农作物收入与治理前总收入的差值。

治涝工程效益应是多年平均效益，和受灾面积、减产率或绝产率有关。减产率是一个相对指标，指农田受涝以后，与正常年景相比减产的百分数。绝产率是一个相对指标，指不同减产程度受涝（渍）面积折算为颗粒无收面积占涝渍区面积的百分数。治涝工程效益的计算方法主要有合轴相关分析法、内涝积水量法和涝灾频率曲线法。

（1）合轴相关分析法。合轴相关分析法利用修建治涝工程前的历史涝灾资料估计修建工程后的涝灾损失。该方法假定涝灾损失随某一个时段的雨量而变，降雨频率与涝灾频率相对应，且小于和等于工程治理标准的降雨不产生涝灾，超过治理标准所增加的涝灾减产率与增加的雨量相对应。本方法的计算步骤如下：

1）选择不同雨期（例如 1 天、3 天、7 天、…、60 天）的雨量，与相应涝灾面积（或涝灾损失率）进行分析比较，选出降雨与涝灾相关性较好的时段作为计算雨期，绘制其雨量频率曲线，如图 11.3 所示。

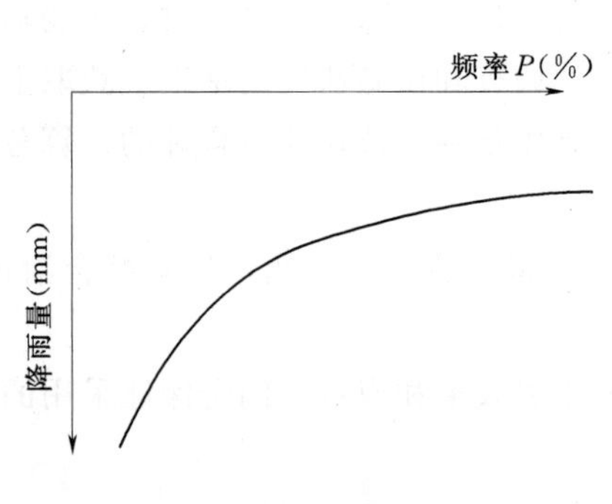

图 11.3　雨量频率曲线图

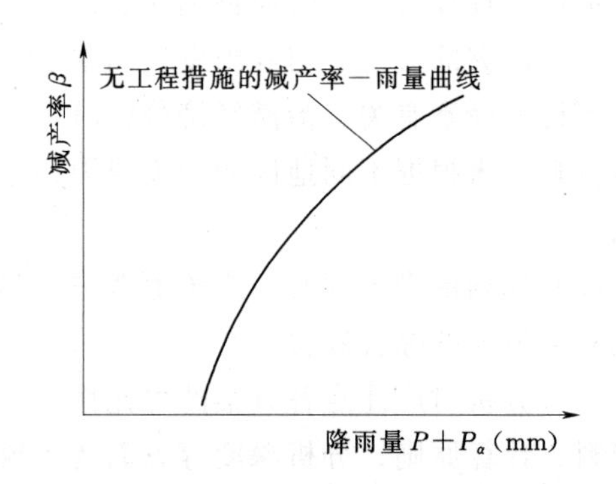

图 11.4　治理前雨量—涝灾减产率曲线

2）绘制治理前计算雨期的降雨量 P 和前期影响雨量 P_a 之和与相应年的涝灾减产率 β 关系曲线，如图 11.4 所示。

3）根据雨量频率曲线、雨量（$P+P_a$）—涝灾减产率曲线，用合轴相关图解法，求得治理前涝灾减产率频率曲线，如图 11.5 中的第一象限所示。

4）按治涝标准修建工程后，降雨量大于治涝标准的雨量（$P+P_a$）时才会成灾，例如治涝标准五年一遇的成灾降雨量较治理前成灾降雨量各增加 ΔP，则五年一遇治涝标准所减少的灾害即由 ΔP 造成的，因此在图 11.5 的第三象限作五年一遇一条平行线，其与

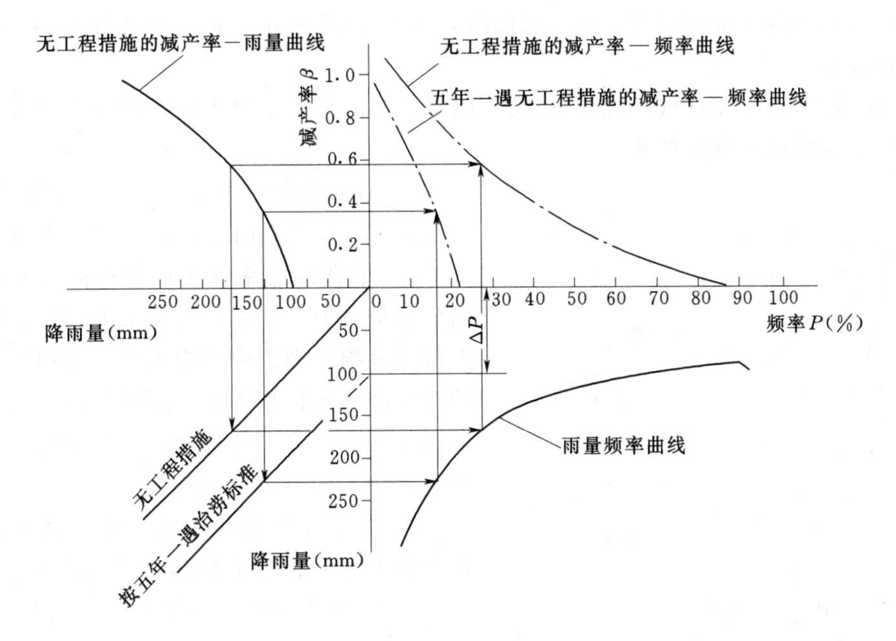

图 11.5　合轴相关图

纵坐标的截距为 ΔP 即可。对其他治涝标准，作图方法相同。

5）按照图 11.5 中的箭头所示方向，可以求得治涝标准五年一遇的减产率频率曲线。

6）量算减产率频率曲线和两坐标轴之间的面积，便可求出治理前和治理标准五年一遇的年平均涝灾减产率的差值，由此算出治涝的年平均效益。

（2）内涝积水量法。内涝积水量法假定绝产面积随内涝积水量变化而变，其具体计算步骤如下：

1）假定不发生内涝积水，所有排水系统畅通，绘制无工程时涝区出口控制站的理想流量过程线。理想流量过程线一般用小流域径流公式或用排水模式公式计算洪峰流量，再用概化公式分析求得。

2）推求单位面积的内涝积水量 V/A。内涝积水量可通过实际流量过程线及其相应的理想流量过程线对比获得，如图 11.6 所示，面积则应包括该站以上的所有积水面积。

3）根据内涝调查资料，求出历年农业减产率 β，并绘制出历年单位面积内涝积水量

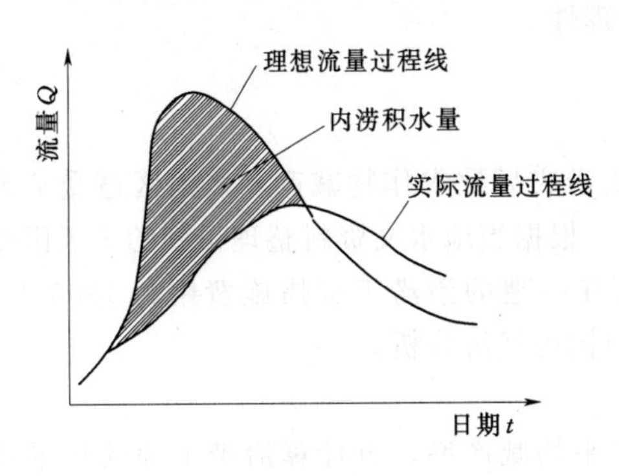

图 11.6　自流区排水过程线图

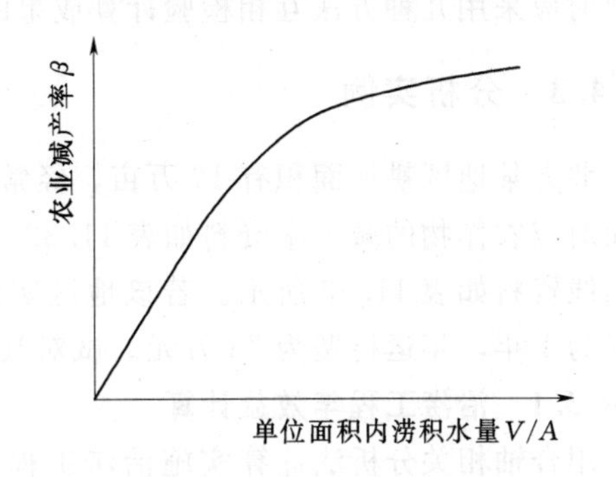

图 11.7　减产率—内涝积水量关系

V/A 和相应的历年农业减产率 β 的关系曲线，如图 11.7 所示，再计算各种不同治理标准的内涝损失值。

4）根据各种频率的理想流量过程线，运用调蓄演算，求出不同治理标准情况下，各种频率的单位面积内涝积水量。

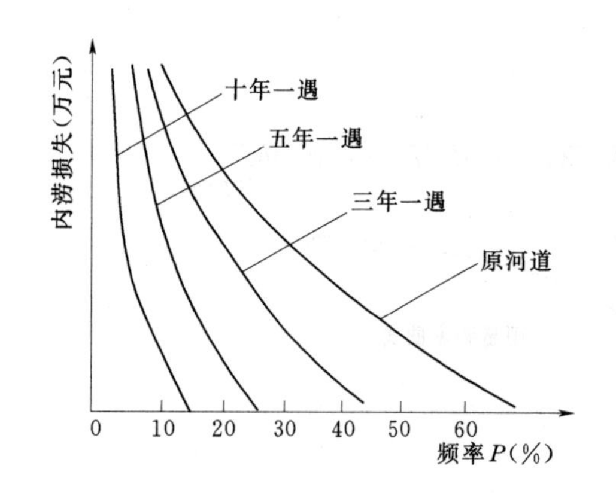

图 11.8　内涝损失—频率关系

5）在各种频率的单位面积内涝积水量 V/A 及 β—V/A 关系曲线基础上即可求解农业减产率 β。农业减产率 β 与计划产值的乘积为内涝农业损失值，农业损失值加上房屋、居民财产等其他损失则为内涝损失值。分别计算不同治理标准下各种频率的内涝损失值，则可绘制治涝工程兴建前和各种治涝标准的内涝损失—频率曲线，如图 11.8 所示。

6）各种频率曲线与坐标轴之间的面积即可求出各种治涝标准的多年平均内涝损失值，它与治涝工程兴建前多年平均内涝损失的差值，即为各种治涝标准的工程年效益。

（3）涝灾频率曲线法。涝灾频率曲线法用于计算已建工程的治涝效益，其具体计算步骤如下：

1）收集治涝区域的长序列暴雨资料和工程兴建前历年治涝区受灾面积及其相应灾情资料，计算工程兴建前历年的绝产面积。

2）以暴雨频率为横坐标，相应年份的绝产面积为纵坐标，绘制排水区在工程兴建前历年的绝产面积频率曲线。

3）根据工程兴建后历年的暴雨频率，查出相应的未建工程时的涝灾绝产面积，并与工程兴建后实际调查及统计资料的绝产面积相比较，其差值即为工程兴建而减少的绝产面积。

4）当年减少的绝产面积与其正常产量和单位产量价格的乘积即为该年所获治涝效益的价值量。各年治涝价值量的多年平均值即为治涝工程效益。

上述各种内涝损失的计算方法，均基于相应的基本假设，可能与实际情况有所差异，必要时应采用几种方法互相检验计算成果的合理性。

11.4.3　分析实例

北方某地区耕地面积有 16 万亩，经常遭受涝灾导致农作物减产，该地区遭受 7 天雨量而对应农作物的减产率资料如表 11.32 所示。根据当地水文资料整理得到的 7 天雨量频率曲线资料如表 11.33 所示。若该地区实施五年一遇的治涝工程措施费用为 1800 万元，工期为 1 年，年运行费为 73 万元。试对其进行国民经济分析。

11.4.3.1　治涝工程年效益计算

用合轴相关分析法计算实施治涝工程后的平均减产率，再计算治涝工程的年平均效益，具体步骤如下：

表 11.32 该地区 7 天雨量对应农作物减产率表

序号	7 天降雨量（mm）	减产率 β
1	91	0
2	108	0.2
3	119	0.3
4	151.5	0.5
5	196.5	0.7
6	264	0.9

表 11.33 该地区 7 天雨量频率表

序号	7 天降雨量（mm）	频率（%）
1	93.4	80
2	106.5	60
3	117.8	50
4	134.2	40
5	159.2	30
6	202.5	20
7	280.5	10

（1）先将表 11.32 的数据绘制曲线，如图 11.5 第二象限所示；再将表 11.33 的数据绘制曲线，如图 11.5 第四象限所示；用合轴相关图解法，根据图中箭头方向，可以求出该地区未实施治涝工程时的减产率频率曲线图，如图 11.5 第一象限所示。根据该减产率频率曲线图可以算出未实施治涝工程时的平均减产率为 0.246。

（2）实施五年一遇治涝工程措施后，由表 11.32 及表 11.33 可以得出该地区成灾 7 天降雨量由原来的 91mm 增加到 202.5mm，即实施治涝工程后的成灾降雨量增加了 111.5mm。在合轴相关图的第三象限中，将原来的对角线平行向下移动，使纵坐标截距等于 111.5mm。再按照（1）中的步骤，在第一象限中，绘制出实施五年一遇治涝工程后的减产率频率曲线图。根据该减产率频率曲线图可以算出实施治涝工程后的平均减产率为 0.122。

（3）根据治涝工程实施前后的平均减产率差值，得出治涝工程实施后的涝灾面积减少值，即耕种面积×减产率差值＝16×（0.246－0.122）＝1.98（万亩）。

（4）在国民经济评价中暂采用市场价格作为农产品的影子价格。考虑到今后本地区的经济发展水平，以近期农业中等水平的年产值 b_0 作为基数，另考虑年增长率 j，则治涝工程在生产期 n 年内每亩平均年效益 b 为

$$b = b_0 \frac{1+j}{i-j}\left[1-\left(\frac{1+j}{1+i}\right)^n\right]\left[\frac{i(1+i)^n}{(1+i)^n-1}\right]$$

经调查，该地区基准年每亩产值为 140 元/亩，农业年增长率 2.0%，若计算期取 30 年，按当前的社会折现率 8%计算每亩平均年效益，则

$$b = 140 \times \frac{1+0.02}{0.08-0.02} \times \left[1-\left(\frac{1+0.02}{1+0.08}\right)^{30}\right] \times \left[\frac{0.08\times(1+0.08)^{30}}{(1+0.08)^{30}-1}\right] = 173.4(\text{元/亩})$$

（5）根据实施治涝工程后减少的涝灾面积与每亩年平均效益，可以求出年治涝效益值，即：

年治涝效益＝1.98×173.4＝343.3（万元）

11.4.3.2 国民经济评价

本工程建设期一年，投资按年末投入考虑，则费用及效益汇总如表 11.34 所示。

表 11.34　　治涝工程费用及效益汇总表

时期	0	1	2	…	31
投资（万元）	0	1800	0	0	0
运行费（万元）	0	0	73	73	73
效益（万元）	0	0	343.3	343.3	343.3

（1）经济净现值 $ENPV$。

$$ENPV = \sum_{t=1}^{n}(B-C)_t(1+i_s)^{-t}$$

$$= \sum_{t=1}^{30}(343.3-73)\times(1+0.08)^{-t-1} - 1800\times(1+0.08)^{-1}$$

$$= 1150.9(\text{万元})$$

（2）经济效益费用比 $EBCR$。

$$EBCR = \frac{\sum_{t=1}^{n}B_t(1+i_s)^{-t}}{\sum_{t=1}^{n}C_t(1+i_s)^{-t}}$$

$$= \frac{\sum_{t=1}^{30}(343.3\times1.08^{-t-1})}{1800\times(1+0.08)^{-1} + \sum_{t=1}^{30}(73\times1.08^{-t-1})}$$

$$= \frac{3568.4}{2427.5} = 1.47$$

因此，本地区实施治涝工程的经济净现值大于零，经济效益费用比大于 1，工程的实施对国民经济是有利的。

11.5　城镇供水工程经济分析

城镇用水主要包括生活、工业、农副业生产用水。据统计，在现代化大城市用水中，生活用水约占城市总用水量的 30%～40%，工业用水约占 60%～70%。随着工业的迅速发展和城市人口的大量增加，全国约 100 多个城市先后发生了较为严重的缺水，特别是水资源比较缺乏的北方地区。要解决供水矛盾，首先应从节约入手，即采取各种节约用水措施，提高水的利用率，其次才是逐步建设跨流域调水工程以缓解矛盾。

11.5.1　城镇供水工程经济分析的特点及内容

城镇供水工程经济分析是对技术上可行的各种供水工程方案，进行投资、年运行费、效益等经济分析计算，并结合政治、社会等非经济因素，确定最优供水工程方案及其相应的技术经济参数和有关指标，包括供水标准、供水范围、供水方式及综合利用的经济指标等，使水资源的效用得以充分发挥。

城镇供水工程经济分析时应特别注意以下问题：

（1）城镇生活用水的重要性和保证率均高于工矿企业用水，其国民经济效益应大于工业用水。在实际计算中，因生活用水的经济价值难以准确定量，一般可在工业用水效益计算的基础上乘一个权重系数，此权重系数一般应大于城镇生活用水保证率与工矿企业用水保证率的比值。

（2）城镇供水效益与经济费用的计算口径应一致。若城镇供水费用包括水源建设和水厂、管网建设的全部费用，则其效益应包括用户的水价和工业的全部产值。

（3）计算城镇供水效益的参数应采用预测值。对拟建供水工程来说，其目标是满足今后社会经济发展需要，某一供水区今后社会经济发展固然与这个地区的现状有联系，但也会有很大的差别。与已建工程相比，新建工程的供水工程建设和节水措施将会越来越困难，取得相同供水量需要付出的费用将越来越大。因此，计算新建城镇供水工程经济效益采用的经济参数应是在现状基础上的预测值，而不能简单地采用《统计年鉴》上的统计资料。

11.5.2 城镇供水工程费用与效益计算

11.5.2.1 城镇供水工程投资

城镇供水工程投资是指自项目前期工作开始至建成达到设计规模所投入的全部经济支出，包括水源工程（取水工程）、水厂、水处理设施和输配水管网等项工程的建设费用总和，包含国家、集体和个人投入的全部资金、财物和劳务。

11.5.2.2 城镇供水工程运行费

城镇供水工程运行费是指城镇供水工程建成正式运营后在正常运行期间每年需要支出的全部费用，包括燃料费、材料费、维修费、大修费、工资、行政管理费及综合利用枢纽中供水功能应分摊的年运行费部分等。

11.5.2.3 城镇供水工程效益

城镇供水效益按该项目向城镇工矿企业和居民提供生产、生活用水可获得的效益计算。城镇供水效益主要反映在提高工业产品的数量和质量以及提高居民的生活水平和健康水平。其效益不仅仅是经济效益，还具有更重要的社会效益。根据《水利建设项目经济评价规范》，城市供水项目的效益是指有、无项目对比可为城镇居民增供生活用水和为工矿企业增供生产用水所获得的国民经济效益。其计算方法有以下几种：

（1）最优等效替代工程法。为满足城市居民生活和工业用水，可采用河湖地面水、当地地下水、由水库输水、从外流域调水或海水淡化等多种可行供水方案。最优等效替代工程法以等效替代措施中最优方案的年费用作为某供水工程的年效益，该方法避免了直接计算供水经济效益的困难，适用于具有多种供水方案的地区。

（2）工业缺水损失法。在水资源贫乏的地区，可按缺水曾使企业生产遭受的损失计算新建供水工程的效益，其关键在于如何估算损失值。由于缺水，工厂企业不得不停产、减产，但原材料、燃料、动力并不需要投入，因此减产、停产的总损失值扣除这部分后的余额，才是缺水减产的损失值。

附带说明，城镇居民生活供水的效益应大于工业供水的效益，当供水量不足而发生矛盾时，应优先照顾前者。生活供水效益主要表现在政治、社会方面，难于具体计算其经济效益，考虑到城市生活用水量一般小于工业用水量，因此可把两者供水经济效益合并按上述计算。

(3) 分摊系数法。分摊系数法按供水在生产中的地位分摊总效益，其关键问题在于如何确定分摊系数。实际计算中，一般采用供水工程的投资（或固定资金）与工矿企业（包括供水工程）的投资（或固定资金）之比作为分摊系数，或者按供水工程占用的资金（包括固定资金和流动资金）与工矿企业占用资金之比作为分摊系数。

分摊系数法把供水工程作为整个工矿企业的有机组成部分之一，按各组成部分占用资金的大小比例所确定的分摊系数，没有反映水在生产中的特殊重要性，没有体现水利是国民经济的基础产业，因此该方法计算出的供水效益可能偏低。

为避免出现方案占用资金（或投资）愈多，其供水效益愈大的不合理现象，运用此方法时应首先优选供水方案。

(4) 用供水量和影子水价的乘积表示效益。根据国家计委颁布的《建设项目经济评价方法与参数》，项目的直接效益是指项目产出物（商品水）用影子价格计算的经济价值，因此可用影子水价与供水量计算供水工程的经济效益。

该方法最大的难点在于商品水市场具有区域性、垄断性和无竞争性等特点，不能采用传统的成本分解法求出影子水价，须提出新的计算方法。

11.5.3 分析实例

城市供水工程的经济分析与水力发电工程经济分析类似，国民经济计算时的影子水价基本类同于影子电价，财务分析中水价的确定多采用和电价确定相同的方法，即按达到行业基准收益反算应达到的价格。具体计算过程可以参考本章水力发电工程分析实例。供水工程经济分析中比较特殊和复杂的是供水效益的计算。下面以实例侧重介绍供水效益的计算方法。

某海边城市在发展过程中遭遇严重缺水问题，曾在 2000 年因供水缺口达到 500 万 m^3 而造成净损失达 765 万元。为解决水源问题，拟投资 25000 万建立一个跨流域的引供水工程，达到日供水 4.5 万 m^3的能力。试分析该供水工程的效益。

11.5.3.1 最优等效替代工程法

该方法是将该引供水工程的年效益用当地常用的替代工程的年费用来表示。

根据该城市的具体情况，可以建立当地径流引水和淡化海水取水两个工程来解决供水问题。

经分析，建立当地径流引水工程的投资为 10000 万，年运行费为 140 万元，日供水规模为 1 万 m^3/d。为补足剩余 3.5 万 m^3/d 的供水缺口，还需建立一个海水淡化工厂，拟投资 12000 万元，年运行费为 600 万元。社会折现率取 8%，经济使用期限 $n=40$ 年。为简便起见，按投资生效即获得效益进行计算。

建立当地径流引水工程的年费用 $JLN=10000\times(A/P, 8\%, 40)+$年运行费

$=838.6+140=978.6$（万元）

建立海水淡化工程的年费用 $HSN=12000\times(A/P, 8\%, 40)+$年运行费

$=1006.3+600=1606.3$（万元）

以上两者年费用之和为 2584.9 万元。

故该城市拟建立的跨流域引水工程的年效益 $B=2584.9$ 万元，相应单位供水量的效益$=2584.9/4.5/365=1.57$（元/m^3）。

11.5.3.2　工业缺水损失法

根据资料，跨流域引水工程实施前，该城市曾因缺水 500 万 m^3 造成 765 万元的经济损失，则相应单位水量的供水效益为 $765/500=1.53$（元/m^3）。现在该工程年平均增加供水量 4.5 万 m^3/天×365 天$=1642.5$ 万 m^3，可保证城市居民生活及工业发展生产所需水量，故可认为该供水工程的年效益 $1642.5\times1.53=2514.6$（万元）。

11.5.3.3　分摊系数法

根据调查资料，该城市综合万元产值的耗水量为 132m^3，相应供水量 1642.5 万 m^3 的工业产值为 12.44 亿元。包含利润与税金的净效益占企业产值的比例系数为 18.3%，而供水工程占用资金约为企业总占用资金的 8%，因此跨流域供水工程的年平均效益为 1822 万元，相应单位水量的供水效益 $b=1822/1642.5=1.11$（元/m^3）。

习　　题

1. 水电、火电的投资、年运行费和年费用有什么区别？应如何计算？

2. 水力发电工程国民经济评价和财务评价的主要指标及其判断标准有哪些？

3. 防洪工程效益的特点主要体现在哪些方面？应如何计算防洪工程效益？若考虑国民经济增长率，又应如何计算？

4. 某防洪工程在无防洪水库和有防洪水库的多年平均损失见下表，试计算其防洪工程效益。

频率	无水库情况损失	有水库后损失	频率	无水库情况损失	有水库后损失
0.34	0	0	0.01	17645	6712
0.20	4580	0	0.001	21096	16897
0.10	7871	0	0.0001	22827	21096
0.05	12414	2693			

5. 灌溉工程效益主要体现在哪些方面，有何特点？如何合理确定灌溉效益的分摊系数？

6. 灌溉工程的投资和年运行费主要包括哪些部分？

7. 治涝工程效益主要体现在哪些方面，有何特点？如何合理计算？

8. 合轴相关分析法、内涝积水量法和涝灾频率曲线法主要有什么区别？各种方法需对应收集哪些资料？

9. 城镇供水工程效益的计算方法有哪几种？各自的特点是什么？

附录 复利系数表

$i=1\%$

n	$(F/P, i, n)$	$(P/F, i, n)$	$(F/A, i, n)$	$(A/F, i, n)$	$(A/P, i, n)$	$(P/A, i, n)$	$(F/G, i, n)$	$(A/G, i, n)$
1	1.0100	0.9901	1.0000	1.0000	1.0100	0.9901	0.0000	0.0000
2	1.0201	0.9803	2.0100	0.4975	0.5075	1.9704	1.0000	0.4975
3	1.0303	0.9706	3.0301	0.3300	0.3400	2.9410	3.0100	0.9934
4	1.0406	0.9610	4.0604	0.2463	0.2563	3.9020	6.0401	1.4876
5	1.0510	0.9515	5.1010	0.1960	0.2060	4.8534	10.1005	1.9801
6	1.0615	0.9420	6.1520	0.1625	0.1725	5.7955	15.2015	2.4710
7	1.0721	0.9327	7.2135	0.1386	0.1486	6.7282	21.3535	2.9602
8	1.0829	0.9235	8.2857	0.1207	0.1307	7.6517	28.5671	3.4478
9	1.0937	0.9143	9.3685	0.1067	0.1167	8.5660	36.8527	3.9337
10	1.1046	0.9053	10.4622	0.0956	0.1056	9.4713	46.2213	4.4179
11	1.1157	0.8963	11.5668	0.0865	0.0965	10.3676	56.6835	4.9005
12	1.1268	0.8874	12.6825	0.0788	0.0888	11.2551	68.2503	5.3815
13	1.1381	0.8787	13.8093	0.0724	0.0824	12.1337	80.9328	5.8607
14	1.1495	0.8700	14.9474	0.0669	0.0769	13.0037	94.7421	6.3384
15	1.1610	0.8613	16.0969	0.0621	0.0721	13.8651	109.6896	6.8143
16	1.1726	0.8528	17.2579	0.0579	0.0679	14.7179	125.7864	7.2886
17	1.1843	0.8444	18.4304	0.0543	0.0643	15.5623	143.0443	7.7613
18	1.1961	0.8360	19.6147	0.0510	0.0610	16.3983	161.4748	8.2323
19	1.2081	0.8277	20.8109	0.0481	0.0581	17.2260	181.0895	8.7017
20	1.2202	0.8195	22.0190	0.0454	0.0554	18.0456	201.9004	9.1694
21	1.2324	0.8114	23.2392	0.0430	0.0530	18.8570	223.9194	9.6354
22	1.2447	0.8034	24.4716	0.0409	0.0509	19.6604	247.1586	10.0998
23	1.2572	0.7954	25.7163	0.0389	0.0489	20.4558	271.6302	10.5626
24	1.2697	0.7876	26.9735	0.0371	0.0471	21.2434	297.3465	11.0237
25	1.2824	0.7798	28.2432	0.0354	0.0454	22.0232	324.3200	11.4831
26	1.2953	0.7720	29.5256	0.0339	0.0439	22.7952	352.5631	11.9409
27	1.3082	0.7644	30.8209	0.0324	0.0424	23.5596	382.0888	12.3971
28	1.3213	0.7568	32.1291	0.0311	0.0411	24.3164	412.9097	12.8516
29	1.3345	0.7493	33.4504	0.0299	0.0399	25.0658	445.0388	13.3044
30	1.3478	0.7419	34.7849	0.0287	0.0387	25.8077	478.4892	13.7557
31	1.3613	0.7346	36.1327	0.0277	0.0377	26.5423	513.2740	14.2052

续表

n	(F/P, i, n)	(P/F, i, n)	(F/A, i, n)	(A/F, i, n)	(A/P, i, n)	(P/A, i, n)	(F/G, i, n)	(A/G, i, n)
32	1.3749	0.7273	37.4941	0.0267	0.0367	27.2696	549.4068	14.6532
33	1.3887	0.7201	38.8690	0.0257	0.0357	27.9897	586.9009	15.0995
34	1.4026	0.7130	40.2577	0.0248	0.0348	28.7027	625.7699	15.5441
35	1.4166	0.7059	41.6603	0.0240	0.0340	29.4086	666.0276	15.9871
36	1.4308	0.6989	43.0769	0.0232	0.0332	30.1075	707.6878	16.4285
37	1.4451	0.6920	44.5076	0.0225	0.0325	30.7995	750.7647	16.8682
38	1.4595	0.6852	45.9527	0.0218	0.0318	31.4847	795.2724	17.3063
39	1.4741	0.6784	47.4123	0.0211	0.0311	32.1630	841.2251	17.7428
40	1.4889	0.6717	48.8864	0.0205	0.0305	32.8347	888.6373	18.1776
41	1.5038	0.6650	50.3752	0.0199	0.0299	33.4997	937.5237	18.6108
42	1.5188	0.6584	51.8790	0.0193	0.0293	34.1581	987.8989	19.0424
43	1.5340	0.6519	53.3978	0.0187	0.0287	34.8100	1039.7779	19.4723
44	1.5493	0.6454	54.9318	0.0182	0.0282	35.4555	1093.1757	19.9006
45	1.5648	0.6391	56.4811	0.0177	0.0277	36.0945	1148.1075	20.3273
46	1.5805	0.6327	58.0459	0.0172	0.0272	36.7272	1204.5885	20.7524
47	1.5963	0.6265	59.6263	0.0168	0.0268	37.3537	1262.6344	21.1758
48	1.6122	0.6203	61.2226	0.0163	0.0263	37.9740	1322.2608	21.5976
49	1.6283	0.6141	62.8348	0.0159	0.0259	38.5881	1383.4834	22.0178
50	1.6446	0.6080	64.4632	0.0155	0.0255	39.1961	1446.3182	22.4363

$i=2\%$

n	(F/P, i, n)	(P/F, i, n)	(F/A, i, n)	(A/F, i, n)	(A/P, i, n)	(P/A, i, n)	(F/G, i, n)	(A/G, i, n)
1	1.0200	0.9804	1.0000	1.0000	1.0200	0.9804	0.0000	0.0000
2	1.0404	0.9612	2.0200	0.4950	0.5150	1.9416	1.0000	0.4950
3	1.0612	0.9423	3.0604	0.3268	0.3468	2.8839	3.0200	0.9868
4	1.0824	0.9238	4.1216	0.2426	0.2626	3.8077	6.0804	1.4752
5	1.1041	0.9057	5.2040	0.1922	0.2122	4.7135	10.2020	1.9604
6	1.1262	0.8880	6.3081	0.1585	0.1785	5.6014	15.4060	2.4423
7	1.1487	0.8706	7.4343	0.1345	0.1545	6.4720	21.7142	2.9208
8	1.1717	0.8535	8.5830	0.1165	0.1365	7.3255	29.1485	3.3961
9	1.1951	0.8368	9.7546	0.1025	0.1225	8.1622	37.7314	3.8681
10	1.2190	0.8203	10.9497	0.0913	0.1113	8.9826	47.4860	4.3367
11	1.2434	0.8043	12.1687	0.0822	0.1022	9.7868	58.4358	4.8021
12	1.2682	0.7885	13.4121	0.0746	0.0946	10.5753	70.6045	5.2642
13	1.2936	0.7730	14.6803	0.0681	0.0881	11.3484	84.0166	5.7231
14	1.3195	0.7579	15.9739	0.0626	0.0826	12.1062	98.6969	6.1786

续表

n	(F/P, i, n)	(P/F, i, n)	(F/A, i, n)	(A/F, i, n)	(A/P, i, n)	(P/A, i, n)	(F/G, i, n)	(A/G, i, n)
15	1.3459	0.7430	17.2934	0.0578	0.0778	12.8493	114.6708	6.6309
16	1.3728	0.7284	18.6393	0.0537	0.0737	13.5777	131.9643	7.0799
17	1.4002	0.7142	20.0121	0.0500	0.0700	14.2919	150.6035	7.5256
18	1.4282	0.7002	21.4123	0.0467	0.0667	14.9920	170.6156	7.9681
19	1.4568	0.6864	22.8406	0.0438	0.0638	15.6785	192.0279	8.4073
20	1.4859	0.6730	24.2974	0.0412	0.0612	16.3514	214.8685	8.8433
21	1.5157	0.6598	25.7833	0.0388	0.0588	17.0112	239.1659	9.2760
22	1.5460	0.6468	27.2990	0.0366	0.0566	17.6580	264.9492	9.7055
23	1.5769	0.6342	28.8450	0.0347	0.0547	18.2922	292.2482	10.1317
24	1.6084	0.6217	30.4219	0.0329	0.0529	18.9139	321.0931	10.5547
25	1.6406	0.6095	32.0303	0.0312	0.0512	19.5235	351.5150	10.9745
26	1.6734	0.5976	33.6709	0.0297	0.0497	20.1210	383.5453	11.3910
27	1.7069	0.5859	35.3443	0.0283	0.0483	20.7069	417.2162	11.8043
28	1.7410	0.5744	37.0512	0.0270	0.0470	21.2813	452.5605	12.2145
29	1.7758	0.5631	38.7922	0.0258	0.0458	21.8444	489.6117	12.6214
30	1.8114	0.5521	40.5681	0.0246	0.0446	22.3965	528.4040	13.0251
31	1.8476	0.5412	42.3794	0.0236	0.0436	22.9377	568.9720	13.4257
32	1.8845	0.5306	44.2270	0.0226	0.0426	23.4683	611.3515	13.8230
33	1.9222	0.5202	46.1116	0.0217	0.0417	23.9886	655.5785	14.2172
34	1.9607	0.5100	48.0338	0.0208	0.0408	24.4986	701.6901	14.6083
35	1.9999	0.5000	49.9945	0.0200	0.0400	24.9986	749.7239	14.9961
36	2.0399	0.4902	51.9944	0.0192	0.0392	25.4888	799.7184	15.3809
37	2.0807	0.4806	54.0343	0.0185	0.0385	25.9695	851.7127	15.7625
38	2.1223	0.4712	56.1149	0.0178	0.0378	26.4406	905.7470	16.1409
39	2.1647	0.4619	58.2372	0.0172	0.0372	26.9026	961.8619	16.5163
40	2.2080	0.4529	60.4020	0.0166	0.0366	27.3555	1020.0992	16.8885
41	2.2522	0.4440	62.6100	0.0160	0.0360	27.7995	1080.5011	17.2576
42	2.2972	0.4353	64.8622	0.0154	0.0354	28.2348	1143.1112	17.6237
43	2.3432	0.4268	67.1595	0.0149	0.0349	28.6616	1207.9734	17.9866
44	2.3901	0.4184	69.5027	0.0144	0.0344	29.0800	1275.1329	18.3465
45	2.4379	0.4102	71.8927	0.0139	0.0339	29.4902	1344.6355	18.7034
46	2.4866	0.4022	74.3306	0.0135	0.0335	29.8923	1416.5282	19.0571
47	2.5363	0.3943	76.8172	0.0130	0.0330	30.2866	1490.8588	19.4079
48	2.5871	0.3865	79.3535	0.0126	0.0326	30.6731	1567.6760	19.7556
49	2.6388	0.3790	81.9406	0.0122	0.0322	31.0521	1647.0295	20.1003
50	2.6916	0.3715	84.5794	0.0118	0.0318	31.4236	1728.9701	20.4420

$i=3\%$

n	$(F/P, i, n)$	$(P/F, i, n)$	$(F/A, i, n)$	$(A/F, i, n)$	$(A/P, i, n)$	$(P/A, i, n)$	$(F/G, i, n)$	$(A/G, i, n)$
1	1.0300	0.9709	1.0000	1.0000	1.0300	0.9709	0.0000	0.0000
2	1.0609	0.9426	2.0300	0.4926	0.5226	1.9135	1.0000	0.4926
3	1.0927	0.9151	3.0909	0.3235	0.3535	2.8286	3.0300	0.9803
4	1.1255	0.8885	4.1836	0.2390	0.2690	3.7171	6.1209	1.4631
5	1.1593	0.8626	5.3091	0.1884	0.2184	4.5797	10.3045	1.9409
6	1.1941	0.8375	6.4684	0.1546	0.1846	5.4172	15.6137	2.4138
7	1.2299	0.8131	7.6625	0.1305	0.1605	6.2303	22.0821	2.8819
8	1.2668	0.7894	8.8923	0.1125	0.1425	7.0197	29.7445	3.3450
9	1.3048	0.7664	10.1591	0.0984	0.1284	7.7861	38.6369	3.8032
10	1.3439	0.7441	11.4639	0.0872	0.1172	8.5302	48.7960	4.2565
11	1.3842	0.7224	12.8078	0.0781	0.1081	9.2526	60.2599	4.7049
12	1.4258	0.7014	14.1920	0.0705	0.1005	9.9540	73.0677	5.1485
13	1.4685	0.6810	15.6178	0.0640	0.0940	10.6350	87.2597	5.5872
14	1.5126	0.6611	17.0863	0.0585	0.0885	11.2961	102.8775	6.0210
15	1.5580	0.6419	18.5989	0.0538	0.0838	11.9379	119.9638	6.4500
16	1.6047	0.6232	20.1569	0.0496	0.0796	12.5611	138.5627	6.8742
17	1.6528	0.6050	21.7616	0.0460	0.0760	13.1661	158.7196	7.2936
18	1.7024	0.5874	23.4144	0.0427	0.0727	13.7535	180.4812	7.7081
19	1.7535	0.5703	25.1169	0.0398	0.0698	14.3238	203.8956	8.1179
20	1.8061	0.5537	26.8704	0.0372	0.0672	14.8775	229.0125	8.5229
21	1.8603	0.5375	28.6765	0.0349	0.0649	15.4150	255.8829	8.9231
22	1.9161	0.5219	30.5368	0.0327	0.0627	15.9369	284.5593	9.3186
23	1.9736	0.5067	32.4529	0.0308	0.0608	16.4436	315.0961	9.7093
24	2.0328	0.4919	34.4265	0.0290	0.0590	16.9355	347.5490	10.0954
25	2.0938	0.4776	36.4593	0.0274	0.0574	17.4131	381.9755	10.4768
26	2.1566	0.4637	38.5530	0.0259	0.0559	17.8768	418.4347	10.8535
27	2.2213	0.4502	40.7096	0.0246	0.0546	18.3270	456.9878	11.2255
28	2.2879	0.4371	42.9309	0.0233	0.0533	18.7641	497.6974	11.5930
29	2.3566	0.4243	45.2189	0.0221	0.0521	19.1885	540.6283	11.9558
30	2.4273	0.4120	47.5754	0.0210	0.0510	19.6004	585.8472	12.3141
31	2.5001	0.4000	50.0027	0.0200	0.0500	20.0004	633.4226	12.6678
32	2.5751	0.3883	52.5028	0.0190	0.0490	20.3888	683.4253	13.0169
33	2.6523	0.3770	55.0778	0.0182	0.0482	20.7658	735.9280	13.3616
34	2.7319	0.3660	57.7302	0.0173	0.0473	21.1318	791.0059	13.7018
35	2.8139	0.3554	60.4621	0.0165	0.0465	21.4872	848.7361	14.0375

续表

n	(F/P, i, n)	(P/F, i, n)	(F/A, i, n)	(A/F, i, n)	(A/P, i, n)	(P/A, i, n)	(F/G, i, n)	(A/G, i, n)
36	2.8983	0.3450	63.2759	0.0158	0.0458	21.8323	909.1981	14.3688
37	2.9852	0.3350	66.1742	0.0151	0.0451	22.1672	972.4741	14.6957
38	3.0748	0.3252	69.1594	0.0145	0.0445	22.4925	1038.6483	15.0182
39	3.1670	0.3158	72.2342	0.0138	0.0438	22.8082	1107.8078	15.3363
40	3.2620	0.3066	75.4013	0.0133	0.0433	23.1148	1180.0420	15.6502
41	3.3599	0.2976	78.6633	0.0127	0.0427	23.4124	1255.4433	15.9597
42	3.4607	0.2890	82.0232	0.0122	0.0422	23.7014	1334.1065	16.2650
43	3.5645	0.2805	85.4839	0.0117	0.0417	23.9819	1416.1297	16.5660
44	3.6715	0.2724	89.0484	0.0112	0.0412	24.2543	1501.6136	16.8629
45	3.7816	0.2644	92.7199	0.0108	0.0408	24.5187	1590.6620	17.1556
46	3.8950	0.2567	96.5015	0.0104	0.0404	24.7754	1683.3819	17.4441
47	4.0119	0.2493	100.3965	0.0100	0.0400	25.0247	1779.8834	17.7285
48	4.1323	0.2420	104.4084	0.0096	0.0396	25.2667	1880.2799	18.0089
49	4.2562	0.2350	108.5406	0.0092	0.0392	25.5017	1984.6883	18.2852
50	4.3839	0.2281	112.7969	0.0089	0.0389	25.7298	2093.2289	18.5575

$i=4\%$

n	(F/P, i, n)	(P/F, i, n)	(F/A, i, n)	(A/F, i, n)	(A/P, i, n)	(P/A, i, n)	(F/G, i, n)	(A/G, i, n)
1	1.0400	0.9615	1.0000	1.0000	1.0400	0.9615	0.0000	0.0000
2	1.0816	0.9246	2.0400	0.4902	0.5302	1.8861	1.0000	0.4902
3	1.1249	0.8890	3.1216	0.3203	0.3603	2.7751	3.0400	0.9739
4	1.1699	0.8548	4.2465	0.2355	0.2755	3.6299	6.1616	1.4510
5	1.2167	0.8219	5.4163	0.1846	0.2246	4.4518	10.4081	1.9216
6	1.2653	0.7903	6.6330	0.1508	0.1908	5.2421	15.8244	2.3857
7	1.3159	0.7599	7.8983	0.1266	0.1666	6.0021	22.4574	2.8433
8	1.3686	0.7307	9.2142	0.1085	0.1485	6.7327	30.3557	3.2944
9	1.4233	0.7026	10.5828	0.0945	0.1345	7.4353	39.5699	3.7391
10	1.4802	0.6756	12.0061	0.0833	0.1233	8.1109	50.1527	4.1773
11	1.5395	0.6496	13.4864	0.0741	0.1141	8.7605	62.1588	4.6090
12	1.6010	0.6246	15.0258	0.0666	0.1066	9.3851	75.6451	5.0343
13	1.6651	0.6006	16.6268	0.0601	0.1001	9.9856	90.6709	5.4533
14	1.7317	0.5775	18.2919	0.0547	0.0947	10.5631	107.2978	5.8659
15	1.8009	0.5553	20.0236	0.0499	0.0899	11.1184	125.5897	6.2721
16	1.8730	0.5339	21.8245	0.0458	0.0858	11.6523	145.6133	6.6720
17	1.9479	0.5134	23.6975	0.0422	0.0822	12.1657	167.4378	7.0656

续表

n	(F/P, i, n)	(P/F, i, n)	(F/A, i, n)	(A/F, i, n)	(A/P, i, n)	(P/A, i, n)	(F/G, i, n)	(A/G, i, n)
18	2.0258	0.4936	25.6454	0.0390	0.0790	12.6593	191.1353	7.4530
19	2.1068	0.4746	27.6712	0.0361	0.0761	13.1339	216.7807	7.8342
20	2.1911	0.4564	29.7781	0.0336	0.0736	13.5903	244.4520	8.2091
21	2.2788	0.4388	31.9692	0.0313	0.0713	14.0292	274.2300	8.5779
22	2.3699	0.4220	34.2480	0.0292	0.0692	14.4511	306.1992	8.9407
23	2.4647	0.4057	36.6179	0.0273	0.0673	14.8568	340.4472	9.2973
24	2.5633	0.3901	39.0826	0.0256	0.0656	15.2470	377.0651	9.6479
25	2.6658	0.3751	41.6459	0.0240	0.0640	15.6221	416.1477	9.9925
26	2.7725	0.3607	44.3117	0.0226	0.0626	15.9828	457.7936	10.3312
27	2.8834	0.3468	47.0842	0.0212	0.0612	16.3296	502.1054	10.6640
28	2.9987	0.3335	49.9676	0.0200	0.0600	16.6631	549.1896	10.9909
29	3.1187	0.3207	52.9663	0.0189	0.0589	16.9837	599.1572	11.3120
30	3.2434	0.3083	56.0849	0.0178	0.0578	17.2920	652.1234	11.6274
31	3.3731	0.2965	59.3283	0.0169	0.0569	17.5885	708.2084	11.9371
32	3.5081	0.2851	62.7015	0.0159	0.0559	17.8736	767.5367	12.2411
33	3.6484	0.2741	66.2095	0.0151	0.0551	18.1476	830.2382	12.5396
34	3.7943	0.2636	69.8579	0.0143	0.0543	18.4112	896.4477	12.8324
35	3.9461	0.2534	73.6522	0.0136	0.0536	18.6646	966.3056	13.1198
36	4.1039	0.2437	77.5983	0.0129	0.0529	18.9083	1039.9578	13.4018
37	4.2681	0.2343	81.7022	0.0122	0.0522	19.1426	1117.5562	13.6784
38	4.4388	0.2253	85.9703	0.0116	0.0516	19.3679	1199.2584	13.9497
39	4.6164	0.2166	90.4091	0.0111	0.0511	19.5845	1285.2287	14.2157
40	4.8010	0.2083	95.0255	0.0105	0.0505	19.7928	1375.6379	14.4765
41	4.9931	0.2003	99.8265	0.0100	0.0500	19.9931	1470.6634	14.7322
42	5.1928	0.1926	104.8196	0.0095	0.0495	20.1856	1570.4899	14.9828
43	5.4005	0.1852	110.0124	0.0091	0.0491	20.3708	1675.3095	15.2284
44	5.6165	0.1780	115.4129	0.0087	0.0487	20.5488	1785.3219	15.4690
45	5.8412	0.1712	121.0294	0.0083	0.0483	20.7200	1900.7348	15.7047
46	6.0748	0.1646	126.8706	0.0079	0.0479	20.8847	2021.7642	15.9356
47	6.3178	0.1583	132.9454	0.0075	0.0475	21.0429	2148.6348	16.1618
48	6.5705	0.1522	139.2632	0.0072	0.0472	21.1951	2281.5802	16.3832
49	6.8333	0.1463	145.8337	0.0069	0.0469	21.3415	2420.8434	16.6000
50	7.1067	0.1407	152.6671	0.0066	0.0466	21.4822	2566.6771	16.8122

$i=5\%$

n	(F/P，i，n)	(P/F，i，n)	(F/A，i，n)	(A/F，i，n)	(A/P，i，n)	(P/A，i，n)	(F/G，i，n)	(A/G，i，n)
1	1.0500	0.9524	1.0000	1.0000	1.0500	0.9524	0.0000	0.0000
2	1.1025	0.9070	2.0500	0.4878	0.5378	1.8594	1.0000	0.4878
3	1.1576	0.8638	3.1525	0.3172	0.3672	2.7232	3.0500	0.9675
4	1.2155	0.8227	4.3101	0.2320	0.2820	3.5460	6.2025	1.4391
5	1.2763	0.7835	5.5256	0.1810	0.2310	4.3295	10.5126	1.9025
6	1.3401	0.7462	6.8019	0.1470	0.1970	5.0757	16.0383	2.3579
7	1.4071	0.7107	8.1420	0.1228	0.1728	5.7864	22.8402	2.8052
8	1.4775	0.6768	9.5491	0.1047	0.1547	6.4632	30.9822	3.2445
9	1.5513	0.6446	11.0266	0.0907	0.1407	7.1078	40.5313	3.6758
10	1.6289	0.6139	12.5779	0.0795	0.1295	7.7217	51.5579	4.0991
11	1.7103	0.5847	14.2068	0.0704	0.1204	8.3064	64.1357	4.5144
12	1.7959	0.5568	15.9171	0.0628	0.1128	8.8633	78.3425	4.9219
13	1.8856	0.5303	17.7130	0.0565	0.1065	9.3936	94.2597	5.3215
14	1.9799	0.5051	19.5986	0.0510	0.1010	9.8986	111.9726	5.7133
15	2.0789	0.4810	21.5786	0.0463	0.0963	10.3797	131.5713	6.0973
16	2.1829	0.4581	23.6575	0.0423	0.0923	10.8378	153.1498	6.4736
17	2.2920	0.4363	25.8404	0.0387	0.0887	11.2741	176.8073	6.8423
18	2.4066	0.4155	28.1324	0.0355	0.0855	11.6896	202.6477	7.2034
19	2.5270	0.3957	30.5390	0.0327	0.0827	12.0853	230.7801	7.5569
20	2.6533	0.3769	33.0660	0.0302	0.0802	12.4622	261.3191	7.9030
21	2.7860	0.3589	35.7193	0.0280	0.0780	12.8212	294.3850	8.2416
22	2.9253	0.3418	38.5052	0.0260	0.0760	13.1630	330.1043	8.5730
23	3.0715	0.3256	41.4305	0.0241	0.0741	13.4886	368.6095	8.8971
24	3.2251	0.3101	44.5020	0.0225	0.0725	13.7986	410.0400	9.2140
25	3.3864	0.2953	47.7271	0.0210	0.0710	14.0939	454.5420	9.5238
26	3.5557	0.2812	51.1135	0.0196	0.0696	14.3752	502.2691	9.8266
27	3.7335	0.2678	54.6691	0.0183	0.0683	14.6430	553.3825	10.1224
28	3.9201	0.2551	58.4026	0.0171	0.0671	14.8981	608.0517	10.4114
29	4.1161	0.2429	62.3227	0.0160	0.0660	15.1411	666.4542	10.6936
30	4.3219	0.2314	66.4388	0.0151	0.0651	15.3725	728.7770	10.9691
31	4.5380	0.2204	70.7608	0.0141	0.0641	15.5928	795.2158	11.2381
32	4.7649	0.2099	75.2988	0.0133	0.0633	15.8027	865.9766	11.5005
33	5.0032	0.1999	80.0638	0.0125	0.0625	16.0025	941.2754	11.7566
34	5.2533	0.1904	85.0670	0.0118	0.0618	16.1929	1021.3392	12.0063
35	5.5160	0.1813	90.3203	0.0111	0.0611	16.3742	1106.4061	12.2498

续表

n	(F/P, i, n)	(P/F, i, n)	(F/A, i, n)	(A/F, i, n)	(A/P, i, n)	(P/A, i, n)	(F/G, i, n)	(A/G, i, n)
36	5.7918	0.1727	95.8363	0.0104	0.0604	16.5469	1196.7265	12.4872
37	6.0814	0.1644	101.6281	0.0098	0.0598	16.7113	1292.5628	12.7186
38	6.3855	0.1566	107.7095	0.0093	0.0593	16.8679	1394.1909	12.9440
39	6.7048	0.1491	114.0950	0.0088	0.0588	17.0170	1501.9005	13.1636
40	7.0400	0.1420	120.7998	0.0083	0.0583	17.1591	1615.9955	13.3775
41	7.3920	0.1353	127.8398	0.0078	0.0578	17.2944	1736.7953	13.5857
42	7.7616	0.1288	135.2318	0.0074	0.0574	17.4232	1864.6350	13.7884
43	8.1497	0.1227	142.9933	0.0070	0.0570	17.5459	1999.8668	13.9857
44	8.5572	0.1169	151.1430	0.0066	0.0566	17.6628	2142.8601	14.1777
45	8.9850	0.1113	159.7002	0.0063	0.0563	17.7741	2294.0031	14.3644
46	9.4343	0.1060	168.6852	0.0059	0.0559	17.8801	2453.7033	14.5461
47	9.9060	0.1009	178.1194	0.0056	0.0556	17.9810	2622.3884	14.7226
48	10.4013	0.0961	188.0254	0.0053	0.0553	18.0772	2800.5079	14.8943
49	10.9213	0.0916	198.4267	0.0050	0.0550	18.1687	2988.5333	15.0611
50	11.4674	0.0872	209.3480	0.0048	0.0548	18.2559	3186.9599	15.2233

$i=6\%$

n	(F/P, i, n)	(P/F, i, n)	(F/A, i, n)	(A/F, i, n)	(A/P, i, n)	(P/A, i, n)	(F/G, i, n)	(A/G, i, n)
1	1.0600	0.9434	1.0000	1.0000	1.0600	0.9434	0.0000	0.0000
2	1.1236	0.8900	2.0600	0.4854	0.5454	1.8334	1.0000	0.4854
3	1.1910	0.8396	3.1836	0.3141	0.3741	2.6730	3.0600	0.9612
4	1.2625	0.7921	4.3746	0.2286	0.2886	3.4651	6.2436	1.4272
5	1.3382	0.7473	5.6371	0.1774	0.2374	4.2124	10.6182	1.8836
6	1.4185	0.7050	6.9753	0.1434	0.2034	4.9173	16.2553	2.3304
7	1.5036	0.6651	8.3938	0.1191	0.1791	5.5824	23.2306	2.7676
8	1.5938	0.6274	9.8975	0.1010	0.1610	6.2098	31.6245	3.1952
9	1.6895	0.5919	11.4913	0.0870	0.1470	6.8017	41.5219	3.6133
10	1.7908	0.5584	13.1808	0.0759	0.1359	7.3601	53.0132	4.0220
11	1.8983	0.5268	14.9716	0.0668	0.1268	7.8869	66.1940	4.4213
12	2.0122	0.4970	16.8699	0.0593	0.1193	8.3838	81.1657	4.8113
13	2.1329	0.4688	18.8821	0.0530	0.1130	8.8527	98.0356	5.1920
14	2.2609	0.4423	21.0151	0.0476	0.1076	9.2950	116.9178	5.5635
15	2.3966	0.4173	23.2760	0.0430	0.1030	9.7122	137.9328	5.9260
16	2.5404	0.3936	25.6725	0.0390	0.0990	10.1059	161.2088	6.2794
17	2.6928	0.3714	28.2129	0.0354	0.0954	10.4773	186.8813	6.6240

续表

n	(F/P, i, n)	(P/F, i, n)	(F/A, i, n)	(A/F, i, n)	(A/P, i, n)	(P/A, i, n)	(F/G, i, n)	(A/G, i, n)
18	2.8543	0.3503	30.9057	0.0324	0.0924	10.8276	215.0942	6.9597
19	3.0256	0.3305	33.7600	0.0296	0.0896	11.1581	245.9999	7.2867
20	3.2071	0.3118	36.7856	0.0272	0.0872	11.4699	279.7599	7.6051
21	3.3996	0.2942	39.9927	0.0250	0.0850	11.7641	316.5454	7.9151
22	3.6035	0.2775	43.3923	0.0230	0.0830	12.0416	356.5382	8.2166
23	3.8197	0.2618	46.9958	0.0213	0.0813	12.3034	399.9305	8.5099
24	4.0489	0.2470	50.8156	0.0197	0.0797	12.5504	446.9263	8.7951
25	4.2919	0.2330	54.8645	0.0182	0.0782	12.7834	497.7419	9.0722
26	4.5494	0.2198	59.1564	0.0169	0.0769	13.0032	552.6064	9.3414
27	4.8223	0.2074	63.7058	0.0157	0.0757	13.2105	611.7628	9.6029
28	5.1117	0.1956	68.5281	0.0146	0.0746	13.4062	675.4685	9.8568
29	5.4184	0.1846	73.6398	0.0136	0.0736	13.5907	743.9966	10.1032
30	5.7435	0.1741	79.0582	0.0126	0.0726	13.7648	817.6364	10.3422
31	6.0881	0.1643	84.8017	0.0118	0.0718	13.9291	896.6946	10.5740
32	6.4534	0.1550	90.8898	0.0110	0.0710	14.0840	981.4963	10.7988
33	6.8406	0.1462	97.3432	0.0103	0.0703	14.2302	1072.3861	11.0166
34	7.2510	0.1379	104.1838	0.0096	0.0696	14.3681	1169.7292	11.2276
35	7.6861	0.1301	111.4348	0.0090	0.0690	14.4982	1273.9130	11.4319
36	8.1473	0.1227	119.1209	0.0084	0.0684	14.6210	1385.3478	11.6298
37	8.6361	0.1158	127.2681	0.0079	0.0679	14.7368	1504.4686	11.8213
38	9.1543	0.1092	135.9042	0.0074	0.0674	14.8460	1631.7368	12.0065
39	9.7035	0.1031	145.0585	0.0069	0.0669	14.9491	1767.6410	12.1857
40	10.2857	0.0972	154.7620	0.0065	0.0665	15.0463	1912.6994	12.3590
41	10.9029	0.0917	165.0477	0.0061	0.0661	15.1380	2067.4614	12.5264
42	11.5570	0.0865	175.9505	0.0057	0.0657	15.2245	2232.5091	12.6883
43	12.2505	0.0816	187.5076	0.0053	0.0653	15.3062	2408.4596	12.8446
44	12.9855	0.0770	199.7580	0.0050	0.0650	15.3832	2595.9672	12.9956
45	13.7646	0.0727	212.7435	0.0047	0.0647	15.4558	2795.7252	13.1413
46	14.5905	0.0685	226.5081	0.0044	0.0644	15.5244	3008.4687	13.2819
47	15.4659	0.0647	241.0986	0.0041	0.0641	15.5890	3234.9769	13.4177
48	16.3939	0.0610	256.5645	0.0039	0.0639	15.6500	3476.0755	13.5485
49	17.3775	0.0575	272.9584	0.0037	0.0637	15.7076	3732.6400	13.6748
50	18.4202	0.0543	290.3359	0.0034	0.0634	15.7619	4005.5984	13.7964

$i=7\%$

n	$(F/P,i,n)$	$(P/F,i,n)$	$(F/A,i,n)$	$(A/F,i,n)$	$(A/P,i,n)$	$(P/A,i,n)$	$(F/G,i,n)$	$(A/G,i,n)$
1	1.0700	0.9346	1.0000	1.0000	1.0700	0.9346	0.0000	0.0000
2	1.1449	0.8734	2.0700	0.4831	0.5531	1.8080	1.0000	0.4831
3	1.2250	0.8163	3.2149	0.3111	0.3811	2.6243	3.0700	0.9549
4	1.3108	0.7629	4.4399	0.2252	0.2952	3.3872	6.2849	1.4155
5	1.4026	0.7130	5.7507	0.1739	0.2439	4.1002	10.7248	1.8650
6	1.5007	0.6663	7.1533	0.1398	0.2098	4.7665	16.4756	2.3032
7	1.6058	0.6227	8.6540	0.1156	0.1856	5.3893	23.6289	2.7304
8	1.7182	0.5820	10.2598	0.0975	0.1675	5.9713	32.2829	3.1465
9	1.8385	0.5439	11.9780	0.0835	0.1535	6.5152	42.5427	3.5517
10	1.9672	0.5083	13.8164	0.0724	0.1424	7.0236	54.5207	3.9461
11	2.1049	0.4751	15.7836	0.0634	0.1334	7.4987	68.3371	4.3296
12	2.2522	0.4440	17.8885	0.0559	0.1259	7.9427	84.1207	4.7025
13	2.4098	0.4150	20.1406	0.0497	0.1197	8.3577	102.0092	5.0648
14	2.5785	0.3878	22.5505	0.0443	0.1143	8.7455	122.1498	5.4167
15	2.7590	0.3624	25.1290	0.0398	0.1098	9.1079	144.7003	5.7583
16	2.9522	0.3387	27.8881	0.0359	0.1059	9.4466	169.8293	6.0897
17	3.1588	0.3166	30.8402	0.0324	0.1024	9.7632	197.7174	6.4110
18	3.3799	0.2959	33.9990	0.0294	0.0994	10.0591	228.5576	6.7225
19	3.6165	0.2765	37.3790	0.0268	0.0968	10.3356	262.5566	7.0242
20	3.8697	0.2584	40.9955	0.0244	0.0944	10.5940	299.9356	7.3163
21	4.1406	0.2415	44.8652	0.0223	0.0923	10.8355	340.9311	7.5990
22	4.4304	0.2257	49.0057	0.0204	0.0904	11.0612	385.7963	7.8725
23	4.7405	0.2109	53.4361	0.0187	0.0887	11.2722	434.8020	8.1369
24	5.0724	0.1971	58.1767	0.0172	0.0872	11.4693	488.2382	8.3923
25	5.4274	0.1842	63.2490	0.0158	0.0858	11.6536	546.4148	8.6391
26	5.8074	0.1722	68.6765	0.0146	0.0846	11.8258	609.6639	8.8773
27	6.2139	0.1609	74.4838	0.0134	0.0834	11.9867	678.3403	9.1072
28	6.6488	0.1504	80.6977	0.0124	0.0824	12.1371	752.8242	9.3289
29	7.1143	0.1406	87.3465	0.0114	0.0814	12.2777	833.5218	9.5427
30	7.6123	0.1314	94.4608	0.0106	0.0806	12.4090	920.8684	9.7487
31	8.1451	0.1228	102.0730	0.0098	0.0798	12.5318	1015.3292	9.9471
32	8.7153	0.1147	110.2182	0.0091	0.0791	12.6466	1117.4022	10.1381
33	9.3253	0.1072	118.9334	0.0084	0.0784	12.7538	1227.6204	10.3219
34	9.9781	0.1002	128.2588	0.0078	0.0778	12.8540	1346.5538	10.4987
35	10.6766	0.0937	138.2369	0.0072	0.0772	12.9477	1474.8125	10.6687

续表

n	(F/P, i, n)	(P/F, i, n)	(F/A, i, n)	(A/F, i, n)	(A/P, i, n)	(P/A, i, n)	(F/G, i, n)	(A/G, i, n)
36	11.4239	0.0875	148.9135	0.0067	0.0767	13.0352	1613.0494	10.8321
37	12.2236	0.0818	160.3374	0.0062	0.0762	13.1170	1761.9629	10.9891
38	13.0793	0.0765	172.5610	0.0058	0.0758	13.1935	1922.3003	11.1398
39	13.9948	0.0715	185.6403	0.0054	0.0754	13.2649	2094.8613	11.2845
40	14.9745	0.0668	199.6351	0.0050	0.0750	13.3317	2280.5016	11.4233
41	16.0227	0.0624	214.6096	0.0047	0.0747	13.3941	2480.1367	11.5565
42	17.1443	0.0583	230.6322	0.0043	0.0743	13.4524	2694.7463	11.6842
43	18.3444	0.0545	247.7765	0.0040	0.0740	13.5070	2925.3785	11.8065
44	19.6285	0.0509	266.1209	0.0038	0.0738	13.5579	3173.1550	11.9237
45	21.0025	0.0476	285.7493	0.0035	0.0735	13.6055	3439.2759	12.0360
46	22.4726	0.0445	306.7518	0.0033	0.0733	13.6500	3725.0252	12.1435
47	24.0457	0.0416	329.2244	0.0030	0.0730	13.6916	4031.7769	12.2463
48	25.7289	0.0389	353.2701	0.0028	0.0728	13.7305	4361.0013	12.3447
49	27.5299	0.0363	378.9990	0.0026	0.0726	13.7668	4714.2714	12.4387
50	29.4570	0.0339	406.5289	0.0025	0.0725	13.8007	5093.2704	12.5287

$i=8\%$

n	(F/P, i, n)	(P/F, i, n)	(F/A, i, n)	(A/F, i, n)	(A/P, i, n)	(P/A, i, n)	(F/G, i, n)	(A/G, i, n)
1	1.0800	0.9259	1.0000	1.0000	1.0800	0.9259	0.0000	0.0000
2	1.1664	0.8573	2.0800	0.4808	0.5608	1.7833	1.0000	0.4808
3	1.2597	0.7938	3.2464	0.3080	0.3880	2.5771	3.0800	0.9487
4	1.3605	0.7350	4.5061	0.2219	0.3019	3.3121	6.3264	1.4040
5	1.4693	0.6806	5.8666	0.1705	0.2505	3.9927	10.8325	1.8465
6	1.5869	0.6302	7.3359	0.1363	0.2163	4.6229	16.6991	2.2763
7	1.7138	0.5835	8.9228	0.1121	0.1921	5.2064	24.0350	2.6937
8	1.8509	0.5403	10.6366	0.0940	0.1740	5.7466	32.9578	3.0985
9	1.9990	0.5002	12.4876	0.0801	0.1601	6.2469	43.5945	3.4910
10	2.1589	0.4632	14.4866	0.0690	0.1490	6.7101	56.0820	3.8713
11	2.3316	0.4289	16.6455	0.0601	0.1401	7.1390	70.5686	4.2395
12	2.5182	0.3971	18.9771	0.0527	0.1327	7.5361	87.2141	4.5957
13	2.7196	0.3677	21.4953	0.0465	0.1265	7.9038	106.1912	4.9402
14	2.9372	0.3405	24.2149	0.0413	0.1213	8.2442	127.6865	5.2731
15	3.1722	0.3152	27.1521	0.0368	0.1168	8.5595	151.9014	5.5945
16	3.4259	0.2919	30.3243	0.0330	0.1130	8.8514	179.0535	5.9046
17	3.7000	0.2703	33.7502	0.0296	0.1096	9.1216	209.3778	6.2037

续表

n	(F/P, i, n)	(P/F, i, n)	(F/A, i, n)	(A/F, i, n)	(A/P, i, n)	(P/A, i, n)	(F/G, i, n)	(A/G, i, n)
18	3.9960	0.2502	37.4502	0.0267	0.1067	9.3719	243.1280	6.4920
19	4.3157	0.2317	41.4463	0.0241	0.1041	9.6036	280.5783	6.7697
20	4.6610	0.2145	45.7620	0.0219	0.1019	9.8181	322.0246	7.0369
21	5.0338	0.1987	50.4229	0.0198	0.0998	10.0168	367.7865	7.2940
22	5.4365	0.1839	55.4568	0.0180	0.0980	10.2007	418.2094	7.5412
23	5.8715	0.1703	60.8933	0.0164	0.0964	10.3711	473.6662	7.7786
24	6.3412	0.1577	66.7648	0.0150	0.0950	10.5288	534.5595	8.0066
25	6.8485	0.1460	73.1059	0.0137	0.0937	10.6748	601.3242	8.2254
26	7.3964	0.1352	79.9544	0.0125	0.0925	10.8100	674.4302	8.4352
27	7.9881	0.1252	87.3508	0.0114	0.0914	10.9352	754.3846	8.6363
28	8.6271	0.1159	95.3388	0.0105	0.0905	11.0511	841.7354	8.8289
29	9.3173	0.1073	103.9659	0.0096	0.0896	11.1584	937.0742	9.0133
30	10.0627	0.0994	113.2832	0.0088	0.0888	11.2578	1041.0401	9.1897
31	10.8677	0.0920	123.3459	0.0081	0.0881	11.3498	1154.3234	9.3584
32	11.7371	0.0852	134.2135	0.0075	0.0875	11.4350	1277.6692	9.5197
33	12.6760	0.0789	145.9506	0.0069	0.0869	11.5139	1411.8828	9.6737
34	13.6901	0.0730	158.6267	0.0063	0.0863	11.5869	1557.8334	9.8208
35	14.7853	0.0676	172.3168	0.0058	0.0858	11.6546	1716.4600	9.9611
36	15.9682	0.0626	187.1021	0.0053	0.0853	11.7172	1888.7768	10.0949
37	17.2456	0.0580	203.0703	0.0049	0.0849	11.7752	2075.8790	10.2225
38	18.6253	0.0537	220.3159	0.0045	0.0845	11.8289	2278.9493	10.3440
39	20.1153	0.0497	238.9412	0.0042	0.0842	11.8786	2499.2653	10.4597
40	21.7245	0.0460	259.0565	0.0039	0.0839	11.9246	2738.2065	10.5699
41	23.4625	0.0426	280.7810	0.0036	0.0836	11.9672	2997.2630	10.6747
42	25.3395	0.0395	304.2435	0.0033	0.0833	12.0067	3278.0440	10.7744
43	27.3666	0.0365	329.5830	0.0030	0.0830	12.0432	3582.2876	10.8692
44	29.5560	0.0338	356.9496	0.0028	0.0828	12.0771	3911.8706	10.9592
45	31.9204	0.0313	386.5056	0.0026	0.0826	12.1084	4268.8202	11.0447
46	34.4741	0.0290	418.4261	0.0024	0.0824	12.1374	4655.3258	11.1258
47	37.2320	0.0269	452.9002	0.0022	0.0822	12.1643	5073.7519	11.2028
48	40.2106	0.0249	490.1322	0.0020	0.0820	12.1891	5526.6521	11.2758
49	43.4274	0.0230	530.3427	0.0019	0.0819	12.2122	6016.7842	11.3451
50	46.9016	0.0213	573.7702	0.0017	0.0817	12.2335	6547.1270	11.4107

$i=9\%$

n	$(F/P, i, n)$	$(P/F, i, n)$	$(F/A, i, n)$	$(A/F, i, n)$	$(A/P, i, n)$	$(P/A, i, n)$	$(F/G, i, n)$	$(A/G, i, n)$
1	1.0900	0.9174	1.0000	1.0000	1.0900	0.9174	0.0000	0.0000
2	1.1881	0.8417	2.0900	0.4785	0.5685	1.7591	1.0000	0.4785
3	1.2950	0.7722	3.2781	0.3051	0.3951	2.5313	3.0900	0.9426
4	1.4116	0.7084	4.5731	0.2187	0.3087	3.2397	6.3681	1.3925
5	1.5386	0.6499	5.9847	0.1671	0.2571	3.8897	10.9412	1.8282
6	1.6771	0.5963	7.5233	0.1329	0.2229	4.4859	16.9259	2.2498
7	1.8280	0.5470	9.2004	0.1087	0.1987	5.0330	24.4493	2.6574
8	1.9926	0.5019	11.0285	0.0907	0.1807	5.5348	33.6497	3.0512
9	2.1719	0.4604	13.0210	0.0768	0.1668	5.9952	44.6782	3.4312
10	2.3674	0.4224	15.1929	0.0658	0.1558	6.4177	57.6992	3.7978
11	2.5804	0.3875	17.5603	0.0569	0.1469	6.8052	72.8921	4.1510
12	2.8127	0.3555	20.1407	0.0497	0.1397	7.1607	90.4524	4.4910
13	3.0658	0.3262	22.9534	0.0436	0.1336	7.4869	110.5932	4.8182
14	3.3417	0.2992	26.0192	0.0384	0.1284	7.7862	133.5465	5.1326
15	3.6425	0.2745	29.3609	0.0341	0.1241	8.0607	159.5657	5.4346
16	3.9703	0.2519	33.0034	0.0303	0.1203	8.3126	188.9267	5.7245
17	4.3276	0.2311	36.9737	0.0270	0.1170	8.5436	221.9301	6.0024
18	4.7171	0.2120	41.3013	0.0242	0.1142	8.7556	258.9038	6.2687
19	5.1417	0.1945	46.0185	0.0217	0.1117	8.9501	300.2051	6.5236
20	5.6044	0.1784	51.1601	0.0195	0.1095	9.1285	346.2236	6.7674
21	6.1088	0.1637	56.7645	0.0176	0.1076	9.2922	397.3837	7.0006
22	6.6586	0.1502	62.8733	0.0159	0.1059	9.4424	454.1482	7.2232
23	7.2579	0.1378	69.5319	0.0144	0.1044	9.5802	517.0215	7.4357
24	7.9111	0.1264	76.7898	0.0130	0.1030	9.7066	586.5535	7.6384
25	8.6231	0.1160	84.7009	0.0118	0.1018	9.8226	663.3433	7.8316
26	9.3992	0.1064	93.3240	0.0107	0.1007	9.9290	748.0442	8.0156
27	10.2451	0.0976	102.7231	0.0097	0.0997	10.0266	841.3682	8.1906
28	11.1671	0.0895	112.9682	0.0089	0.0989	10.1161	944.0913	8.3571
29	12.1722	0.0822	124.1354	0.0081	0.0981	10.1983	1057.0595	8.5154
30	13.2677	0.0754	136.3075	0.0073	0.0973	10.2737	1181.1949	8.6657
31	14.4618	0.0691	149.5752	0.0067	0.0967	10.3428	1317.5024	8.8083
32	15.7633	0.0634	164.0370	0.0061	0.0961	10.4062	1467.0776	8.9436
33	17.1820	0.0582	179.8003	0.0056	0.0956	10.4644	1631.1146	9.0718
34	18.7284	0.0534	196.9823	0.0051	0.0951	10.5178	1810.9149	9.1933

续表

n	(F/P, i, n)	(P/F, i, n)	(F/A, i, n)	(A/F, i, n)	(A/P, i, n)	(P/A, i, n)	(F/G, i, n)	(A/G, i, n)
35	20.4140	0.0490	215.7108	0.0046	0.0946	10.5668	2007.8973	9.3083
36	22.2512	0.0449	236.1247	0.0042	0.0942	10.6118	2223.6080	9.4171
37	24.2538	0.0412	258.3759	0.0039	0.0939	10.6530	2459.7328	9.5200
38	26.4367	0.0378	282.6298	0.0035	0.0935	10.6908	2718.1087	9.6172
39	28.8160	0.0347	309.0665	0.0032	0.0932	10.7255	3000.7385	9.7090
40	31.4094	0.0318	337.8824	0.0030	0.0930	10.7574	3309.8049	9.7957
41	34.2363	0.0292	369.2919	0.0027	0.0927	10.7866	3647.6874	9.8775
42	37.3175	0.0268	403.5281	0.0025	0.0925	10.8134	4016.9793	9.9546
43	40.6761	0.0246	440.8457	0.0023	0.0923	10.8380	4420.5074	10.0273
44	44.3370	0.0226	481.5218	0.0021	0.0921	10.8605	4861.3531	10.0958
45	48.3273	0.0207	525.8587	0.0019	0.0919	10.8812	5342.8748	10.1603
46	52.6767	0.0190	574.1860	0.0017	0.0917	10.9002	5868.7336	10.2210
47	57.4176	0.0174	626.8628	0.0016	0.0916	10.9176	6442.9196	10.2780
48	62.5852	0.0160	684.2804	0.0015	0.0915	10.9336	7069.7823	10.3317
49	68.2179	0.0147	746.8656	0.0013	0.0913	10.9482	7754.0628	10.3821
50	74.3575	0.0134	815.0836	0.0012	0.0912	10.9617	8500.9284	10.4295

$i=10\%$

n	(F/P, i, n)	(P/F, i, n)	(F/A, i, n)	(A/F, i, n)	(A/P, i, n)	(P/A, i, n)	(F/G, i, n)	(A/G, i, n)
1	1.1000	0.9091	1.0000	1.0000	1.1000	0.9091	0.0000	0.0000
2	1.2100	0.8264	2.1000	0.4762	0.5762	1.7355	1.0000	0.4762
3	1.3310	0.7513	3.3100	0.3021	0.4021	2.4869	3.1000	0.9366
4	1.4641	0.6830	4.6410	0.2155	0.3155	3.1699	6.4100	1.3812
5	1.6105	0.6209	6.1051	0.1638	0.2638	3.7908	11.0510	1.8101
6	1.7716	0.5645	7.7156	0.1296	0.2296	4.3553	17.1561	2.2236
7	1.9487	0.5132	9.4872	0.1054	0.2054	4.8684	24.8717	2.6216
8	2.1436	0.4665	11.4359	0.0874	0.1874	5.3349	34.3589	3.0045
9	2.3579	0.4241	13.5795	0.0736	0.1736	5.7590	45.7948	3.3724
10	2.5937	0.3855	15.9374	0.0627	0.1627	6.1446	59.3742	3.7255
11	2.8531	0.3505	18.5312	0.0540	0.1540	6.4951	75.3117	4.0641
12	3.1384	0.3186	21.3843	0.0468	0.1468	6.8137	93.8428	4.3884
13	3.4523	0.2897	24.5227	0.0408	0.1408	7.1034	115.2271	4.6988
14	3.7975	0.2633	27.9750	0.0357	0.1357	7.3667	139.7498	4.9955
15	4.1772	0.2394	31.7725	0.0315	0.1315	7.6061	167.7248	5.2789

续表

n	(F/P, i, n)	(P/F, i, n)	(F/A, i, n)	(A/F, i, n)	(A/P, i, n)	(P/A, i, n)	(F/G, i, n)	(A/G, i, n)
16	4.5950	0.2176	35.9497	0.0278	0.1278	7.8237	199.4973	5.5493
17	5.0545	0.1978	40.5447	0.0247	0.1247	8.0216	235.4470	5.8071
18	5.5599	0.1799	45.5992	0.0219	0.1219	8.2014	275.9917	6.0526
19	6.1159	0.1635	51.1591	0.0195	0.1195	8.3649	321.5909	6.2861
20	6.7275	0.1486	57.2750	0.0175	0.1175	8.5136	372.7500	6.5081
21	7.4002	0.1351	64.0025	0.0156	0.1156	8.6487	430.0250	6.7189
22	8.1403	0.1228	71.4027	0.0140	0.1140	8.7715	494.0275	6.9189
23	8.9543	0.1117	79.5430	0.0126	0.1126	8.8832	565.4302	7.1085
24	9.8497	0.1015	88.4973	0.0113	0.1113	8.9847	644.9733	7.2881
25	10.8347	0.0923	98.3471	0.0102	0.1102	9.0770	733.4706	7.4580
26	11.9182	0.0839	109.1818	0.0092	0.1092	9.1609	831.8177	7.6186
27	13.1100	0.0763	121.0999	0.0083	0.1083	9.2372	940.9994	7.7704
28	14.4210	0.0693	134.2099	0.0075	0.1075	9.3066	1062.0994	7.9137
29	15.8631	0.0630	148.6309	0.0067	0.1067	9.3696	1196.3093	8.0489
30	17.4494	0.0573	164.4940	0.0061	0.1061	9.4269	1344.9402	8.1762
31	19.1943	0.0521	181.9434	0.0055	0.1055	9.4790	1509.4342	8.2962
32	21.1138	0.0474	201.1378	0.0050	0.1050	9.5264	1691.3777	8.4091
33	23.2252	0.0431	222.2515	0.0045	0.1045	9.5694	1892.5154	8.5152
34	25.5477	0.0391	245.4767	0.0041	0.1041	9.6086	2114.7670	8.6149
35	28.1024	0.0356	271.0244	0.0037	0.1037	9.6442	2360.2437	8.7086
36	30.9127	0.0323	299.1268	0.0033	0.1033	9.6765	2631.2681	8.7965
37	34.0039	0.0294	330.0395	0.0030	0.1030	9.7059	2930.3949	8.8789
38	37.4043	0.0267	364.0434	0.0027	0.1027	9.7327	3260.4343	8.9562
39	41.1448	0.0243	401.4478	0.0025	0.1025	9.7570	3624.4778	9.0285
40	45.2593	0.0221	442.5926	0.0023	0.1023	9.7791	4025.9256	9.0962
41	49.7852	0.0201	487.8518	0.0020	0.1020	9.7991	4468.5181	9.1596
42	54.7637	0.0183	537.6370	0.0019	0.1019	9.8174	4956.3699	9.2188
43	60.2401	0.0166	592.4007	0.0017	0.1017	9.8340	5494.0069	9.2741
44	66.2641	0.0151	652.6408	0.0015	0.1015	9.8491	6086.4076	9.3258
45	72.8905	0.0137	718.9048	0.0014	0.1014	9.8628	6739.0484	9.3740
46	80.1795	0.0125	791.7953	0.0013	0.1013	9.8753	7457.9532	9.4190
47	88.1975	0.0113	871.9749	0.0011	0.1011	9.8866	8249.7485	9.4610
48	97.0172	0.0103	960.1723	0.0010	0.1010	9.8969	9121.7234	9.5001
49	106.7190	0.0094	1057.1896	0.0009	0.1009	9.9063	10081.8957	9.5365
50	117.3909	0.0085	1163.9085	0.0009	0.1009	9.9148	11139.0853	9.5704

i=11%

n	(F/P, i, n)	(P/F, i, n)	(F/A, i, n)	(A/F, i, n)	(A/P, i, n)	(P/A, i, n)	(F/G, i, n)	(A/G, i, n)
1	1.1100	0.9009	1.0000	1.0000	1.1100	0.9009	0.0000	0.0000
2	1.2321	0.8116	2.1100	0.4739	0.5839	1.7125	1.0000	0.4739
3	1.3676	0.7312	3.3421	0.2992	0.4092	2.4437	3.1100	0.9306
4	1.5181	0.6587	4.7097	0.2123	0.3223	3.1024	6.4521	1.3700
5	1.6851	0.5935	6.2278	0.1606	0.2706	3.6959	11.1618	1.7923
6	1.8704	0.5346	7.9129	0.1264	0.2364	4.2305	17.3896	2.1976
7	2.0762	0.4817	9.7833	0.1022	0.2122	4.7122	25.3025	2.5863
8	2.3045	0.4339	11.8594	0.0843	0.1943	5.1461	35.0858	2.9585
9	2.5580	0.3909	14.1640	0.0706	0.1806	5.5370	46.9452	3.3144
10	2.8394	0.3522	16.7220	0.0598	0.1698	5.8892	61.1092	3.6544
11	3.1518	0.3173	19.5614	0.0511	0.1611	6.2065	77.8312	3.9788
12	3.4985	0.2858	22.7132	0.0440	0.1540	6.4924	97.3926	4.2879
13	3.8833	0.2575	26.2116	0.0382	0.1482	6.7499	120.1058	4.5822
14	4.3104	0.2320	30.0949	0.0332	0.1432	6.9819	146.3174	4.8619
15	4.7846	0.2090	34.4054	0.0291	0.1391	7.1909	176.4124	5.1275
16	5.3109	0.1883	39.1899	0.0255	0.1355	7.3792	210.8177	5.3794
17	5.8951	0.1696	44.5008	0.0225	0.1325	7.5488	250.0077	5.6180
18	6.5436	0.1528	50.3959	0.0198	0.1298	7.7016	294.5085	5.8439
19	7.2633	0.1377	56.9395	0.0176	0.1276	7.8393	344.9044	6.0574
20	8.0623	0.1240	64.2028	0.0156	0.1256	7.9633	401.8439	6.2590
21	8.9492	0.1117	72.2651	0.0138	0.1238	8.0751	466.0468	6.4491
22	9.9336	0.1007	81.2143	0.0123	0.1223	8.1757	538.3119	6.6283
23	11.0263	0.0907	91.1479	0.0110	0.1210	8.2664	619.5262	6.7969
24	12.2392	0.0817	102.1742	0.0098	0.1198	8.3481	710.6741	6.9555
25	13.5855	0.0736	114.4133	0.0087	0.1187	8.4217	812.8482	7.1045
26	15.0799	0.0663	127.9988	0.0078	0.1178	8.4881	927.2616	7.2443
27	16.7386	0.0597	143.0786	0.0070	0.1170	8.5478	1055.2603	7.3754
28	18.5799	0.0538	159.8173	0.0063	0.1163	8.6016	1198.3390	7.4982
29	20.6237	0.0485	178.3972	0.0056	0.1156	8.6501	1358.1562	7.6131
30	22.8923	0.0437	199.0209	0.0050	0.1150	8.6938	1536.5534	7.7206
31	25.4104	0.0394	221.9132	0.0045	0.1145	8.7331	1735.5743	7.8210
32	28.2056	0.0355	247.3236	0.0040	0.1140	8.7686	1957.4875	7.9147
33	31.3082	0.0319	275.5292	0.0036	0.1136	8.8005	2204.8111	8.0021
34	34.7521	0.0288	306.8374	0.0033	0.1133	8.8293	2480.3403	8.0836

续表

n	(F/P, i, n)	(P/F, i, n)	(F/A, i, n)	(A/F, i, n)	(A/P, i, n)	(P/A, i, n)	(F/G, i, n)	(A/G, i, n)
35	38.5749	0.0259	341.5896	0.0029	0.1129	8.8552	2787.1778	8.1594
36	42.8181	0.0234	380.1644	0.0026	0.1126	8.8786	3128.7673	8.2300
37	47.5281	0.0210	422.9825	0.0024	0.1124	8.8996	3508.9317	8.2957
38	52.7562	0.0190	470.5106	0.0021	0.1121	8.9186	3931.9142	8.3567
39	58.5593	0.0171	523.2667	0.0019	0.1119	8.9357	4402.4248	8.4133
40	65.0009	0.0154	581.8261	0.0017	0.1117	8.9511	4925.6915	8.4659
41	72.1510	0.0139	646.8269	0.0015	0.1115	8.9649	5507.5176	8.5147
42	80.0876	0.0125	718.9779	0.0014	0.1114	8.9774	6154.3445	8.5599
43	88.8972	0.0112	799.0655	0.0013	0.1113	8.9886	6873.3224	8.6017
44	98.6759	0.0101	887.9627	0.0011	0.1111	8.9988	7672.3879	8.6404
45	109.5302	0.0091	986.6386	0.0010	0.1110	9.0079	8560.3505	8.6763
46	121.5786	0.0082	1096.1688	0.0009	0.1109	9.0161	9546.9891	8.7094
47	134.9522	0.0074	1217.7474	0.0008	0.1108	9.0235	10643.1579	8.7400
48	149.7970	0.0067	1352.6996	0.0007	0.1107	9.0302	11860.9053	8.7683
49	166.2746	0.0060	1502.4965	0.0007	0.1107	9.0362	13213.6048	8.7944
50	184.5648	0.0054	1668.7712	0.0006	0.1106	9.0417	14716.1014	8.8185

$i=12\%$

n	(F/P, i, n)	(P/F, i, n)	(F/A, i, n)	(A/F, i, n)	(A/P, i, n)	(P/A, i, n)	(F/G, i, n)	(A/G, i, n)
1	1.1200	0.8929	1.0000	1.0000	1.1200	0.8929	0.0000	0.0000
2	1.2544	0.7972	2.1200	0.4717	0.5917	1.6901	1.0000	0.4717
3	1.4049	0.7118	3.3744	0.2963	0.4163	2.4018	3.1200	0.9246
4	1.5735	0.6355	4.7793	0.2092	0.3292	3.0373	6.4944	1.3589
5	1.7623	0.5674	6.3528	0.1574	0.2774	3.6048	11.2737	1.7746
6	1.9738	0.5066	8.1152	0.1232	0.2432	4.1114	17.6266	2.1720
7	2.2107	0.4523	10.0890	0.0991	0.2191	4.5638	25.7418	2.5515
8	2.4760	0.4039	12.2997	0.0813	0.2013	4.9676	35.8308	2.9131
9	2.7731	0.3606	14.7757	0.0677	0.1877	5.3282	48.1305	3.2574
10	3.1058	0.3220	17.5487	0.0570	0.1770	5.6502	62.9061	3.5847
11	3.4785	0.2875	20.6546	0.0484	0.1684	5.9377	80.4549	3.8953
12	3.8960	0.2567	24.1331	0.0414	0.1614	6.1944	101.1094	4.1897
13	4.3635	0.2292	28.0291	0.0357	0.1557	6.4235	125.2426	4.4683
14	4.8871	0.2046	32.3926	0.0309	0.1509	6.6282	153.2717	4.7317
15	5.4736	0.1827	37.2797	0.0268	0.1468	6.8109	185.6643	4.9803

续表

n	(F/P, i, n)	(P/F, i, n)	(F/A, i, n)	(A/F, i, n)	(A/P, i, n)	(P/A, i, n)	(F/G, i, n)	(A/G, i, n)
16	6.1304	0.1631	42.7533	0.0234	0.1434	6.9740	222.9440	5.2147
17	6.8660	0.1456	48.8837	0.0205	0.1405	7.1196	265.6973	5.4353
18	7.6900	0.1300	55.7497	0.0179	0.1379	7.2497	314.5810	5.6427
19	8.6128	0.1161	63.4397	0.0158	0.1358	7.3658	370.3307	5.8375
20	9.6463	0.1037	72.0524	0.0139	0.1339	7.4694	433.7704	6.0202
21	10.8038	0.0926	81.6987	0.0122	0.1322	7.5620	505.8228	6.1913
22	12.1003	0.0826	92.5026	0.0108	0.1308	7.6446	587.5215	6.3514
23	13.5523	0.0738	104.6029	0.0096	0.1296	7.7184	680.0241	6.5010
24	15.1786	0.0659	118.1552	0.0085	0.1285	7.7843	784.6270	6.6406
25	17.0001	0.0588	133.3339	0.0075	0.1275	7.8431	902.7823	6.7708
26	19.0401	0.0525	150.3339	0.0067	0.1267	7.8957	1036.1161	6.8921
27	21.3249	0.0469	169.3740	0.0059	0.1259	7.9426	1186.4501	7.0049
28	23.8839	0.0419	190.6989	0.0052	0.1252	7.9844	1355.8241	7.1098
29	26.7499	0.0374	214.5828	0.0047	0.1247	8.0218	1546.5229	7.2071
30	29.9599	0.0334	241.3327	0.0041	0.1241	8.0552	1761.1057	7.2974
31	33.5551	0.0298	271.2926	0.0037	0.1237	8.0850	2002.4384	7.3811
32	37.5817	0.0266	304.8477	0.0033	0.1233	8.1116	2273.7310	7.4586
33	42.0915	0.0238	342.4294	0.0029	0.1229	8.1354	2578.5787	7.5302
34	47.1425	0.0212	384.5210	0.0026	0.1226	8.1566	2921.0082	7.5965
35	52.7996	0.0189	431.6635	0.0023	0.1223	8.1755	3305.5291	7.6577
36	59.1356	0.0169	484.4631	0.0021	0.1221	8.1924	3737.1926	7.7141
37	66.2318	0.0151	543.5987	0.0018	0.1218	8.2075	4221.6558	7.7661
38	74.1797	0.0135	609.8305	0.0016	0.1216	8.2210	4765.2544	7.8141
39	83.0812	0.0120	684.0102	0.0015	0.1215	8.2330	5375.0850	7.8582
40	93.0510	0.0107	767.0914	0.0013	0.1213	8.2438	6059.0952	7.8988
41	104.2171	0.0096	860.1424	0.0012	0.1212	8.2534	6826.1866	7.9361
42	116.7231	0.0086	964.3595	0.0010	0.1210	8.2619	7686.3290	7.9704
43	130.7299	0.0076	1081.0826	0.0009	0.1209	8.2696	8650.6885	8.0019
44	146.4175	0.0068	1211.8125	0.0008	0.1208	8.2764	9731.7711	8.0308
45	163.9876	0.0061	1358.2300	0.0007	0.1207	8.2825	10943.5836	8.0572
46	183.6661	0.0054	1522.2176	0.0007	0.1207	8.2880	12301.8136	8.0815
47	205.7061	0.0049	1705.8838	0.0006	0.1206	8.2928	13824.0313	8.1037
48	230.3908	0.0043	1911.5898	0.0005	0.1205	8.2972	15529.9150	8.1241
49	258.0377	0.0039	2141.9806	0.0005	0.1205	8.3010	17441.5048	8.1427
50	289.0022	0.0035	2400.0182	0.0004	0.1204	8.3045	19583.4854	8.1597

$i=15\%$

n	(F/P, i, n)	(P/F, i, n)	(F/A, i, n)	(A/F, i, n)	(A/P, i, n)	(P/A, i, n)	(F/G, i, n)	(A/G, i, n)
1	1.1500	0.8696	1.0000	1.0000	1.1500	0.8696	0.0000	0.0000
2	1.3225	0.7561	2.1500	0.4651	0.6151	1.6257	1.0000	0.4651
3	1.5209	0.6575	3.4725	0.2880	0.4380	2.2832	3.1500	0.9071
4	1.7490	0.5718	4.9934	0.2003	0.3503	2.8550	6.6225	1.3263
5	2.0114	0.4972	6.7424	0.1483	0.2983	3.3522	11.6159	1.7228
6	2.3131	0.4323	8.7537	0.1142	0.2642	3.7845	18.3583	2.0972
7	2.6600	0.3759	11.0668	0.0904	0.2404	4.1604	27.1120	2.4498
8	3.0590	0.3269	13.7268	0.0729	0.2229	4.4873	38.1788	2.7813
9	3.5179	0.2843	16.7858	0.0596	0.2096	4.7716	51.9056	3.0922
10	4.0456	0.2472	20.3037	0.0493	0.1993	5.0188	68.6915	3.3832
11	4.6524	0.2149	24.3493	0.0411	0.1911	5.2337	88.9952	3.6549
12	5.3503	0.1869	29.0017	0.0345	0.1845	5.4206	113.3444	3.9082
13	6.1528	0.1625	34.3519	0.0291	0.1791	5.5831	142.3461	4.1438
14	7.0757	0.1413	40.5047	0.0247	0.1747	5.7245	176.6980	4.3624
15	8.1371	0.1229	47.5804	0.0210	0.1710	5.8474	217.2027	4.5650
16	9.3576	0.1069	55.7175	0.0179	0.1679	5.9542	264.7831	4.7522
17	10.7613	0.0929	65.0751	0.0154	0.1654	6.0472	320.5006	4.9251
18	12.3755	0.0808	75.8364	0.0132	0.1632	6.1280	385.5757	5.0843
19	14.2318	0.0703	88.2118	0.0113	0.1613	6.1982	461.4121	5.2307
20	16.3665	0.0611	102.4436	0.0098	0.1598	6.2593	549.6239	5.3651
21	18.8215	0.0531	118.8101	0.0084	0.1584	6.3125	652.0675	5.4883
22	21.6447	0.0462	137.6316	0.0073	0.1573	6.3587	770.8776	5.6010
23	24.8915	0.0402	159.2764	0.0063	0.1563	6.3988	908.5092	5.7040
24	28.6252	0.0349	184.1678	0.0054	0.1554	6.4338	1067.7856	5.7979
25	32.9190	0.0304	212.7930	0.0047	0.1547	6.4641	1251.9534	5.8834
26	37.8568	0.0264	245.7120	0.0041	0.1541	6.4906	1464.7465	5.9612
27	43.5353	0.0230	283.5688	0.0035	0.1535	6.5135	1710.4584	6.0319
28	50.0656	0.0200	327.1041	0.0031	0.1531	6.5335	1994.0272	6.0960
29	57.5755	0.0174	377.1697	0.0027	0.1527	6.5509	2321.1313	6.1541
30	66.2118	0.0151	434.7451	0.0023	0.1523	6.5660	2698.3010	6.2066
31	76.1435	0.0131	500.9569	0.0020	0.1520	6.5791	3133.0461	6.2541
32	87.5651	0.0114	577.1005	0.0017	0.1517	6.5905	3634.0030	6.2970
33	100.6998	0.0099	664.6655	0.0015	0.1515	6.6005	4211.1035	6.3357
34	115.8048	0.0086	765.3654	0.0013	0.1513	6.6091	4875.7690	6.3705
35	133.1755	0.0075	881.1702	0.0011	0.1511	6.6166	5641.1344	6.4019

续表

n	(F/P, i, n)	(P/F, i, n)	(F/A, i, n)	(A/F, i, n)	(A/P, i, n)	(P/A, i, n)	(F/G, i, n)	(A/G, i, n)
36	153.1519	0.0065	1014.3457	0.0010	0.1510	6.6231	6522.3045	6.4301
37	176.1246	0.0057	1167.4975	0.0009	0.1509	6.6288	7536.6502	6.4554
38	202.5433	0.0049	1343.6222	0.0007	0.1507	6.6338	8704.1477	6.4781
39	232.9248	0.0043	1546.1655	0.0006	0.1506	6.6380	10047.7699	6.4985
40	267.8635	0.0037	1779.0903	0.0006	0.1506	6.6418	11593.9354	6.5168
41	308.0431	0.0032	2046.9539	0.0005	0.1505	6.6450	13373.0257	6.5331
42	354.2495	0.0028	2354.9969	0.0004	0.1504	6.6478	15419.9796	6.5478
43	407.3870	0.0025	2709.2465	0.0004	0.1504	6.6503	17774.9765	6.5609
44	468.4950	0.0021	3116.6334	0.0003	0.1503	6.6524	20484.2230	6.5725
45	538.7693	0.0019	3585.1285	0.0003	0.1503	6.6543	23600.8564	6.5830
46	619.5847	0.0016	4123.8977	0.0002	0.1502	6.6559	27185.9849	6.5923
47	712.5224	0.0014	4743.4824	0.0002	0.1502	6.6573	31309.8826	6.6006
48	819.4007	0.0012	5456.0047	0.0002	0.1502	6.6585	36053.3650	6.6080
49	942.3108	0.0011	6275.4055	0.0002	0.1502	6.6596	41509.3697	6.6146
50	1083.6574	0.0009	7217.7163	0.0001	0.1501	6.6605	47784.7752	6.6205

$i=18\%$

n	(F/P, i, n)	(P/F, i, n)	(F/A, i, n)	(A/F, i, n)	(A/P, i, n)	(P/A, i, n)	(F/G, i, n)	(A/G, i, n)
1	1.1800	0.8475	1.0000	1.0000	1.1800	0.8475	0.0000	0.0000
2	1.3924	0.7182	2.1800	0.4587	0.6387	1.5656	1.0000	0.4587
3	1.6430	0.6086	3.5724	0.2799	0.4599	2.1743	3.1800	0.8902
4	1.9388	0.5158	5.2154	0.1917	0.3717	2.6901	6.7524	1.2947
5	2.2878	0.4371	7.1542	0.1398	0.3198	3.1272	11.9678	1.6728
6	2.6996	0.3704	9.4420	0.1059	0.2859	3.4976	19.1220	2.0252
7	3.1855	0.3139	12.1415	0.0824	0.2624	3.8115	28.5640	2.3526
8	3.7589	0.2660	15.3270	0.0652	0.2452	4.0776	40.7055	2.6558
9	4.4355	0.2255	19.0859	0.0524	0.2324	4.3030	56.0325	2.9358
10	5.2338	0.1911	23.5213	0.0425	0.2225	4.4941	75.1184	3.1936
11	6.1759	0.1619	28.7551	0.0348	0.2148	4.6560	98.6397	3.4303
12	7.2876	0.1372	34.9311	0.0286	0.2086	4.7932	127.3948	3.6470
13	8.5994	0.1163	42.2187	0.0237	0.2037	4.9095	162.3259	3.8449
14	10.1472	0.0985	50.8180	0.0197	0.1997	5.0081	204.5446	4.0250
15	11.9737	0.0835	60.9653	0.0164	0.1964	5.0916	255.3626	4.1887
16	14.1290	0.0708	72.9390	0.0137	0.1937	5.1624	316.3279	4.3369

续表

n	(F/P, i, n)	(P/F, i, n)	(F/A, i, n)	(A/F, i, n)	(A/P, i, n)	(P/A, i, n)	(F/G, i, n)	(A/G, i, n)
17	16.6722	0.0600	87.0680	0.0115	0.1915	5.2223	389.2669	4.4708
18	19.6733	0.0508	103.7403	0.0096	0.1896	5.2732	476.3349	4.5916
19	23.2144	0.0431	123.4135	0.0081	0.1881	5.3162	580.0752	4.7003
20	27.3930	0.0365	146.6280	0.0068	0.1868	5.3527	703.4887	4.7978
21	32.3238	0.0309	174.0210	0.0057	0.1857	5.3837	850.1167	4.8851
22	38.1421	0.0262	206.3448	0.0048	0.1848	5.4099	1024.1377	4.9632
23	45.0076	0.0222	244.4868	0.0041	0.1841	5.4321	1230.4825	5.0329
24	53.1090	0.0188	289.4945	0.0035	0.1835	5.4509	1474.9693	5.0950
25	62.6686	0.0160	342.6035	0.0029	0.1829	5.4669	1764.4638	5.1502
26	73.9490	0.0135	405.2721	0.0025	0.1825	5.4804	2107.0673	5.1991
27	87.2598	0.0115	479.2211	0.0021	0.1821	5.4919	2512.3394	5.2425
28	102.9666	0.0097	566.4809	0.0018	0.1818	5.5016	2991.5605	5.2810
29	121.5005	0.0082	669.4475	0.0015	0.1815	5.5098	3558.0414	5.3149
30	143.3706	0.0070	790.9480	0.0013	0.1813	5.5168	4227.4888	5.3448
31	169.1774	0.0059	934.3186	0.0011	0.1811	5.5227	5018.4368	5.3712
32	199.6293	0.0050	1103.4960	0.0009	0.1809	5.5277	5952.7555	5.3945
33	235.5625	0.0042	1303.1253	0.0008	0.1808	5.5320	7056.2514	5.4149
34	277.9638	0.0036	1538.6878	0.0006	0.1806	5.5356	8359.3767	5.4328
35	327.9973	0.0030	1816.6516	0.0006	0.1806	5.5386	9898.0645	5.4485
36	387.0368	0.0026	2144.6489	0.0005	0.1805	5.5412	11714.7161	5.4623
37	456.7034	0.0022	2531.6857	0.0004	0.1804	5.5434	13859.3650	5.4744
38	538.9100	0.0019	2988.3891	0.0003	0.1803	5.5452	16391.0507	5.4849
39	635.9139	0.0016	3527.2992	0.0003	0.1803	5.5468	19379.4399	5.4941
40	750.3783	0.0013	4163.2130	0.0002	0.1802	5.5482	22906.7390	5.5022
41	885.4464	0.0011	4913.5914	0.0002	0.1802	5.5493	27069.9521	5.5092
42	1044.8268	0.0010	5799.0378	0.0002	0.1802	5.5502	31983.5434	5.5153
43	1232.8956	0.0008	6843.8646	0.0001	0.1801	5.5510	37782.5813	5.5207
44	1454.8168	0.0007	8076.7603	0.0001	0.1801	5.5517	44626.4459	5.5253
45	1716.6839	0.0006	9531.5771	0.0001	0.1801	5.5523	52703.2061	5.5293
46	2025.6870	0.0005	11248.2610	0.0001	0.1801	5.5528	62234.7832	5.5328
47	2390.3106	0.0004	13273.9480	0.0001	0.1801	5.5532	73483.0442	5.5359
48	2820.5665	0.0004	15664.2586	0.0001	0.1801	5.5536	86756.9922	5.5385
49	3328.2685	0.0003	18484.8251	0.0001	0.1801	5.5539	102421.2508	5.5408
50	3927.3569	0.0003	21813.0937	0.0000	0.1800	5.5541	120906.0759	5.5428

$i=20\%$

n	$(F/P, i, n)$	$(P/F, i, n)$	$(F/A, i, n)$	$(A/F, i, n)$	$(A/P, i, n)$	$(P/A, i, n)$	$(F/G, i, n)$	$(A/G, i, n)$
1	1.2000	0.8333	1.0000	1.0000	1.2000	0.8333	0.0000	0.0000
2	1.4400	0.6944	2.2000	0.4545	0.6545	1.5278	1.0000	0.4545
3	1.7280	0.5787	3.6400	0.2747	0.4747	2.1065	3.2000	0.8791
4	2.0736	0.4823	5.3680	0.1863	0.3863	2.5887	6.8400	1.2742
5	2.4883	0.4019	7.4416	0.1344	0.3344	2.9906	12.2080	1.6405
6	2.9860	0.3349	9.9299	0.1007	0.3007	3.3255	19.6496	1.9788
7	3.5832	0.2791	12.9159	0.0774	0.2774	3.6046	29.5795	2.2902
8	4.2998	0.2326	16.4991	0.0606	0.2606	3.8372	42.4954	2.5756
9	5.1598	0.1938	20.7989	0.0481	0.2481	4.0310	58.9945	2.8364
10	6.1917	0.1615	25.9587	0.0385	0.2385	4.1925	79.7934	3.0739
11	7.4301	0.1346	32.1504	0.0311	0.2311	4.3271	105.7521	3.2893
12	8.9161	0.1122	39.5805	0.0253	0.2253	4.4392	137.9025	3.4841
13	10.6993	0.0935	48.4966	0.0206	0.2206	4.5327	177.4830	3.6597
14	12.8392	0.0779	59.1959	0.0169	0.2169	4.6106	225.9796	3.8175
15	15.4070	0.0649	72.0351	0.0139	0.2139	4.6755	285.1755	3.9588
16	18.4884	0.0541	87.4421	0.0114	0.2114	4.7296	357.2106	4.0851
17	22.1861	0.0451	105.9306	0.0094	0.2094	4.7746	444.6528	4.1976
18	26.6233	0.0376	128.1167	0.0078	0.2078	4.8122	550.5833	4.2975
19	31.9480	0.0313	154.7400	0.0065	0.2065	4.8435	678.7000	4.3861
20	38.3376	0.0261	186.6880	0.0054	0.2054	4.8696	833.4400	4.4643
21	46.0051	0.0217	225.0256	0.0044	0.2044	4.8913	1020.1280	4.5334
22	55.2061	0.0181	271.0307	0.0037	0.2037	4.9094	1245.1536	4.5941
23	66.2474	0.0151	326.2369	0.0031	0.2031	4.9245	1516.1843	4.6475
24	79.4968	0.0126	392.4842	0.0025	0.2025	4.9371	1842.4212	4.6943
25	95.3962	0.0105	471.9811	0.0021	0.2021	4.9476	2234.9054	4.7352
26	114.4755	0.0087	567.3773	0.0018	0.2018	4.9563	2706.8865	4.7709
27	137.3706	0.0073	681.8528	0.0015	0.2015	4.9636	3274.2638	4.8020
28	164.8447	0.0061	819.2233	0.0012	0.2012	4.9697	3956.1166	4.8291
29	197.8136	0.0051	984.0680	0.0010	0.2010	4.9747	4775.3399	4.8527
30	237.3763	0.0042	1181.8816	0.0008	0.2008	4.9789	5759.4078	4.8731
31	284.8516	0.0035	1419.2579	0.0007	0.2007	4.9824	6941.2894	4.8908
32	341.8219	0.0029	1704.1095	0.0006	0.2006	4.9854	8360.5473	4.9061
33	410.1863	0.0024	2045.9314	0.0005	0.2005	4.9878	10064.6568	4.9194
34	492.2235	0.0020	2456.1176	0.0004	0.2004	4.9898	12110.5881	4.9308

续表

n	(F/P, i, n)	(P/F, i, n)	(F/A, i, n)	(A/F, i, n)	(A/P, i, n)	(P/A, i, n)	(F/G, i, n)	(A/G, i, n)
35	590.6682	0.0017	2948.3411	0.0003	0.2003	4.9915	14566.7057	4.9406
36	708.8019	0.0014	3539.0094	0.0003	0.2003	4.9929	17515.0469	4.9491
37	850.5622	0.0012	4247.8112	0.0002	0.2002	4.9941	21054.0562	4.9564
38	1020.6747	0.0010	5098.3735	0.0002	0.2002	4.9951	25301.8675	4.9627
39	1224.8096	0.0008	6119.0482	0.0002	0.2002	4.9959	30400.2410	4.9681
40	1469.7716	0.0007	7343.8578	0.0001	0.2001	4.9966	36519.2892	4.9728
41	1763.7259	0.0006	8813.6294	0.0001	0.2001	4.9972	43863.1470	4.9767
42	2116.4711	0.0005	10577.3553	0.0001	0.2001	4.9976	52676.7764	4.9801
43	2539.7653	0.0004	12693.8263	0.0001	0.2001	4.9980	63254.1317	4.9831
44	3047.7183	0.0003	15233.5916	0.0001	0.2001	4.9984	75947.9581	4.9856
45	3657.2620	0.0003	18281.3099	0.0001	0.2001	4.9986	91181.5497	4.9877
46	4388.7144	0.0002	21938.5719	0.0000	0.2000	4.9989	109462.8596	4.9895
47	5266.4573	0.0002	26327.2863	0.0000	0.2000	4.9991	131401.4316	4.9911
48	6319.7487	0.0002	31593.7436	0.0000	0.2000	4.9992	157728.7179	4.9924
49	7583.6985	0.0001	37913.4923	0.0000	0.2000	4.9993	189322.4615	4.9935
50	9100.4382	0.0001	45497.1908	0.0000	0.2000	4.9995	227235.9538	4.9945

$i=25\%$

n	(F/P, i, n)	(P/F, i, n)	(F/A, i, n)	(A/F, i, n)	(A/P, i, n)	(P/A, i, n)	(F/G, i, n)	(A/G, i, n)
1	1.2500	0.8000	1.0000	1.0000	1.2500	0.8000	0.0000	0.0000
2	1.5625	0.6400	2.2500	0.4444	0.6944	1.4400	1.0000	0.4444
3	1.9531	0.5120	3.8125	0.2623	0.5123	1.9520	3.2500	0.8525
4	2.4414	0.4096	5.7656	0.1734	0.4234	2.3616	7.0625	1.2249
5	3.0518	0.3277	8.2070	0.1218	0.3718	2.6893	12.8281	1.5631
6	3.8147	0.2621	11.2588	0.0888	0.3388	2.9514	21.0352	1.8683
7	4.7684	0.2097	15.0735	0.0663	0.3163	3.1611	32.2939	2.1424
8	5.9605	0.1678	19.8419	0.0504	0.3004	3.3289	47.3674	2.3872
9	7.4506	0.1342	25.8023	0.0388	0.2888	3.4631	67.2093	2.6048
10	9.3132	0.1074	33.2529	0.0301	0.2801	3.5705	93.0116	2.7971
11	11.6415	0.0859	42.5661	0.0235	0.2735	3.6564	126.2645	2.9663
12	14.5519	0.0687	54.2077	0.0184	0.2684	3.7251	168.8306	3.1145
13	18.1899	0.0550	68.7596	0.0145	0.2645	3.7801	223.0383	3.2437
14	22.7374	0.0440	86.9495	0.0115	0.2615	3.8241	291.7979	3.3559
15	28.4217	0.0352	109.6868	0.0091	0.2591	3.8593	378.7474	3.4530

续表

n	(F/P, i, n)	(P/F, i, n)	(F/A, i, n)	(A/F, i, n)	(A/P, i, n)	(P/A, i, n)	(F/G, i, n)	(A/G, i, n)
16	35.5271	0.0281	138.1085	0.0072	0.2572	3.8874	488.4342	3.5366
17	44.4089	0.0225	173.6357	0.0058	0.2558	3.9099	626.5427	3.6084
18	55.5112	0.0180	218.0446	0.0046	0.2546	3.9279	800.1784	3.6698
19	69.3889	0.0144	273.5558	0.0037	0.2537	3.9424	1018.2230	3.7222
20	86.7362	0.0115	342.9447	0.0029	0.2529	3.9539	1291.7788	3.7667
21	108.4202	0.0092	429.6809	0.0023	0.2523	3.9631	1634.7235	3.8045
22	135.5253	0.0074	538.1011	0.0019	0.2519	3.9705	2064.4043	3.8365
23	169.4066	0.0059	673.6264	0.0015	0.2515	3.9764	2602.5054	3.8634
24	211.7582	0.0047	843.0329	0.0012	0.2512	3.9811	3276.1318	3.8861
25	264.6978	0.0038	1054.7912	0.0009	0.2509	3.9849	4119.1647	3.9052
26	330.8722	0.0030	1319.4890	0.0008	0.2508	3.9879	5173.9559	3.9212
27	413.5903	0.0024	1650.3612	0.0006	0.2506	3.9903	6493.4449	3.9346
28	516.9879	0.0019	2063.9515	0.0005	0.2505	3.9923	8143.8061	3.9457
29	646.2349	0.0015	2580.9394	0.0004	0.2504	3.9938	10207.7577	3.9551
30	807.7936	0.0012	3227.1743	0.0003	0.2503	3.9950	12788.6971	3.9628
31	1009.7420	0.0010	4034.9678	0.0002	0.2502	3.9960	16015.8713	3.9693
32	1262.1774	0.0008	5044.7098	0.0002	0.2502	3.9968	20050.8392	3.9746
33	1577.7218	0.0006	6306.8872	0.0002	0.2502	3.9975	25095.5490	3.9791
34	1972.1523	0.0005	7884.6091	0.0001	0.2501	3.9980	31402.4362	3.9828
35	2465.1903	0.0004	9856.7613	0.0001	0.2501	3.9984	39287.0453	3.9858
36	3081.4879	0.0003	12321.9516	0.0001	0.2501	3.9987	49143.8066	3.9883
37	3851.8599	0.0003	15403.4396	0.0001	0.2501	3.9990	61465.7582	3.9904
38	4814.8249	0.0002	19255.2994	0.0001	0.2501	3.9992	76869.1978	3.9921
39	6018.5311	0.0002	24070.1243	0.0000	0.2500	3.9993	96124.4972	3.9935
40	7523.1638	0.0001	30088.6554	0.0000	0.2500	3.9995	120194.6215	3.9947
41	9403.9548	0.0001	37611.8192	0.0000	0.2500	3.9996	150283.2769	3.9956
42	11754.9435	0.0001	47015.7740	0.0000	0.2500	3.9997	187895.0961	3.9964
43	14693.6794	0.0001	58770.7175	0.0000	0.2500	3.9997	234910.8702	3.9971
44	18367.0992	0.0001	73464.3969	0.0000	0.2500	3.9998	293681.5877	3.9976
45	22958.8740	0.0000	91831.4962	0.0000	0.2500	3.9998	367145.9846	3.9980
46	28698.5925	0.0000	114790.3702	0.0000	0.2500	3.9999	458977.4808	3.9984
47	35873.2407	0.0000	143488.9627	0.0000	0.2500	3.9999	573767.8510	3.9987
48	44841.5509	0.0000	179362.2034	0.0000	0.2500	3.9999	717256.8137	3.9989
49	56051.9386	0.0000	224203.7543	0.0000	0.2500	3.9999	896619.0172	3.9991
50	70064.9232	0.0000	280255.6929	0.0000	0.2500	3.9999	1120822.7715	3.9993

参 考 文 献

［1］ 全国注册咨询工程师（投资）资格考试参考材料编写委员会．项目决策分析与评价［M］．北京：中国计划出版社，2008.

［2］ 郭仲伟．风险分析与决策［M］．北京：机械工业出版社，1987.

［3］ 黄有亮，徐向阳，谈飞，李希胜．工程经济［M］．第二版．南京：东南大学出版社，2006.

［4］ 施熙灿，蒋水心．水利工程经济［M］．第二版．北京：中国水利水电出版社，1997.

［5］ 施熙灿，蒋水心．水利工程经济［M］．第三版．北京：中国水利水电出版社，2005.

［6］ 王丽萍，王修贵，高仕春．水利工程经济学［M］．北京：中国水利水电出版社，2008.

［7］ 国家发展改革委，建设部．建设项目经济评价方法与参数［M］．第二版．北京：中国计划出版社，1993.

［8］ 国家发展改革委，建设部．建设项目经济评价方法与参数［M］．第三版．北京：中国计划出版社，2006.

［9］ 中国水利经济研究会．水利建设项目后评价理论与方法［M］．北京：中国水利水电出版社，2004.

［10］ 中国水利经济研究会．水利建设项目社会评价指南［M］．北京：中国水利水电出版社．1999.